地质勘查与岩土工程研究

孙昌一　范大军　陈　琦◎著

中国商务出版社

·北京·

图书在版编目（CIP）数据

地质勘查与岩土工程研究／孙昌一，范大军，陈琦
著. -- 北京：中国商务出版社，2024.8. -- ISBN 978-
7-5103-5268-3

Ⅰ. P624；TU4

中国国家版本馆 CIP 数据核字第 20245QL671 号

地质勘查与岩土工程研究

孙昌一　范大军　陈　琦◎著

出版发行：中国商务出版社有限公司
地　　址：北京市东城区安定门外大街东后巷 28 号　邮　　编：100710
网　　址：http://www.cctpress.com
联系电话：010—64515150（发行部）　　010—64212247（总编室）
　　　　　010—64515164（事业部）　　010—64248236（印制部）
责任编辑：云　天
排　　版：北京天逸合文化有限公司
印　　刷：宝蕾元仁浩（天津）印刷有限公司
开　　本：710 毫米×1000 毫米　1/16
印　　张：18.75　　　　　　　　　　　　字　　数：280 千字
版　　次：2024 年 8 月第 1 版　　　　　　印　　次：2024 年 8 月第 1 次印刷
书　　号：ISBN 978-7-5103-5268-3
定　　价：79.00 元

前　言

地质勘查和岩土工程是建筑和土木工程领域不可或缺的一部分，它们对于确保工程项目的安全性、稳定性和可持续性起着至关重要的作用。随着技术的进步和环境意识的增强，这一领域正经历着前所未有的变革和发展。

首先，本书介绍了地质勘查的基本概念，包括勘察分级和岩土分类，为读者奠定了坚实的基础。其次，深入探讨了地质勘查技术，如遥感、钻探和物化探技术，这些技术在现代地质勘查中发挥着无可比拟的作用。再次，聚焦于不良地质作用和地质灾害的岩土工程勘察，以及各类工程场地的岩土工程勘察，这些内容对于确保工程安全和质量至关重要。最后，详细介绍了岩土工程施工的多种技术以及环境岩土工程技术，旨在提高读者对环境岩土工程重要性的认识。本书的编写力求内容全面、语言简洁，旨在帮助读者深入理解岩土工程的理论与实践，同时激发对这一领域的兴趣和探索精神。希望本书能成为您在岩土工程学习与工作中的"良师益友"。

在本书的编写过程中，尽管我们努力确保信息的更新和准确，但鉴于地质勘查和岩土工程领域的广泛性和复杂性，书中难免存在疏漏或不足之处，希望读者提出宝贵的意见和建议，以便我们不断改进和更新内容。在本书编写中，我们得到了许多同行和专家的大力支持和帮助。在此，我们对他们表示衷心的感谢，并希望本书能够成为地质勘查和岩土工程领域知识传播和交流的一个有益平台。

作　者
2024. 2

目　录

第一章　绪论　/ 001

　　第一节　地质勘查　/ 001

　　第二节　勘察分级和岩土分类　/ 012

第二章　地质勘查技术　/ 032

　　第一节　遥感技术及其在地质勘查中的应用　/ 032

　　第二节　钻探技术及其在地质勘查中的应用　/ 054

　　第三节　物化探技术及其在地质勘查中的应用　/ 068

第三章　不良地质作用和地质灾害的岩土工程勘察　/ 090

　　第一节　岩溶与滑坡　/ 090

　　第二节　危岩、崩塌与泥石流　/ 103

　　第三节　地面沉降、采空区与地震效应　/ 111

第四章　各类工程场地岩土工程勘察　/ 125

　　第一节　房屋建筑与构筑物　/ 125

　　第二节　桩基、基坑与建筑边坡工程　/ 135

　　第三节　地基处理与地下洞室工程　/ 151

　　第四节　城市轨道交通工程　/ 158

第五节　其他工程场地岩土工程勘察　/ 175

第五章　岩土工程施工　/ 185

第一节　灌注桩的施工　/ 185

第二节　混凝土预制桩与钢桩施工　/ 202

第三节　顶管法、微型隧道法与导向钻进法　/ 219

第四节　气动夯管锤、振动法铺设管道及其他非开挖施工技术　/ 232

第五节　地下连续墙施工技术　/ 244

第六章　环境岩土工程技术　/ 254

第一节　环境岩土工程概述　/ 254

第二节　地下水与环境岩土工程技术　/ 260

第三节　特殊性土与环境岩土工程技术　/ 272

参考文献　/ 291

第一章 绪 论

第一节 地质勘查

一、地质勘查概述

（一）地质勘查的定义和特点

1. 定义

广义上说，地质勘查是根据经济建设、国防建设和科学技术发展的需要，对一定地区内的岩石、地层、构造、矿产、地下水、地貌等地质情况进行侧重点有所不同的调查研究工作。按照不同的目的，分为不同的地质勘查。例如，以寻找和评价矿产为主要目的的矿地质勘查，以寻找和开发地下水为主要目的的水文地质勘查，以查明铁路、桥梁、水库、坝址等工程区地质条件为目的的工程地质勘查等。地质勘查还包括各种比例尺的区域地质调查、海洋地质调查、地热调查与地热田勘探、地震地质调查和环境地质调查等。地质勘查必须以地质观察研究为基础，根据任务要求，本着以较短的时间和较少的工作量，获得较多、较好地质成果的原则，选用必要的技术手段或方法，如测绘、地球物理勘探、地球化学探矿、钻探、坑探、样品测试、地质遥感等进行研究。狭义上说，在我国实际地质工作中，把地质勘查划分为 5 个阶段，即区域地质调查、普查、详查、勘探和开发勘探。

地质勘查主要包括以下内容：地质测绘、地球物理勘探、地球化学勘探、环境地质、工程地质、海洋地质、钻探工程、坑探工程和地质实验测试等。

2. 特点

地质勘查具有基础性、先导性、探索性和综合性。地质勘查是我国社会主义经济建设、国防建设和社会发展中的一项基础性工作。凡工农业建设和持续发展中所需的矿产、能源和水资源，以及有关工程建设、地质环境监测和地质灾害预报与防治等国土开发整治方面的实际问题的解决，都离不开地质勘查，都必须在地质勘查的基础上进行。地质勘查是对地球在漫长的发展过程中，自然作用所形成的地壳表层及一定深度内的物质成分和结构进行的调查研究。通过对某一地区或地段的地质特征和条件的了解，满足矿产资源、能源、水资源的探找与勘查，工程建设的选址，经济建设的合理布局，地质灾害的防治，自然环境的保护等多方面的需求。也就是说，必须首先了解地下资源的赋存状态，掌握其技术经济条件，进行合理的开发利用；其次，了解工程建设的工程地质、环境地质条件，避免选址和设计中的失误，造成不应有的损失；最后，了解地震、滑坡、泥石流、水土流失等的地质背景，以增进防治、监测、预报的能力，减少地质灾害造成的社会和经济损失。

地质勘查是一个综合性很强的科学技术工作。由于工业的发展，人类活动对自然界的破坏越来越严重，因而近年来国际上普遍提出了为人类自身的生存而保护自然环境和开发利用新的自然资源的要求，包括新矿物材料的发现、有用矿物的人工合成实验研究等。加上地质科学研究领域不断扩大和研究不断深入，即由全球到太阳系的星体，由地壳表层到地球内部。不少地质学家感到"地质科学"一词已不能完全概括其全部内容，提出了"地球科学"的新概念，进而发展了天、地、生相互关系学，这就对地质科学和地质勘查提出了一系列的新任务。当前，国际合作开展的全球变化、岩石圈动力学和国际减灾计划，都将带动与促进其他学科的发展和提高解决实际问题的能力。

地质勘查有一定的风险性。但它又不同于社会上泛指的风险，因为通过地质勘查即使未达到预期的特定目的，也获得了一定的地质资料。这些资料对进一步认识地质现象和部署以后的地质工作，仍具有重要的使用价值和科学意义。同时，我们还必须认识到，地质勘查从区域地质调查到矿产开发利用的全过程来看，不仅产生了巨大的经济效益，而且社会效益提升也是十分明显的。例如，大庆油田的发现和勘探所用的经费与30年来采出的石油资源的价值相比则是微不足道的，我国许多城市都是由于发现并开发矿产资源而兴起，成为煤都、钢都、石油城等，例如大庆（油）、渡口（铁）、金川（镍）、白银（铜）、平顶山（煤）等。如果这样全面地分析和认识地质勘查，其风险性只是暂时失去一隅，后来获得的却更多。当然，在地质勘查的某一特定阶段，为了达到预定目的进行某个地质勘查，项目失败的事例也经常发生，这恰是地质勘查的性质和现阶段的科技发展水平所决定的。随着地质科学技术、理论水平的不断提高，这种风险将会逐步降低。因此，对地质勘查的风险性要有正确的理解和宣传，以免造成对地质勘查在经济意义方面的误解，进而造成对地质勘查支持上的不力。

（二）地质勘查资质管理的未来选择

地质勘查资质管理体制改革经过多年的酝酿和实践，已经奠定了良好的基础。但对于国家地质调查工作机构定位和队伍组建、属地化后地质勘查队伍的深化改革和商业性勘查等问题还有待解决。

而且随着"负面清单"管理思想的逐渐推进，我国地质勘查资质管理将趋于统一，未来的地质勘查资质管理只是作为进入"底线"，不再对内资和外资进行区分。同时，地质勘查资质管理必然作为简政放权的重要内容之一，过去的部分管理政策将随之调整。当前，针对地质勘查资质审批制度改革有三种意见：一是维持现状；二是下放到地方管理；三是转由行业协会管理。

在下放到地方管理方面，第一种是下放到地方管理依旧为行政审批，具有行政严肃性和规范性。资质审批是进入地质勘查行业的重要关口，同样有着非常强的严肃性、规范性。第二种是下放到地方管理统一审批，这一点是较容易实现的。现行的地质勘查资质审批权，由自然资源部和省级国土资源主管部门负责，省级国土资源主管部门具有较强的专门组织和评审专家，对整个审批流程比较熟悉。下放到地方管理统一审批便于后续监管，地方政府凭借行政管理权，便于对地质勘查资质进行监督检查，也能够规避不良中介的影响，能够将众多问题消灭在萌芽状态。

二、地质勘查高新技术的发展

随着社会的发展、技术的进步，地质工作的领域不断拓宽。进入 21 世纪后，各国地质工作的重点从以寻找和发现矿产资源为主的矿产资源型，向兼顾资源与环境保护、减轻灾害的资源与环境并重的社会型转变。地质工作的主要任务除传统的基础地质调查和矿产资源调查评价以及信息服务，还增加了环境地质、农业地质、城市地质、资源管理等内容。面对这些重大任务，遥感技术、钻探技术、地质信息技术及高新技术已成为现今地质勘查中不可缺少的重要组成部分。

当前，部分国家已经制订了以技术为先导的地质领域的重大战略计划，代表了地质工作和地球科学发展的方向。我国也非常重视高新技术的发展，相继提出了"高光谱地壳"的概念，实施了"深部探测计划"，成功发射了高分一号卫星，初步建立了北斗卫星导航定位系统。同时，国务院还出台了一系列决定纲要，这些文件为地质勘查高新技术的发展指明了方向。但是，科技发展日新月异，按照科技发展规划的科学性要求，随着新技术的出现，原来制定的规划或者计划需要根据技术发展的新情况不断地调整，需要对技术的未来发展具有更长远的科学性、前瞻性，这就要求我们必须将发展战略研究常态化、长期化。

（一）国际地质勘查高新技术发展形势

随着高新技术的飞速发展，一些国家地质勘查普遍采用现代探测技术、现代分析技术和信息技术等，陆续装备起各类大型观测分析仪器、航天航空器、深海探测器等先进设备，实现了卫星定位系统、地理信息系统和遥感观测的一体化，极大地促进了对地球系统科学的认识和理解，基本实现了以高新技术为支撑的地质工作现代化。

1. 遥感技术是国际竞争的一个战略制高点

遥感技术主要是通过空间卫星、临近空间飞行器、飞机和无人机以及地面平台等新技术对地球的各个圈层——大气圈、岩石圈、水圈、生物圈、冰冻圈甚至智慧圈，进行调查和监测，以便了解各圈层的状况和变化及其相互作用，特别是与人类活动有关的相互作用，以及它们将来的发展趋势，并研究对这种状态和变化进行预测、预报和预警的可能性。因此，遥感技术在国民经济建设以及国防建设等方面日益显示出独特的战略地位和意义，是国际竞争的一个战略制高点，也是许多国家竞相发展的重要领域。目前，世界各国纷纷构建天地一体化的对地观测体系，同时，遥感对地观测活动的联合与协调也逐步加强。

2. 大数据技术正在渗透至各个领域

随着人们获取地质数据手段的增加，数据的类型和数量越来越显示出多源、多类、多量、多维、多时态和多主题的特征。因此，当前人们比以往任何时候都需要与数据或信息交互，世界正进入基于大数据进行数据密集型科学研究的时代。计算机技术、数据库技术、网络技术、虚拟技术等现代化的技术深入应用到了地球科学众多专业领域，地球科学信息产品服务成为信息化时代各国为公众提供公益性服务的主流渠道，全球的地球科学信息科学家都在朝着这一方向努力，即基于共同的标准和协议为地球科学搭建全球数字化信息网，实现分布式、基于网络平台的、开源的、能够协调操作的数据访问和应用的共享平台，让地球科学知识能够快速、便捷、高效率地为变化的地球探测与研究服务。

（二）我国地质勘查高新技术发展形势

高新技术的发展和大量应用，使地质工作的调查手段、研究的深度和广度、成果的表现形式等都发生了巨大变革。除了地球化学填图工作，我国大多数勘查技术领域在国际上处于一般水平和落后水平，只有个别勘查技术与装备（如航空电磁法）的研发达到了国际先进水平，而且我国一直没有产生在世界上被普遍接受的重要的地质理论。

我国地质科技与国际先进水平相比差距较大，主要表现在以下几个方面：①环境治理与灾害防治领域"3S"技术等高新技术含量不高；勘查技术总体落后，主流地球物理勘查技术和分析测试技术主要依靠引进，航空电磁测量、重力及梯度测量、磁力梯度及张量测量、深海钻探、深潜探测等大部分仪器的研发处于落后状态。②我国已拥有的先进技术绝大部分是引进的，且主要掌握在部分科研院所和专业院校等少数单位手中，勘查单位大多处于设备陈旧、技术落后状态。③野外生产第一线的实际工作中大多没有采用先进技术，而拥有先进设备和方法的单位大多又未承担地质大调查生产项目，而且普遍存在仪器装备先进但解释方法落后，单个技术先进但技术集成落后等问题。并且还存在地质信息技术体系不够健全、地质信息技术的应用深度和广度不够、信息资源与技术的开发力度不足、地质信息技术有关标准和网络建设等基础性工作薄弱等问题。

因此，为了解决当前及今后我国地质工作中的实际问题，需要根据客观规律，并结合实际需求，进行总体规划和部署。所以说对地质勘查高新技术进行前瞻性战略研究非常必要。

三、我国地质工作发展的方向

根据我国基本国情，我国地质工作体制仍处于从计划经济向社会主义市场经济的转换时期。地质工作改革的理论与实践存在较大的差距。从我国当前的实际情况来看，这个过程不可能很短，但也不允许太长。太短的后果是欲速则不达，太长则会严重制约我国的矿业发展，甚至会影响到我国社会主义经济建设的整体步伐。

经济全球化、世界范围内经济结构的调整和高新技术的飞速发展，使21世纪充满机遇和挑战。按照我国经济社会发展的总体部署，到21世纪中叶，人均国民生产总值要达到中等发达国家水平，基本实现现代化。这一目标必须在实施可持续发展的总体要求下实现。面对新的形势，地质工作者承担着十分繁重的历史使命。如何做好新世纪地质工作，使地质工作既能满足国民经济建设和发展的需要，又能实现自身的健康发展，这是一个必须解决好的重要问题。

（一）建立安全体系和社会可持续发展服务

20 世纪我国矿产勘查取得了巨大成就，发现矿产地 20 多万处，经不同程度勘查工作证实有一定价值的矿产地 2 万余处，探明储量的矿产潜在价值居世界第 3 位。390 座（个）矿业城市（镇）的兴起，有力地推进了我国城市化和工业化的进程，对于区域经济的协调发展，对于大批劳动力就业和人民生活水平的提高以及社会的稳定都起到了积极的促进作用。

但进入 20 世纪 90 年代以来，我国矿产资源供给形势严峻：国内生产的矿产品不能满足经济社会发展的需要，石油、铁矿、铜矿、钾盐等大宗矿产的进口量在迅速增加；一批矿山因资源枯竭已经闭坑。而由于资源问题所引发的一系列经济社会问题更加不容忽视，它不仅影响到我国矿业和矿业城市的可持续发展，而且影响到三四百万矿工和上千万矿工家属的工作与生活，还可能影响到社会的稳定和国家经济的安全。

建立国家资源安全体系，为我国经济社会可持续发展提供基本的矿产资源保障，是地质工作的一项首要任务和中心任务。在保证这个中心的基础上，努力拓展地质工作多目标社会服务功能。

加强地质勘查工作，使矿产资源供给适应我国经济和社会可持续发展的需要，首先要通过深化改革，实现投资主体多元化，大幅度增加地质工作投入。其次国家要加大对公益性、基础性地质调查和战略性矿产勘查投入。要从解放思想、转变观念、完善法规、高效服务等方面做出努力，进一步吸引外资来我国投资勘查开发矿产资源。建议设立全国性的"地质勘查基金"，对矿产普查进行补贴，通过它的杠杆作用，调动受补主体更多的社会资金投入矿产普查。要充分发挥矿产资源补偿费在加强地质勘查中的作用。

要稳定地质队伍，防止人才大量流失，加强地质人才的培养。队伍不稳、人才流失、后续人才跟不上，对于地矿事业的发展已经造成严重的影响。目前，新的地质技术人才断层已经形成，青黄不接的现象已经出现。这些年，原有的一些地质院校纷纷改名，所培养的地质专业学生大幅减少，很多省局已经多年招不到地质专业的毕业生。地质人才的培养需要 5 年乃至更长的时间，所以这个问题必须引起高度重视，并应尽快着手解决。

坚持科教兴地的方针，实现地质科学技术的创新和进步，推动地质工作实现持续、快速、健康发展。近年来，为实现可持续发展战略，很多国家开始了地质工作发展战略的转变，各国都十分重视把高新技术引入地质工作，十分重视推进地质科学理论创新和技术进步。为了适应世界地质工作的发展趋势、满足 21 世纪国民经济建设和社会发展对地质工作的需求，我国地质工作必须实施跨越式的发展，实现地质基础理论的创新和加快勘查技术方法的进步。

（二）占领"两个市场"，利用"两种资源"

实施全球化矿产资源战略，企业是主体，政府要发挥主导作用。我国现在的矿业公司，在资本、资产、技术、管理、国际经验等方面均与国外大的矿业公司有较大差距。在目前情况下，要通过政府引导和支持，加快和深化我国矿业体制改革，建立矿业生产要素市场，按现代企业制度组建若干个强大的矿业集团，使我国矿业企业尽快实现集团化、市场化、现代化、国际化，参与国际竞争。

国家要加快制定和完善鼓励我国企业到海外经营矿产资源勘查开发活动的投资政策、产品政策、税收政策、技术政策等。从地质工作本身来说，我们对国外地质矿产情况了解很少，这是我国企业到海外勘查、开发矿产资源的一个重要制约因素。海外矿产资源勘查有巨大的资源风险，必须有一定数量和高水平的、熟悉当地地质情况的地质人员，而这些地质人员只有通过实地的地质工作才能培养出来。

实施全球矿产资源战略还要重视资源战略储备体系的建立。资源战略储备应采取实物储备与产地储备相结合的方式进行。实物储备就是将已开采的矿产资源储备一定的量以应对突发事件。产地储备就是将资源勘查清楚之后不开采，储备起来以备不时之需。

（三）发展愿景与八方面工作

展望未来，地质工作将以新时代中国特色社会主义思想为指导，坚持以人民为中心，坚持五大发展理念，以需求和问题为导向，以科技创新和信息化建设为动力，树立地球系统科学观，推动地质工作不断满足经济社会高质量发展和生态文明建设的重大需求，解决经济社会发展面临的重大资源环境问题，提升支撑服务自然资源管理的能力，推动地质工作服务方向从以支撑矿产资源管理为主向支撑资源在内的自然资源管理转变、指导理论从传统地质科学向地球系统科学转变、发展动力从主要依靠承担项目向主要依靠科技创新和信息化建设转变。

新时代地质事业改革发展，要重点抓好以下八方面工作。

一是要为实现"两个一百年"目标提供稳定、可靠的能源、矿产、水和其他战略资源安全保障；要加大低碳清洁能源矿产（油气、天然气水合物、地热、铀矿等）的开发力度，提高国内资源保障能力。

二是要为实施国家重大战略、推动经济高质量发展、建设美丽乡村，提供更加精准、有效的支撑服务；着力推进海洋地质、生态地质、农业地质等工作，拓展地质工作领域，延伸地质工作链条。

三是要为生态文明建设和自然资源管理提供有效的技术支撑和高质量的解决方案；加强自然资源数量、质量、生态"三位一体"调查评价，开展资源环境承载能力评价、国土空间开发适宜性评价、生态系统修复和治理等工作。

四是要为重大工程、基础设施建设和新型城镇化发展提供基础性、先行性支撑服务；着力加强地质、工程地质、城市地质等工作，为重大工程实施和新型城镇化建设提供地质方案。

五是要为地质灾害防治提供及时、有效的调查评价和监测预警信息服务；加强各类地质灾害成灾机理、监测预警预报和风险评价基础理论研究，构建群测群防与专业调查预警相协调的监测预警体系，最大限度地减少人员伤亡和对经济社会发展的影响。

六是要加强科技创新和人才培养。肩负起"向地球深部进军"的历史使命，着力推进深地探测、深海探测和深空对地观测等重大工程的实施，加强新方法、新技术、新装备的研发和创新型、高层次人才团队的培养。

七是要扩大对外开放。加大与"一带一路"共建国家在地质矿产领域的合作力度，全面参与全球矿业治理，打造更为科学、有序的境外地质工作体系，促进全球矿业和地球科学发展。

八是要深化地质工作改革。坚持市场化、国际化和法制化的改革方向，促进市场体系建设，培育商业性地质勘查主体，推进矿业及其他相关产业发展。

可以预计，到21世纪中叶，一个以地球系统科学为统领，以保障能源和其他战略资源安全、服务生态文明建设为核心的现代地质工作体系将全面形成；公益性与商业性地质工作协同发展、互相促进，中央与地方地质工作有机联动、相互融合，境内与境外地质工作统筹推进、互为补充，各类市场主体职责法定、竞争有序的地质工作体制将全面建成；地质工作者富裕体面、精神高尚，地质工作基础性、先行性作用得到充分显现的地质工作现代格局，将在支撑服务国家现代化建设和中华民族伟大复兴的进程中同步推进、同期实现。

（四）积极推进地质勘查队伍主辅分离的改革

我国地质勘查队伍号称"百万大军"，但目前我国真正从事固体矿产勘查的地质技术人员却在逐渐减少，而且还有继续减少的趋势。由此可见，我国地质勘查队伍的结构是很不合理的。

地质勘查队伍的结构调整从全国来讲，是建立以中国地质调查局为龙头和核心的"野战军队伍"，从这一层面看，已经有了基本框架，并正在逐步完善。从各省所属的地质勘查队伍来说，要保留一支人员精干、装备精良、技术水平较高的地质勘查队伍，在有的省份，还要继续把这支队伍做大、做强。

与此同时，地质勘查单位的经营性资产和非经营性资产要分离，主业和辅业要分离，在分离过程中，对人员进行分流。剥离后的经营性资产和主业，逐步转为企业；剥离后的非经营性资产和辅业，留给地质勘查单位，是事业性质。

在产业结构调整中，对西部省份和一些资源比较丰富的中部、东部省份，应以地质矿产勘查开发业为主导产业，包括公益性地质大调查的技术劳务、商业性地质勘查、矿产资源开发。根据当地实际情况，拓宽地质勘查部门的服务领域，培育相应的支柱产业。同时要围绕主导产业和支柱产业进行资产重组和内部机构调整。

地质工作应该与时俱进，按照建设资源节约型社会的要求，深化改革、实现战略性转变：从计划经济体制下的地质工作转向社会主义市场经济体制下的地质工作，从传统地质工作转向现代地质工作，从资源保障为主的地质工作转向资源、环境并重的地质工作，从主要依靠国内"一种资源、一个市场"转向利用"两种资源、两个市场"，逐步建立与社会主义市场经济体制相适应的地质勘查工作体制，更加紧密地与经济社会发展相结合，更加主动地为经济社会发展服务。

新时期我国地质工作要坚持以上几个转向，需进一步满足以下几点需求：①基本满足工业化对地质工作的需求。当前，我国正处于重化工业发展时期，资源、环境成为经济发展的瓶颈问题。按照走新型工业化道路和建设资源节约型社会的要求，地质工作要加大科技含量，地质勘查单位要加快改革，以满足重化工业发展对地质工作的需求。②基本满足城镇化建设对地质工作的需求。城市地质工作要在城市地质基础理论、城市地质综合调查评价、城市环境地质评价、城市地质灾害防治等方面，为城市建设提供地质保障，满足城市的可持续发展。③基本满足生态建设及恢复对地质工作的需求。在过去的几十年里，我国地质工作的建设和快速发展是以生态环境的恶化为代价的。在强调树立科学发展的今天，保护生态环境成为可持续发展的重要内容。新时期地质工作要从生态环境的建设和恢复出发，实现经济增长与环境保护"双赢"。④基本满足防灾减灾对地质工作的需求。地质灾害具有频发性和突发性强的特点，对人民的生命安全、财产安全构成严重威胁。对重大地质灾害进行监测、预警预报、综合防治、减灾救灾等成为地质工作重要的内容之一。

第二节　勘察分级和岩土分类

一、岩土工程条件

查明场地的工程地质条件是传统工程地质勘查的主要任务。工程地质条件指与工程建设有关的地质因素的综合，或者是工程建筑物所在地质环境的各项因素。这些因素包括岩土类型及其工程性质、地质构造、地貌、水文地质、工程动力地质作用和天然建筑材料等方面。工程地质条件是客观存在的，是自然地质历史塑造而成的，不是人为造成的。由于各种因素组合的不同，不同地点的工程地质条件随之变化，存在的工程地质问题也各异，其影响结果是对工程建设的适宜性相差甚远。工程建设不怕地质条件复杂，怕的是复杂的工程地质条件没有被认识、被发现，因而未能采取相应的岩土工程措施，以致给工程施工带来麻烦，甚至留下隐患，造成事故。

岩土工程条件不仅包含工程地质条件，还包括工程条件，把地质环境、岩土体和建造在岩土体上的建筑物作为一个整体来进行研究。具体地说，岩土工程条件包括场地条件、地基条件和工程条件。

场地条件——场地地形地貌、地质构造、水文地质条件的复杂程度；有无不良地质现象，不良地质现象的类型、发展趋势和对工程的影响；场地环境工程地质条件（地面沉降，采空区，隐伏岩溶地面塌陷，土水的污染，地震烈度，场地对抗震有利、不利影响或危险，场地的地震效应等）。

地基条件——地基岩土的年代和成因，有无特殊性岩土，岩土随空间和时间的变异性；岩土的强度性质和变形性质；岩土作为天然地基的可能性、岩土加固和改良的必要性和可行性。

工程条件——工程的规模、重要性（政治、经济、社会）；荷载的性质、大小、加荷速率、分布均匀性；结构刚度、特点、对不均匀沉降的敏感性；基础类型、刚度、对地基强度和变形的要求；地基、基础与上部结构协同作用。

二、建筑场地与地基的概念

(一) 建筑场地的概念

建筑场地是指工程建设直接占有并直接使用的有限面积的土地，大体相当于厂区、居民点和自然村的区域范围的建筑物所在地。从工程勘察角度分析，场地的概念不仅代表所划定的土地范围，还应涉及建筑物所处的工程地质环境与岩土体的稳定问题。在地震区，建筑场地还应具有相近的反应谱特性。新建（待建）建筑场地是勘察工作的对象。

(二) 建筑物地基的概念

任何建筑物都建造在土层或岩石上，土层受到建筑物的荷载作用就产生压缩变形。为了减少建筑物的下沉，保证其稳定性，必须将墙或柱与土层接触部分的断面尺寸适当扩大，以减小建筑物与土接触部分的压强。将结构所承受的各种作用传递到地基上的结构组成部分称为基础。地基是指支承基础的土体或岩体，在结构物基础底面下，承受由基础传来的荷载，受建筑物影响的那部分地层。地基一般包括持力层和下卧层。埋置基础的土层称为持力层，在地基范围内持力层以下的土层称为下卧层。地基在静、动荷载作用下产生变形，变形过大会危害建筑物的安全，当荷载超过地基承载力时，地基强度便遭破坏而丧失稳定性，致使建筑物不能正常使用。因此，地基与工程建筑物的关系更为直接、具体。为了建筑物的安全，必须根据荷载的大小和性质给基础选择可靠的持力层。当上层土的承载力大于下卧层时，一般取上层土作为持力层，以减小基础的埋深，当上层土的承载力低于下卧层时，如取下卧层为持力层，则所需的基础底面积较小，但埋深较大；若取上层土为持力层，则情况相反。选取哪一种方案，需要综合分析和比较后才能决定。地基持力层的选择是岩土工程勘察的重点内容之一。

(三) 天然地基、软弱地基和人工地基

未经加固处理直接支承基础的地基称为天然地基。

若地基土层主要由淤泥、淤泥质土、松散的砂土、冲填土、杂填土或其他高压缩性土层所构成，则称这种地基为软弱地基或松软地基。由于软弱地基土层压缩模量很小，所以在荷载作用下产生的变形很大。因此，必须确定合理的建筑措施和地基处理方法。

若地基土层较软弱，建筑物的荷重又较大，地基承载力和变形都不能满足设计要求时，需对地基进行人工加固处理，这种地基称为人工地基。

三、岩土工程勘察分级

岩土工程勘察分级，目的是突出重点，区别对待，以利于管理。岩土工程勘察等级应在综合分析工程重要性等级、场地等级和地基等级的基础上，确定综合的岩土工程勘察等级。

（一）工程重要性等级

工程重要性等级见表 1-1~表 1-3。

表 1-1 工程安全等级

安全等级	破坏后果	工程类型
一级	很严重	重要工程
二级	严重	一般工程
三级	不严重	次要工程

表 1-2 地基基础设计等级

设计等级	建筑和地基类型
甲级	（1）重要的工业与民用建筑； （2）30 层以上的高层建筑； （3）体形复杂，层数相差超过 10 的高低层连成一体的建筑物； （4）大面积的多层地下建筑物（如地下车库、商场、运动场等）； （5）对地基变形有特殊要求的建筑物； （6）复杂地质条件下的坡上建筑物（包括高边坡）； （7）对原有工程影响较大的新建建筑物； （8）场地和地基条件复杂的一般建筑物； （9）位于复杂地质条件及软土地区的二层及以上地下室的基坑工程；

续表

设计等级	建筑和地基类型
	（10）开挖深度大于 15m 的基坑工程； （11）周边环境条件复杂、环境保护要求高的基坑工程
乙级	（1）除甲级、丙级以外的工业与民用建筑； （2）除甲级、丙级以外的基坑工程
丙级	场地和地基条件简单、荷载分布均匀的七层及以下民用建筑及一般工业建筑；次要的轻型建筑；非软土地区且场地地质条件简单、基坑周边环境条件简单、环境保护要求不高且开挖深度小于 5m 的基坑工程

表 1-3　工程重要性等级

重要性等级	工程规模和特征	破坏后果
一级工程	重要工程	很严重
二级工程	一般工程	严重
三级工程	次要工程	不严重

由于涉及房屋建筑、地下洞室、线路、电厂及其他工业建筑、废弃物处理工程等，所以工程的重要性等级很难做出具体的划分标准，只能做一些原则性的规定。以住宅和一般公用建筑为例，30 层以上的可定为一级，7~30 层的可定为二级，6 层及以下的可定为三级。

（二）场地等级

根据场地对建筑抗震的有利程度、不良地质现象、地质环境、地形地貌、地下水影响等条件将场地划分为三个复杂程度等级，见表 1-4。

表 1-4　场地复杂程度等级

等级	场地对建筑抗震有利程度	不良地质作用	地质环境破坏程度	地形地貌	地下水影响
一级	危险	强烈发育	已经或可能受到强烈破坏	复杂	有影响工程的多层地下水、岩溶裂隙水或其他水文地质条件复杂，需专门研究

等级	场地对建筑抗震有利程度	不良地质作用	地质环境破坏程度	地形地貌	地下水影响
二级	不利	一般发育	已经或可能受到一般破坏	较复杂	基础位于地下水位以下的场地
三级	地震设防烈度≤6度或有利	不发育	基本未受破坏	简单	地下水对工程无影响

注：①从一级开始，向二级、三级推定，以最先满足的为准。②"不良地质作用强烈发育"是指泥石流沟谷、崩塌、滑坡、土洞、塌陷、岸边冲刷、地下强烈潜蚀等极不稳定的场地，这些不良地质现象直接威胁着工程安全；"不良地质作用一般发育"是指虽有上述不良地质现象，但并不十分强烈，对工程安全的影响不严重。③"地质环境"是指人为因素和自然因素引起的地下采空、地面沉降、地裂缝、化学污染、水位上升等；"受到强烈破坏"是指对工程的安全已构成直接威胁，如浅层采空、地面沉降盆地的边缘地带、横跨地裂缝、因蓄水而沼泽化等；"受到一般破坏"是指已有或将有上述现象，但不强烈，对工程安全的影响不严重。

（三）地基等级

根据地基的岩土种类和有无特殊性岩土等条件将地基分为三个等级，见表 1-5。

表 1-5　地基复杂程度等级

等级	一般岩土				特殊性岩土及处理要求
	岩土种类	均匀性	性质变化	处理要求	
一级（复杂地基）	种类多	很不均匀	变化大	需特殊处理	多年冻土，严重湿陷、膨胀、盐渍、污染的特殊性岩土，以及其他情况复杂、需作专门处理的岩土
二级（中等复杂地基）	种类较多	不均匀	变化较大	根据需要确定	除一级地基规定以外的特殊性岩土
三级（简单地基）	种类单一	均匀	变化不大	不处理	无特殊性岩土

（四）岩土工程勘察等级

根据工程重要性等级、场地复杂程度等级和地基复杂程度等级，可按下列条件划分岩土工程勘察等级。

甲级——在工程重要性、场地复杂程度和地基复杂程度等级中，有一项或多项为一级。

乙级——除勘察等级为甲级和丙级以外的勘察项目。

丙级——工程重要性、场地复杂程度和地基复杂程度等级均为三级。

一般情况下，勘察等级可在勘察工作开始前通过收集已有资料确定。但随着勘察工作的开展、对自然认识的深入，勘察等级也可能发生改变。

对于岩质地基，场地地质条件的复杂程度是控制因素。建造在岩质地基上的工程，如果场地和地基条件比较简单，勘察工作的难度是不大的。故即使是一级工程，场地和地基为三级时，岩土工程勘察等级也可定为乙级。

四、勘察阶段的划分

当场地条件简单或已有充分的地质资料和经验时，可以简化勘察阶段，跳过选址勘察，有时甚至将初勘和详勘合并为一次性勘察，但勘察工作量布置应满足详细勘察工作的要求。对于场地稳定性和特殊性岩土的岩土工程问题，应根据岩土工程的特点和工程性质，布置相应的勘探与测试或进行专门研究论证评价。对于专门性工程和水坝、核电等工程，应按工程性质要求，进行专门勘察研究。

（一）选址勘察

选址勘察的目的是得到若干个可选场址方案的勘察资料。其主要任务是对拟选场址的稳定性和建筑适宜性做出评价，以便方案设计阶段选出最佳的场址方案。所用的手段主要侧重于收集和分析已有资料，并在此基础上对重点工程或关键部位进行现场踏勘，了解场地的地层、岩性、地质结构、地下水及不良地质现象等工程地质条件，对倾向于选取的场地，如果工程地质资料不能满足要求时，可进行工程地质测绘及少量的勘探工作。

（二）初步勘察

初步勘察是在选址勘察的基础上，在初步选定的场地上进行的勘察，其任务是满足初步设计的要求。初步设计内容一般包括：指导思想、建设规模、产品方案、总平面布置、主要建筑物的地基基础方案、对不良地质条件的防治工作方案。初勘阶段也应收集已有资料，在工程地质测绘与调查的基础上，根据需要和场地条件，进行有关勘探和测试工作，带地形的初步总平面布置图是开展勘察工作的基本条件。

初勘应初步查明：建筑地段的主要地层分布、年代、成因类型、岩性、岩土的物理力学性质，对于复杂场地，因成因类型较多，必要时应做工程地质分区和分带（或分段），以利于设计确定总平面布置；场地不良地质现象的成因、分布范围、性质、发生发展的规律及对工程的危害程度，并提出整治措施的建议；地下水类型、埋藏条件、补给径流排泄条件，可能的变化及侵蚀性；场地地震效应及构造断裂对场地稳定性的影响。

（三）详细勘察

经过选址和初勘后，场地稳定性问题已解决，初步设计所需的工程地质资料亦已基本查明。详勘的任务是针对具体建筑地段的地质地基问题所进行的勘察，以便为施工图设计阶段和合理选择施工方法提供依据，为不良地质现象的整治设计提供依据。对工业与民用建筑而言，在本勘察阶段工作进行之前，应有附有坐标及地形等高线的建筑总平面布置图，并标明各建筑物的室内外地坪高程、上部结构特点、基础类型、所拟尺寸、埋置深度、基底荷载、荷载分布、地下设施等。详勘主要以勘探、室内试验和原位测试为主。

（四）施工勘察

施工勘察指的是直接为施工服务的各项勘察工作。它不仅包括施工阶段所进行的勘察工作，也包括在施工完成后可能要进行的勘察工作（如检验地基加固的效果）。但并非所有的工程都要进行施工勘察，仅在下面几种情况下才需进行：对重要建筑的复杂地基，需在开挖基槽后进行验槽；开挖基槽后，地质条件与原勘察报告不符；深基坑施工需进行测试工作；研究地基加固处理方案；地基中溶洞或土洞较发育；施工中出现斜坡失稳，需进行观测及处理。

五、岩土工程勘察的基本程序

岩土工程勘察要求分阶段进行，各阶段勘察程序可分为承接勘察项目、筹备勘察工作、编写勘察纲要、进行现场勘察、室内水与土试验、整理勘察资料和编写报告书及报告的审查、施工验槽等。

（一）承接勘察项目

通常由建设单位会同设计单位即委托方（简称甲方），委托勘察单位即承包方（简称乙方）进行。签订合同时，甲方需向乙方提供下列文件和资料，并对其可靠性负责：工程项目批件；用地批件（附红线范围的复制件）；岩土工程勘察工程委托书及其技术要求（包括特殊技术要求）；勘察场地现状地形图（其比例尺须与勘察阶段相适应）；勘察范围和建筑总平面布置图各 1 份（特殊情况可用有相对位置的平面图）；已有的勘察与测量资料。

（二）筹备勘察工作

筹备勘察工作，是保证勘察工作顺利进行的重要步骤，包括组织踏勘，人员设备安排，水、电、道路三通及场地平整等工作。

（三）编写勘察纲要

应根据合同任务要求和踏勘调查的结果，分析预估建筑场地的复杂程度及其岩土工程性状，按勘察阶段要求布置相适应的勘察工作量，并选择勘察方法和勘探测试手段。在制订计划时，还需考虑勘察过程中可能未预料到的问题，需为更改勘察方案而留有余地。一般勘察纲要主要内容如下：制订勘察纲要的依据，勘察委托书及合同、工程名称，勘察阶段、工程性质和技术要求以及场地的岩土工程条件分析等；勘察场地的自然条件，地理位置及地质概况简述（包括收集的地震资料、水文气象及当地的建筑经验等）；指明场地存在的问题和应研究的重点；勘察方案确定和勘察工作布置，包括尚需继续收集的文献和档案资料，工程地质测绘与调查，现场勘探与测试，室内水、土试验，现场监测工作以及勘察资料检查与整理等工作量的预估；预估勘察过程中可能遇到的问题及解决问题的方法和措施；制订勘察进度计划，并附有勘察技术要求和勘察工作量的平面布置图等。

（四）进行现场勘察和室内水土试验

勘探工作量是根据工程地质测绘、工程性质和勘测方法综合确定的，目的是鉴别岩、土性质和划分地层。

工程地质测绘与调查，常在选址及可行性研究或初步勘察阶段进行。对于详细勘察阶段的复杂场地也应考虑工程地质测绘。测绘之前应尽量利用航片或卫片的判释资料，测绘的比例尺选址时为 1：5000～1：50000；初勘时为 1：2000～1：10000；详勘时为 1：500～1：2000 或更大些；当场地的地质条件简单时，仅做调查。根据测绘成果可进行建筑场地的工程地质条件分区，对场地的稳定性和建设适宜性进行初判。

岩土测试是为地基基础设计提供岩土技术参数，其方法分为室内岩土试验和原位测试，测试项目通常按岩土特性和工程性质确定，室内试验除要求做岩土物理力学性试验，有时还要模拟深基坑开挖的回弹再压缩试验、斜坡稳定性的抗剪强度试验、振动基础的动力特性试验以及岩土体的岩石抗压强度和抗拉强度等试验。目前在现场直接测试岩土力学参数的方法也很多，有载荷、标准贯入、静力触探、动力触探、十字板剪切、旁压、现场剪切、波速、岩体原位应力、块体基础振动等测试，通称为原位测试。原位测试可以直观地提供地基承载力和变形参数，也可以对岩土工程进行监测或为工程监测与控制提供参数依据。

（五）整理勘察资料和编写报告书

岩土工程勘察成果整理是勘察工作的最后程序。勘察成果是勘察全过程的总结，并以报告书形式提出。编写报告书是以调查、勘探、测试等许多原始资料为基础的，报告书要做出正确的结论，必须对这些原始资料进行认真检查、分析研究、归纳整理、去伪存真，使资料得以提炼。编写内容要有重点，要阐明勘察项目来源、目的与要求；拟建工程概述；勘察方法和勘察工作布置；场地岩土工程条件的阐述与评价等；对场地地基的稳定性和适宜性进行综合分析论证，为岩土工程设计提供场地地层结构和地下水空间分布的几何参数，岩土体工程性质设计参数的分析与选用，提出地基基础设计方案的建议；预测拟建工程对现有工程的影响，工程建设产生的环境变化以及环境变化对工程产生的影响，为岩土体的整治、改造和利用选择最佳方案，对岩土施工和工程运营期间可能发生的岩土工程问题进行预测和监控，为相应的防治措施和合理的施工方法提出建议。

报告书中还应附有相应的岩土工程图件，常见的有勘探点平面布置图，工程地质柱状图，工程地质剖面图，原位测试图表，室内试验成果图表，岩土利用、整治、改造的设计方案和计算的有关图表以及有关地质现象的素描和照片等。

除综合性岩土工程勘察报告外，也可根据任务要求提交单项报告，如岩土工程测试报告，岩土工程检验或监测报告，岩土工程事故调查与分析报告，岩土利用、整治或改造方案报告，专门岩土工程问题的技术咨询报告等。

对三级岩土工程的勘察报告书内容可以适当简化，即以图为主，辅以必要的文字说明；对一级岩土工程中的专门性岩土工程问题，尚可提交专门或单项的研究报告和监测报告等。

（六）报告的审查、施工验槽等

我国自 2004 年 8 月 23 日起开始实行施工图审查制度。完成的勘察报告，除应经过本单位严格细致的检查、审核，还应经由施工图审查机构审查合格后方可交付使用，作为设计的依据。

项目正式开工后，勘察单位和项目负责人应及时跟踪，对基槽、基础设计与施工等关键环节进行验收：检查基槽岩土条件是否与勘探报告一致，设计使用的地基持力层和承载力与勘探报告是否一致，是否满足设计要求，是否能确保建筑物的安全等。

六、岩土的分类和鉴定

（一）岩石的分类和鉴定

岩石的分类可以分为地质分类和工程分类。地质分类主要根据其地质成因、矿物成分、结构构造和风化程度，可以用地质名称（即岩石学名称）加风化程度表达，如强风化花岗岩、微风化砂岩等。这对于工程的勘察设计是十分必要的。工程分类主要根据岩体的工程性状，使工程师建立起明确的工程特性概念。地质分类是一种基本分类，工程分类应在地质分类的基础上进行，目的是较好地概括其工程性质，便于进行工程评价。国内目前关于岩体的工程分类方法很多，国家标准就有四种：《工程岩体分级标准》（GB/T 50218—2014）、《城市轨道交通岩土工程勘察规范》（GB 50307—2012）、《水利水电工程地质勘查规范》（GB 50487—2008）和《岩土锚杆与喷射混凝土支护工程技术规范》（GB 50086—2015）。另外，铁路系统和公路系统均有自己的分类标准。各种分类方法各有特点和用途，使用时应注意与设计采用的标准相一致。这里重点介绍《工程岩体分级标准》（GB/T 50218—2014）中有关的分类。

1. 按成因分类

岩石按成因可分为岩浆岩（火成岩）、沉积岩和变质岩三大类。

（1）岩浆岩

岩浆在向地表上升过程中，由于热量散失逐渐经过分异等作用冷却而成岩浆岩。在地表下冷凝的称为侵入岩；喷出地表冷凝的称为喷出岩。侵入岩按距地表的深浅程度又分为深成岩和浅成岩。岩基和岩株为深成岩产状，岩脉、岩盘和岩枝为浅成岩产状，火山锥和岩钟为喷出岩产状。岩浆岩的分类见表1-6。

表1-6 岩浆岩的分类

化学成分		含Si、Al为主		含Fe、Mg为主		
酸基性		酸性	中性	基性	超基性	产状
颜色		浅色的（浅灰、浅红、红色、黄色）		深色的（深灰、绿色、黑色）		
成因及结构 矿物成分		含正长石		含斜长石	不含长石	
		石英、云母、角闪石	云母、角闪石、辉石	角闪石、辉石、黑云母	辉石、角闪石、橄榄石	辉石、橄榄石、角闪石	
深成的	等粒状，有时为斑粒状，所有矿物皆能用肉眼鉴别	花岗岩	正长岩	闪长岩	辉长岩	橄榄岩、辉岩	岩基、岩株
浅成的	斑状（斑晶较大且可分辨出矿物名称）	花岗斑岩	正长斑岩	玢岩	辉绿岩	苦橄玢岩（少见）	岩脉、岩枝、岩盘
喷出的	玻璃状，有时为细粒斑状，矿物难于用肉眼鉴别	流纹岩	粗面岩	安山岩	玄武岩	苦橄岩（少见）、金伯利岩	熔岩流
	玻璃状或碎屑状	黑曜岩、浮石、火山凝灰岩、火山碎屑岩、火山玻璃					火山喷出的堆积物

（2）沉积岩

沉积岩是由岩石、矿物在内外力作用下破碎成碎屑物质后，经水流、风吹和冰川等的搬运、堆积在大陆低洼地带或海洋中，再经胶结、压密等成岩作用而成的岩石。沉积岩的主要特征是具层理。沉积岩的分类见表1-7。

表 1-7　沉积岩的分类

成因	硅质的	泥质的	灰质的	其他成分
碎屑沉积	石英砾岩、石英角砾岩、燧石角砾岩、砂岩、石英岩	泥岩、页岩、黏土岩	石灰砾岩、石灰角砾岩、多种石灰岩	集块岩
化学沉积	硅华、燧石、石髓岩	泥铁石	石笋、石钟乳、石灰华、白云岩、石灰岩、泥灰岩	岩盐、石膏、硬石膏、硝石
生物沉积	硅藻土	油页岩	白垩、白云岩、珊瑚石灰岩	煤炭、油砂、某种磷酸盐岩石

（3）变质岩

变质岩是岩浆岩或沉积岩在高温、高压或其他因素作用下，经变质作用所形成的岩石。变质岩的分类见表 1-8。

表 1-8　变质岩的分类

岩石类别	岩石名称	主要矿物成分	鉴定特征
片状的岩石类	片麻岩	石英、长石、云母	片麻状构造，浅色长石带和深色云母带互相交错，结晶粒状或斑状结构
	云母片岩	云母、石英	具有薄片理，片理上有强的丝绢光泽，石英凭肉眼常看不到
	绿泥石片岩	绿泥石	绿色，常为鳞片状或叶片状的绿泥石块
	滑石片岩	滑石	鳞片状或叶片状的滑石块，用指甲可刻画，有滑感
	角闪石片岩	普通角闪石、石英	片理常常表现不明显，坚硬
	千枚岩、板岩	云母、石英等	具有片理，肉眼不易识别矿物，锤击有清脆声，并具有丝绢光泽，千枚岩表现得很明显
块状的岩石类	大理岩	方解石、少量白云石	结晶粒状结构，遇盐酸起泡
	石英岩	石英	致密的、细粒的块状，坚硬，玻璃光泽，断口贝壳状或次贝壳状

2. 按岩石的坚硬程度分类

岩石的坚硬程度直接与地基的承载力和变形性质有关，我国国家标准按岩石的饱和单轴抗压强度把岩石的坚硬程度分为五级，具体划分标准、野外鉴别方法和代表性岩石见表1-9。

表1-9　岩石坚硬程度分类

坚硬程度等级		饱和单轴抗压强度/MPa	定性鉴定	代表性岩石
硬质岩	坚硬岩	$f_r>60$	锤击声清脆，有回弹，震手，难击碎； 浸水后，大多无吸水反应	未风化~微风化的花岗岩、正长岩、闪长岩、辉绿岩、玄武岩、安山岩、片麻岩、石英片岩、硅质板岩、石英岩、硅质胶结的砾岩、石英砂岩、硅质石灰岩等
	较硬岩	$60\geqslant f_r>30$	锤击声较清脆，有轻微回弹，稍震手，较难击碎； 浸水后，有轻微吸水反应	①弱风化的坚硬岩； ②未风化~微风化的熔结凝灰岩、大理岩、板岩、白云岩、石灰岩、钙质胶结的砂岩等
软质岩	较软岩	$30\geqslant f_r>15$	锤击声不清脆，无回弹，较易击碎； 浸水后，指甲可刻出印痕	①强风化的坚硬岩； ②弱风化的较坚硬岩； ③未风化~微风化的凝灰岩、千枚岩、砂质泥岩、泥灰岩、泥质砂岩、粉砂岩、页岩等
	软岩	$15\geqslant f_r>5$	锤击声哑，无回弹，有凹痕，易击碎； 浸水后，手可掰开	①强风化的坚硬岩； ②弱风化~强风化的较硬岩； ③弱风化的较软岩； ④未风化的泥岩等
	极软岩	$f_r\leqslant5$	锤击声哑，无回弹，有较深凹痕，手可捏碎； 浸水后，可捏成团	①全风化的各种岩石； ②各种半成岩

注：①强度指新鲜岩块的饱和单轴极限抗压强度，当无法取得饱和单轴抗压强度数据时，也可用实测的岩石点荷载试验强度指数 $I_{s(50)}$ 的换算值。

②当岩体完整程度为极破碎时，可不进行坚硬程度分类。

3. 按风化程度分类

我国标准与国际通用标准和习惯一致，把岩石的风化程度分为五级，并将残积土列于其中，见表1-10。

表 1-10 岩石按风化程度分类

风化程度	野外特征	风化程度参数指标	
		波速比 K_p	风化系数 K_f
未风化	结构构造未变，岩质新鲜，偶见风化痕迹	0.9~1.0	0.9~1.0
微风化	结构构造、矿物色泽基本未变，仅节理面有铁锰质渲染或略有变色；有少量风化裂隙	0.8~0.9	0.8~0.9
中等（弱）风化	结构构造部分破坏，矿物色泽较明显变化，裂隙面出现风化矿物或存在风化夹层，风化裂隙发育，岩体被切割成岩块；用镐难挖，岩心钻方可钻进	0.6~0.8	0.4~0.8
强风化	结构构造大部分破坏，矿物色泽明显变化，长石、云母等多风化成次生矿物；风化裂隙很发育，岩体破碎；可用镐挖，干钻不易钻进	0.4~0.6	<0.4
全风化	结构构造基本破坏，但尚可辨认，有残余结构强度，矿物成分除石英外，大部分风化成土状；可用镐挖，干钻可钻进	0.2~0.4	—
残积土	组织结构全部破坏，已风化成土状，锹镐易挖掘，干钻易钻进，具可塑性	<0.2	—

注：①波速比 K_p 为风化岩石与新鲜岩石压缩波速度之比。②风化系数 K_f 为风化岩石与新鲜岩石饱和单轴抗压强度之比。③岩石风化程度，除按表所列野外特征和定量指标划分外，也可根据地区经验划分。④花岗岩类岩石，可采用标准贯入试验划分，$N \geqslant 50$ 为强风化；$50 > N \geqslant 30$ 为全风化；$N < 30$ 为残积土。⑤泥岩和半成岩，可不进行风化程度划分。

风化带是逐渐过渡的，没有明确的界线，有些情况不一定能划分出五个完全的等级。一般花岗岩的风化分带比较完全，而石灰岩、泥岩等常常不存在完全的风化分带。这时可采用类似"中等风化—强风化""强风化—全风化"等语句表达。古近系、新近系的砂岩、泥岩等半成岩，处于岩石与土之间，划分风化带意义不大，不一定都要描述风化状态。

4. 按软化程度分类

软化岩石浸水后，其强度和承载力会显著降低。借鉴国内外有关规范和数十年工程经验，以软化系数 0.75 为界，分为软化岩石和不软化岩石，见表 1-11。

表 1-11　岩石按软化系数分类

软化系数 K_R	分类
≤0.75	软化岩石
>0.75	不软化岩石

5. 按岩石质量指标 *RQD* 分类

岩石质量指标 *RQD* 是指钻孔中用 N 型（75mm）二重管金刚石钻头获取的长度大于 10cm 的岩心段总长度与该回次钻进深度之比。*RQD* 是国际上通用的鉴别岩石工程性质好坏的方法，国内也有较多的经验，见表 1-12。

表 1-12　按岩石质量指标 *RQD* 分类

岩石质量分类	很好	好	中等	坏	很坏
RQD/%	>90	75~90	50~75	25~50	<25

6. 按岩体完整程度分类

岩体的完整程度反映了岩体的裂隙性，而裂隙性是岩体十分重要的特性，破碎岩石的强度和稳定性较完整岩石大大削弱，尤其是边坡和基坑工程更为突出。我国一般按照岩体的完整性指数结合结构面的发育程度、结合程度、类型等特征将岩体完整程度分为五级，见表 1-13。

表 1-13　岩体完整程度分类

完整程度	完整性指数（K_v）	结构面发育程度		主要结构面的结合程度	主要结构面类型	相应结构类型
		组数	平均间距/m			
完整	>0.75	1~2	>1.0	结合好或结合一般	裂隙、层面	整体状或巨厚层状结构
较完整	0.55~0.75	1~2	>1.0	结合差	裂隙、层面	块状结构或厚层状结构
		2~3	0.4~1.0	结合好或结合一般		块状结构
较破碎	0.35~0.55	2~3	0.4~1.0	结合差	裂隙、层面、小断层	裂隙块状或中厚层状结构
		≥3	0.2~0.4	结合好		镶嵌碎裂结构
				结合一般		中、薄层状结构

完整程度	完整性指数（K_v）	结构面发育程度		主要结构面的结合程度	主要结构面类型	相应结构类型
		组数	平均间距/m			
破碎	0.15~0.35	≥3	0.2~0.4	结合差	各种类型结构面	裂隙块状结构
			≤0.2	结合一般或结合差		碎裂状结构
极破碎	<0.15	无序	—	结合很差	—	散体状结构

注：①完整性指数（K_v）为岩体压缩波速度与岩块压缩波速度之比的平方，选定岩体和岩块测定波速时，应注意其代表性。②平均间距指主要结构面（1~2组）间距的平均值。

（二）土的分类和鉴定

1. 土的分类

（1）按地质成因分类

土按地质成因可分为残积土、坡积土、洪积土、冲积土、淤积土、冰积土、风积土和化学堆积土等类型。

（2）按堆积年代分类

土按堆积年代分为老堆积土、一般堆积土和新近堆积土三类。

①老堆积土——第四纪晚更新世（Q_3）及其以前堆积的土层。

②一般堆积土——第四纪全新世早期（文化期以前 Q_4）堆积的土层。

③新近堆积土——第四纪全新世中近期（文化期以来）堆积的土层，一般呈欠固结状态。

（3）按颗粒级配和塑性指数分类

通用分类标准：一般土按其不同粒组的相对含量划分为巨粒类土、粗粒类土和细粒类土三类，见表1-14。巨粒类土应按粒组划分，粗粒类土应按粒组、级配、细粒土含量划分，细粒类土按塑性图、所含粗粒类别以及有机质含量划分。

表 1-14 粒组的划分

粒组	颗粒名称		粒径 d 的范围/mm
巨粒	漂石（块石）		$d>200$
	卵石（碎石）		$60<d\leqslant200$
粗粒	砾粒	粗砾	$20<d\leqslant60$
		中砾	$5<d\leqslant20$
		细砾	$2<d\leqslant5$
	砂粒	粗砂	$0.5<d\leqslant2$
		中砂	$0.25<d\leqslant0.5$
		细砂	$0.075<d\leqslant0.25$
细粒	粉粒		$0.005<d\leqslant0.075$
	黏粒		$d\leqslant0.005$

（4）按有机质分类

土按有机质分类见表 1-15。

表 1-15 土按有机质含量分类

分类名称	有机质含量 W_u	现场鉴别特征	说明
无机土	$W_u<5\%$	—	—
有机质土	$5\%\leqslant W_u\leqslant10\%$	灰、黑色，有光泽，味臭，除腐殖质，还含少量未完全分解的动植物体，浸水后水面出现气泡，干燥后体积收缩	①如现场能鉴别有机质土或有地区经验时，可不做有机质含量测定；②当 $w>w_L$，$0\leqslant e<1.5$ 时称为淤泥质土；③当 $w>w_L$，$e\geqslant1.5$ 时称为淤泥
泥炭质土	$10\%<W_u\leqslant60\%$	深灰或黑色，有腥臭味，能看到未完全分解的植物结构，浸水体胀，易崩解，有植物残渣浮于水中，干缩现象明显	①根据地区特点和需要可按 W_u 细分为：弱泥炭质土（$10\%<W_u\leqslant25\%$）；②中泥炭质土（$25\%<W_u\leqslant40\%$）；③强泥炭质土（$40\%<W_u\leqslant60\%$）
泥炭	$W_u>60\%$	除有泥炭质土特征外，结构松散，土质很轻，暗无光泽，干缩现象极为明显	—

2. 土的综合定名

土的综合定名除按颗粒级配或塑性指数定名，还应符合下列规定：①对特殊成因和年代的土类应结合其成因和年代特征定名，如新近堆积砂质粉土、残坡积碎石土等。②对特殊性土应结合颗粒级配或塑性指数定名，如淤泥质黏土、碎石素填土等。③对混合土，应冠以主要含有的土类定名，如含碎石黏土、含黏土角砾等。④对同一土层中相间呈韵律沉积，当薄层与厚层的厚度比大于 1/3 时，宜定名为"互层"；厚度比为 1/10~1/3 时，宜定名为"夹层"；厚度比小于 1/10 的土层，且多次出现时，宜定名为"夹薄层"，如黏土夹薄层粉砂。⑤当土层厚度大于 0.5m 时，宜单独分层。

3. 土的描述与鉴别方法

在对土的现场鉴别时依据土的分类标准，通过现场目估鉴别、手感或手捻、干强度、搓条、摇震等简易试验来进行初步分类定名和描述鉴别。土的鉴定应在现场描述的基础上，结合室内试验的开土记录和试验结果综合确定。

（1）土的现场描述内容

①碎石土宜描述颗粒级配、颗粒形状、颗粒排列、母岩成分、风化程度、充填物的性质和充填程度、密实度等。

②砂土宜描述颜色、矿物组成、颗粒级配、颗粒形状、细粒含量、湿度、密实度等。

③粉土宜描述颜色、包含物、湿度、密实度等。

④黏性土应描述颜色、状态、包含物、土结构等。

⑤特殊性土除应描述上述相应土类规定的内容，还应描述其特殊成分和特殊性质。如对淤泥尚需描述臭味，对填土尚需描述物质成分、堆积年代、密实度和均匀程度等。

⑥对具有互层、夹层、夹薄层特征的土，尚应描述各层的厚度和层理特征。

⑦需要时，可用目力鉴别描述土的光泽反应、摇震反应、干强度和韧性。

（2）简易鉴别方法

①目测鉴别法：将研散的风干试样摊成一薄层，估计土中巨、粗、细粒

组所占的比例，确定土的类别。

②干强度试验：将一小块土捏成土团，风干后用手指捏碎、掰断及捻碎，并根据用力的大小进行区分：很难或用力才能捏碎或掰断者为干强度高；稍用力即可捏碎或掰断者为干强度中等；易于捏碎或碾成粉末者为干强度低。当土中含碳酸盐、氧化铁等成分时会使土的干强度增大，其干强度宜再将湿土做手捻试验，予以校核。

③手捻试验：将稍湿或硬塑的小土块在手中捻捏，然后用拇指和食指将土捏成片状，并根据手感和土片光滑程度进行区分：稍滑腻，无砂，捻面光滑为塑性高；稍有滑腻，有砂粒，捻面稍有光滑者为塑性中等；稍有黏性，砂感强，捻面粗糙者为塑性低。

④搓条试验：将含水量略大于塑限的湿土块在手中揉捏均匀，再在手掌上搓成土条，并根据土条不断裂而能达到的最小直径进行区分：能搓成直径小于 1mm 土条的为塑性高；能搓成直径 1~3mm 土条的为塑性中等；能搓成直径大于 3mm 土条的为塑性低。

⑤韧性试验：将含水量略大于塑限的土块在手中揉捏均匀，并在手掌上搓成直径 3mm 的土条，并根据再揉成土团和搓条的可能性进行区分：能揉成土团，再搓成条，揉而不碎者为韧性高；可再揉成团，捏而不易碎者为韧性中等；勉强或不能再揉成团，稍捏或不捏即碎者为韧性低。

⑥摇震反应试验：将软塑或流动的小土块捏成土球，放在手掌上反复摇晃，并以另一手掌击此手掌。土中自由水将渗出，球面呈现光泽；用两个手指捏土球，放松后水又被吸入，光泽消失。并根据渗水和吸水反应快慢进行区分：立即渗水和吸水的为反应快；渗水及吸水中等的为反应中等；渗水及吸水反应慢的为反应慢；不渗水、不吸水的为无反应。

第二章　地质勘查技术

第一节　遥感技术及其在地质勘查中的应用

一、遥感与遥感技术

遥感，即遥远的感知，有广义和狭义两种理解。从广义上说是指从遥远的地方探测、感知物体，也就是说，不与目标物接触，从远处用探测仪器接收来自目标物的电磁波信息，通过对信息的处理和分析研究，确定目标物的属性及目标物相互间的关系。通常把从不同高度的遥感平台，使用遥感传感器收集地物的电磁波信息，再将其传输到地面并加以处理，从而达到对地物的识别与监测的全过程，称为遥感技术。

狭义的遥感技术是指对地观测，即从空中和地面的不同工作平台上（如高塔、气球、飞机、火箭、人造地球卫星、宇宙飞船、航天飞机等）通过传感器，对地球表面地物的电磁波反射或发射信息进行探测，并经传输、处理和判读分析，对地球的资源与环境进行探测和监测的综合性技术。与广义遥感技术相比，狭义遥感技术强调对地物反射、发射和散射电磁波特性的记录、表达和应用。当前，遥感技术形成了一个从地面到空中乃至外层空间，从数据收集、信息处理到判读分析相应用的综合体系，能够对全球进行多层次、多视角、多领域的观测，成为获取地球资源与环境信息的重要手段。

通过大量的实践，人们发现地球上的每一种物质由于其化学成分、物质结构、表面特征等固有性质的不同都会选择性反射、发射、吸收、透射及折射电磁波。例如，植物的叶子之所以能看出是绿色的，是因为叶子中的叶绿素对太阳光中的蓝色及红色波长光吸收，而对绿色波长光反射。物体这种对电磁波的响应所固有的波长特性称光谱特性。一切物体，由于其种类及环境条件不同，因而具有反射和辐射不同波长电磁波的特性。遥感技术就是根据这个原理来探测目标对象反射和发射的电磁波，获取目标的信息，通过信息解译处理完成远距离物体识别的。

（一）遥感的分类

为了便于专业人员研究和应用遥感技术，人们从不同的角度对遥感进行分类。

1. 按搭载传感器的遥感平台分类

根据遥感探测所采用的遥感平台的不同，遥感可分为如下几种：①地面遥感，即把传感器设置在地面平台上，如车载、船载、手提、固定或活动高架平台等。②航空遥感，即把传感器设置在航空器上，如气球、航模、飞机等。③航天遥感，即把传感器设置在航天器上，如人造卫星、航天飞机、宇宙飞船、空间实验室等。

2. 按遥感的媒介分类

按遥感的媒介不同，可以将遥感分为以下几种：①电磁波遥感，以电磁波为信息传播媒介的遥感。②声波遥感，以声波为信息传播媒介的遥感。③力场遥感，以重力场、磁力场、电力场为媒介的遥感。④地震波遥感，以地震波为媒介的遥感。

3. 按遥感探测的工作方式分类

根据遥感探测的工作方式不同，可以将遥感分为以下两种：①主动式遥感，即由传感器主动向被探测的目标物发射一定波长的电磁波，然后接受并记录从目标物反射回来的电磁波。②被动式遥感，即传感器不向被探测的目标物发射电磁波，而是直接接受并记录目标物反射太阳辐射或目标物自身发射的电磁波。

4. 按遥感探测的工作波段分类

根据遥感探测的工作波段不同，可以将遥感分为以下几种：①紫外遥感，其探测波段在 $0.05 \sim 0.38 \mu m$。②可见光遥感，其探测波段在 $0.38 \sim 0.76 \mu m$。③红外遥感，其探测波段在 $0.76 \sim 1000 \mu m$。④微波遥感，其探测波段在 $1mm \sim 10m$。

5. 按遥感资料的显示形式、获得方式和波长范围分类

根据遥感资料的显示形式、获得方式和波长范围等综合指标，可以将遥感分为以下类型体系：①图像方式遥感，即把目标物发射或反射的电磁波能量分布，以图像色调深浅来表示。②非图像方式遥感，即记录目标物发射或反射的电磁辐射的各种物理参数，最后资料为数据或曲线图，主要包括光谱辐射计、散射计、高度计等。

6. 按成像方式分类

根据成像方式的不同，可以将遥感分为以下两种：①摄影遥感，以光学摄影进行的遥感。②扫描方式遥感，以扫描方式获取图像的遥感。

7. 按应用领域或专题分类

根据遥感探测的应用领域或专题不同，可以将遥感分为以下几种：地质遥感、地貌遥感、农业遥感、林业遥感、草原遥感、水文遥感、测绘遥感、环保遥感、灾害遥感、城市遥感、土地利用遥感、海洋遥感、大气遥感、军事遥感等。

（二）遥感技术特点

1. 视域宽广，大面积同步观测

遥感图像可全面而连续地反映地面景象，极利于地球资源的大面积勘查，以及对各种宏观现象（矿带、板块构造等）进行直观鉴别，以至在全球范围进行分析对比。

2. 动态监测，快速更新监控范围数据

能动态反映地物的变化，遥感探测能周期性、重复性地对同一地区进行

对地观测，这有助于人们通过所获取的遥感数据，发现并动态地跟踪地球上许多事物的变化。例如，"快眼"（Rapid Eye）卫星对地重访周期为一天；灾害监测星座（DMC）重访周期可缩短至 24h 以内；气象卫星重访周期更短，几个小时即可覆盖全球；而传统的人工实地调查往往需要几年甚至几十年才能完成对地球大范围动态监测的任务。遥感获取信息快、更新周期短的特点，有利于及时发现土地利用变化、生态环境演变、病虫害、洪水及林火等自然和人为灾害。

3. 获取信息条件限制少，可获取海量信息

遥感技术手段多样，可提供多维空间信息，包括地理空间（经纬度、高度）、光谱空间、时间空间等。可根据应用目的不同而选择不同功能和性能指标的传感器及工作波段。例如，可采用可见光及红外线探测物体，亦可采用微波全天候对地观测。高光谱遥感可以获取许多波段狭窄且光谱连续的图像数据，它使本来在宽波段遥感中不可探测的物质得以被探测，如地质矿物分类和成图。此外，遥感技术获取的数据量非常庞大，远远超过了用传统方法获得的信息量。

4. 应用领域广泛，经济效益高

遥感已广泛应用于城市规划、农业估产、资源勘查、地质探测、环境保护和灾害评估等诸多领域，随着遥感影像的空间、时间、光谱和辐射分辨率的提高，以及与 GIS 和 GPS 的结合，它的应用领域会更加广泛，对地观测也将随之步入一个更高的发展阶段。此外，与传统方法相比，遥感技术的开发和利用大大节省了人力、物力和财力，在很大程度上缩短了时间。

5. 局限性

目前，遥感技术所利用的电磁波还很有限，仅是其中的几个波段范围。在电磁波谱中，尚有许多谱段的资源有待进一步开发。此外，已经被利用的电磁波谱段对许多地物的某些特征还不能准确反映，还需要发展高光谱分辨率遥感以及遥感以外的其他手段相配合，特别是地面调查和验证尚不可缺少。

二、遥感地质解译标志与地学分析方法

（一）遥感地质解译标志

遥感图像是一种形象化的空间信息。对于地表空间分布的各种物体与现象，遥感图像包含的信息量极为直观、丰富和完整，尤其是地球表层资源与环境的信息。地物的遥感图像识别要素可归纳为"色调、形态、位态、时态"四大类，它可以解决地学解译中的 4 个基本问题，即时间、地点、目标、变化的时间空间。

1. 色调与色彩

色调指地学目标在遥感图像上的灰度和颜色，包括地学目标的灰度等级、颜色和阴影等。图像色调是地物图像识别的基础和物理本质，也是图像识别的本体要素。图像色调是构成图像其他要素的物理基础，色调差异和变化形成了图像目标的形态、位态和时态。因此色调特征是地质解译中最常用、最重要的解译标志。

（1）色调在影像上的物理含义

色调的深浅在不同类型遥感影像上的物理含义不同。在可见光、近红外黑白像片上，色调的深浅反映地物反射光谱能力的大小，色调越浅反射能力越强。热红外影像上，色调的深浅表示地物发射电磁辐射的能力不同，一般色调浅的辐射温度高。雷达影像上，色调的深浅反映地物后向散射微波能力的大小，浅色调的后向散射能力强。

（2）色调、色彩影响因子

影响色调的因素很多，除了物体本身的物质成分、结构构造、含水性等特征，地质地理环境、风化程度、覆盖程度等外部因素也能改变物体的色调。在遥感图像上，地物色调的深浅程度是相对的。在地质解译中主要研究地质体之间的色调差异和相互关系。

具体来说，上述因子对影像色调、色彩的影响如下：①风化作用。通常其会使地质体的色调变浅，如超基性岩易于风化，常常不是理论上的深色调。

但也有一些岩石风化后色调会变深，如石灰岩风化后淋溶作用使孔隙、裂隙增多，地表粗糙度加大，造成在影像上色调变深。②湿度。对于相同的地质体，湿度大的色调深，湿度小的色调浅。③土壤和植被的影响。凡是土壤的颜色比较深者，影像的色调也深，反之色调也浅；凡是植被覆盖的地区，在可见光像片上影像色调较深，植被稀少地层色调较浅。④光照条件与地表结构（糙度）的影响。光照条件随着太阳高度角、季节以及摄影时间的变化而变化，光照条件改变使色调产生变异。此外，传感器入射角度不同，接收到同一水体反射进入镜头的光量也是不相等的，因而同一水体在不同影像上色调也不一致；对于相同的影像，同一条河流各个部位的色调也不是一致的。光照条件与地表结构的差异也会引起色调的变化，如同岩石阴坡与阳坡上的色调是不相同的。

受上述因子以及"同物异谱""同谱异物"的影响，影像上地物的色调变化是非常复杂的：不同的地物可以具有相同的色调，而同一物体也可以表现出不同的色调。在同一幅遥感影像上，即成像条件基本相同、物性相同的地质体理应有相近色调，实际上却往往不同或差异很大。这是因为影像反映的是地表自然综合景观，而影像上的色调也必然是地物光谱的综合反映，即遥感影像存在"混合像元"问题；因而色调的深浅，与地物的地面实测结果常出现不符的现象，其根本原因在于地质体的色调受上述一系列因素的影响。

由上述内容可知，影像色调存在不稳定性，解译时应做具体分析，不能仅仅依靠色调来识别地物。只有当解译人员了解影响色调的因素后，才可以把色调、色彩作为识别地物的重要标志。在地质解译中，把色调作为一个重要标志，主要是研究地质体间的色调差异和相互关系。如在干旱—半干旱地区，利用色调差异，可以很好地追索岩层露头或勾绘地质界线。

（3）色调的划分

黑白影像上色调称为灰度或色阶。根据眼睛的识别能力将可见光黑白影像的灰度分为10级，其标准色调及其与反射率的关系见表2-1。

表 2-1 消色地质体电磁波特征与影像色调的关系

消色地质体电磁波特征			像片的影像色调			
吸收率/%	反射率/%	原生色调	灰阶	标准色调	变色一	变色二
白	0~10	90~100	白	1	白	灰白
—	10~20	80~90	灰白	2	灰白	浅灰
灰	20~30	70~80	浅灰	3	浅灰	浅灰
30~40	60~70	浅灰	浅灰	4	灰	—
40~50	50~60	灰	灰	5	暗灰	—
50~60	40~50	暗灰	暗灰	6	深灰	深灰
60~70	30~40	深灰	深灰	7	淡黑	—
70~80	20~30	淡黑	淡黑	8	浅黑	浅黑
80~90	10~20	浅黑	浅黑	9	黑	
90~100	0~10	黑	黑	10	黑	黑

彩红外像片上的颜色不是地物的真实颜色,色彩及浓淡的不同,仅表示反射的强弱。表 2-2 是彩红外像片上色彩与真实地物颜色的对应关系。

表 2-2 彩红外像片上色彩与真实地物颜色的对应关系

地物名称	真彩色像片上颜色	彩红外像片上颜色
清洁的河、湖水	蓝、绿	深蓝、黑
含沙量高的水体	浅绿、黄绿	浅蓝
高营养化水体	亮绿	淡紫红、品红
严重污染的水体	黑绿、灰黑	灰黑
健康植被	绿	红、品红
受病害植物	绿、黄绿	暗红、青
秋天植被	红黄	黄白
城镇	灰、深灰	浅灰、蓝灰
阴影	蓝色、细节可见	黑
砂渍	赤红、棕红	灰黑

按照遥感图像与地物真实色彩的吻合程度,可以把多光谱遥感图像分为真彩色图像和假彩色图像两种类型。真彩色遥感图像成像光谱分为可见光谱

段的红、绿、蓝 3 个，图像色彩具有与地物相同或相似的颜色，符合人的视觉习惯。假彩色图像上目标的构像颜色与实际地物颜色并不一致，它有选择地采用不同的波段颜色组合来突出某一类待定目标的图像色彩特征。按波段的通用常规组合，假彩色图像可以分为假彩色红外和非固定多光谱合成的彩色图像两类，图像的色彩不反映地物的真实颜色，但与地物的光谱特征具有一定的对应关系。

如 WorldView-2 数据具有高辐射量化级、高空间分辨率、多波段的特点。其影像清晰度、信噪比比 ETM、Aster 数据更高。在影像上，构造、岩性信息所表现出来的色调、纹理特征十分明显。因此，在 1：50000 甚至更大比例尺的遥感地质解译中使用 WorldView-2 数据具有明显的优越性。

（4）影像色调分析

地物在遥感影像上的色调虽然经常变化，但仍有规律可循。在地质解译中，常根据色调的深浅、色调的均匀性、边界清晰程度等来描述影像的色调特征。

①色调的深浅

色调一般可依其深浅变化的程度分为 10~15 各等级指标。一般采用浅色调、中等色调、深色调三大类描述，并与区域地质构造单元中的岩石类型建立相应的识别标志。

浅色调指白—淡灰色调，如大理岩、石英岩、中酸性岩浆岩等均具有较浅的色调。

中等色调指浅灰—深灰色调，如石灰岩、白云岩、砂岩以及中基性岩浆岩等色调。

深色调指淡黑—黑色调，总体色调较暗，地物内部细节显示较模糊。煤层、基性和超基性岩浆岩、含水性很高或富含有机质的土壤层在遥感图像上均呈深色调。

②色调的均匀性

影像上地质体内部色调的均匀程度，可分为以下 3 种情况。

a. 色调均匀。反映物质比较均一，地质体物质成分、含水量和结构变化不大。如干旱地区的山前冲洪积物。

b. 色调的规律性变化。出露面积较大的地质体，内部色调有时会出现规律性的变化。如侵入岩体的环带状色调变化，可能反映岩体内部的分带现象；沉积岩区的色调重复出现可能指示岩性地层的韵律性组合或褶皱构造的发育；变质岩区的条带状色调则可能指示不同的变质程度或变质相带；蚀变岩区的色调变化可能指示不同的矿化蚀变。

c. 色调紊乱。色调呈斑块状或不规则状，总体显得杂乱无章、无规律可循。斑块状色调可表示局部成分、含水状况的显著变化，结果出现一片暗一片亮的斑块状色调，如冰碛平原、冰水沉积平原、冻土沼泽等地区。此外，岩体接触变质带、盐碱地段等也常呈紊乱的色调。

③边界清晰程度

边界清晰程度指不同的地质体之间色调的差异程度。黑白图像只有存在色调反差时，才具有目标边界的划分意义。在黑白图像上，如果图像色调在空间上不存在反差特征，即使存在两个以上地理目标，也无法区别或划分它们。图像反差标志的应用，就是解决地学目标边界的识别和空间定位问题。

图像反差明显，目标边界清晰，反映地理目标之间界限分明，呈截然的、突变的关系，如水体、道路、村镇、侵入岩体的边界等。

图像反差不明显，目标边界模糊，反映地理目标之间的界限不甚分明，呈过渡的关系，如植被覆盖下的地层单元之间、同一类岩性的侵入体单元边界、耕地覆盖下的土壤类型边界等。

2. 地物的几何形态与空间特征

地物几何形态特征通常是指地学目标在遥感图像上的形态要素，包括地学目标的形状、轮廓、纹理、大小、图形结构及样式等。图像形态要素的构成取决于目标在地理空间上几何分布样式及其三维轮廓特征，从形态要素可以获取基本信息。同时，任何目标在地理空间上都不会孤立存在，其内部构成要素及外部空间关系会影响目标的图像形态特性。

（1）几何形态

形状是指地物外部轮廓的形状在影像上的反映。不同类型的地物或地质体常有其特定的形状，因此地物影像的形状是目标识别的重要依据。

大小是指地物在遥感影像上的尺寸，如长、宽、面积、体积等。遥感影像上地物的大小，既与影像的空间分辨率有关，也与地物本身尺寸有关。

具有不同形状和大小的地物，可以从不同角度和目的，划分为不同类型和等级。一幅遥感影像上总会出现各种地质体的形状，如岩层三角面，地貌的形状如山丘，其他地物的形状如道路、树林等。这些地物均由不同几何要素（点、线、面、体）所组成。例如，一个山的体形总是由几个面形的坡、线形的山脊所构成。在遥感影像上这些几何要素，总是互相包涵、密不可分的。因此，识别形状大小的差异，区分高低、长短、曲直、陡缓、宽窄，并与色调、影纹、地形地貌等特征进行组合区分地物，是一个重要的解译内容。

（2）空间特征

位置指地物所处环境在影像上的反映，即影像上特定位置的地物与背景（环境）的关系。地物、地质现象常具有一定的位置，受地带性与非地带性因素的影响，其可以间接地反映许多遥感信息。如处在阳坡和阴坡上的树，可能长势不同或品种不同。又如花岗岩，在寒带风化地区形成石海冰缘地貌，而在亚热带化学风化地区形成厚层红色风化壳，这不仅是区域地貌上的差异，还反映了水分、热量等的区域差异。

地物空间组合关系是指在遥感影像上，利用临近区域的已知地物或现象，根据地学理论，通过对比和"延伸"，对研究区的地质体、地质现象进行辨认和研究。该方法的主要依据是一种地物的存在常与其他一些地物的存在相关联，即事物是普遍联系的，因而地物空间组合关系是一个重要的间接解译标志。如熔岩流指示火山活动的存在；地层一定范围内的重复性对称出现可能指示区域褶皱的存在；在遥感影像上可以根据岩性变化关系推断水系是否反映断裂体系；冲积扇前缘则可以推断地下水的出露带等。分析影像上地物的空间组合关系，要求解译人员具有较丰富的地学知识和实践经验。

另外，随着比例尺大小、影像类型等因素的不同，同种地质体的解译标志会发生一定的变化，在解译过程中应予以注意。

3. 阴影

阴影是指因倾斜照射，地物自身遮挡能源而造成影像上的暗色调，它反映了地物的空间结构特征，不仅增强了立体感，而且它的形状和轮廓还显示了地物的高度与侧面形状，有助于地物的识别。如铁塔、高层建筑等，这对识别人文景观的高度和结构等尤为重要。地物的阴影可以分为本形和落影。前者反映地物顶面形态，迎面与背面的色调差异；后者反映地物侧面形态，可根据侧影的长度和照射角度，推算出地物的高度。当然阴影也会拖盖些信息，给解译工作带来麻烦。

（1）本影

物体未被阳光照射的阴暗部分称为本影，即本身的阴影。在山区，山体的阳坡色调亮，阴坡色调暗，而且山越高、山脊越尖，山体两坡的色调差别越大、界线越分明，这种色调的分界线就是山脊线。因此，利用山体的本影可以识别山脊、山谷、冲沟等地貌形态特征。另外，由于地物有了阴面和阳面就会使人眼观察时产生立体感。按照人的视觉习惯，在观察影像时，将阴面（即北方）朝向自己得到的是正立体效应；若将阳面（即南方）朝向自己，则为反立体效应。山的阴坡，瓦屋的背阴坡，树冠的背阴面都是它们的本影。本影有助于获得地物的立体感。

（2）落影

光线斜射时，在地面上出现物体的投落阴影，称为落影。它有助于识别地物的侧面形态及一些细微特征，并可根据其长度，估计或测量物体的高度。

$$H = L \cdot \tan\varphi \qquad (2-1)$$

式中：H 为物体的高度；L 为落影的长度；φ 为太阳高度角。当 $\varphi = 45°$ 时，物体的高度正好等于其落影的长度。

太阳高度角为一可变的参数，与地区的纬度、摄影日期、摄影时间有关。太阳高度角不同，造成的阴影效果不同。正午太阳高度角最大，阴影小而淡，图像缺乏立体感；日出或日落时太阳高度角最低，阴影长而浓，阴影会掩盖很多目标的图像信息。通常以 30°~40° 的太阳入射角形成的阴影图像效果最好。选择图像时应根据地区的纬度及地形特点，注意成像季节和成像时间。

4. 水系标志

水系是由多级水道组合而成的地表水文网，它常构成各种图形特征。在遥感图像上一个地区的水系特征是由该地区的岩性、构造和地貌形态所决定的，因此，在地学解译中它是重要的图像标志之一。

水系标志可通过一些图像指标来描述，一般可从水系密度、水系类型等方面进行。

（1）水系密度分析

水系密度是指在一定范围内各级水道（主要指1级、2级、3级）发育的数量；但也有用相邻两条同级水道之间的间隔来表示水系的疏密。水系密度的大小是由岩石的成分、结构、含水性及地形决定的。因此，通过对水系密度的分析，可以了解该地区的岩性、地貌特征。水系密度分为以下三种。

①密度大（密集）

地表径流特别发育，形成密集的1级、2级冲沟（间隔小于100m），冲沟密集、短而浅；反映岩石和土壤结构致密、透水性差、质地软弱、易被流水侵蚀。大片黏土、泥岩、板岩、粉砂岩、易碎片岩发育的地区，容易形成密集的水系。

②密度中等

介于密集与稀疏二者之间，地表径流比较发育，间隔为100~500m，地面有一定的坡度；反映岩石透水性较差、抗侵蚀能力中等，是比较多见的水系类型。透水砂岩地区多发育中等密度的水系。

③密度小（稀疏）

地表径流不发育（间隔大于500m），一级小冲沟很少，沟谷长而稀疏；反映地表坡度均一、岩石坚硬、裂隙发育、透水性好。大面积出露的灰岩及松散堆积物地区多为稀疏水系。

在遥感影像上对水系密度进行定量统计，可以为地质解译提供更为可靠的依据。统计时，可以测量规定范围内各级水道（主要是1级、2级、3级）出现的条数，也可以用单位面积内水系的总长度来表示。

（2）水系类型分析

水系类型由地貌形态类型与区域地质构造环境所制约，且水系样式常与下垫面的岩性、构造、岩层产状有着密切的关系。常见的水系类型有以下几种。

①树枝状水系

树枝状水系是最常见的水系类型，各级水道自由发展，没有明显的固定方向。其主要特点是次级水道与高一级水道以近似的锐角相交，一般没有急弯的河道或直角交汇；多出现在坡度不大、产状平缓、物质差异不明显、岩性均一、构造简单的地区。

树枝状水系有几种变态，它们是在特定的岩性或特定的地质地理环境中形成的。

羽毛状树枝状水系：总体呈树枝状，其特点是一级冲沟短而密，呈直角或较大的锐角与二级冲沟相交，二级冲沟长而稀疏。羽毛状树枝状水系常发育在黄土区，有时在含泥质很高的粉砂岩区也能形成密度较稀的羽毛状树枝状水系。

钳状沟头树枝状水系：总体也呈树枝状，但一级冲沟往往成对出现，在其交汇处形成钳状的沟头。这种水系形式多见于我国南方中新生代砂砾岩层及酸性侵入岩发育地区。形成钳状沟头的原因是块状岩石（如花岗岩）原生节理发育，在温暖多雨的气候条件下，均匀风化后形成圆丘状地貌，沿着丘状山包的边缘发育的冲沟便形成了钳状沟头。

②平行状水系

平行状水系多级冲沟大致平行，并以近似的角度呈直线状与主流相交汇。受地形控制，多出现在稳定倾斜、岩性较均一、构造简单的地区。在掀斜构造的倾斜面、单斜山的一侧也会发育。

③格状水系

这是一种严格受构造控制的水系，呈方格状或菱形格状。方格状水系的1~3级水道以直角相交，它们多半是沿断层、节理发育的。格状水系主要出现在裂隙发育的岩层中，如块状砂岩、花岗岩、大理岩等。菱形格状水系的冲沟顺着强烈破碎的节理面或软弱面发育，两个方向的冲沟呈锐角相交形成菱形水网。

④放射状水系及向心状水系

放射状水系水道呈放射状，水流自中心向四周延伸。多发育在火山锥和穹隆构造上升区，沟谷一般切割较深，多呈 V 形谷，两侧常发育有短小的冲沟；侵蚀残山区也可能出现放射状水系。

水流从四周向中心汇集的水系称向心状水系。其多发育在构造盆地与局部沉降区等处。

⑤环状水系

它常与放射状水系同时出现，沿花岗岩体上的环状节理、穹隆构造上的岩层层理与片理均能形成环状水系。

⑥其他类型

扇状水系：发育于河流三角洲上的水系，局部发育于河流入海和湖口处洪积扇、洪积裙上，水流沿着扇面地形突然散开，形成细而浅的放射状冲沟，总体呈扇状。

辫状或网状水系：多发育在宽阔的平原区，尤其是在河流从山区突然进入平原区的河段最为常见。水流形成的多条水道互相穿插、交织在一起，形成辫状或网状。

曲流型水系：主要由平原区河流的主河道发生曲流形成。在地壳抬升的山区，发展形成深切曲流。

水系图形的分析，往往是地质解译的起点，勾绘河道和水系是解译的第一步，也是一种能够敏锐地反映最新地质变动的一种解译标志，对于揭示现代地壳运动具有重要意义。沟谷水系图形主要受岩石抗风化抗侵蚀能力、孔隙度、可溶性、透水性以及气候条件影响，地面坡度、相对高差、侵蚀基准面的不同，以及地质构造条件的不同是影响因子，其他如植被分布、人工的改造、新构造活动等都可能使水系图形发生改变。因此，利用沟谷水系解译时，要善于分析其形成条件、影响因子及组合原因，并结合其他各项标志综合考虑，弄清控制水系的主导条件、形成的地质条件以有助于解译岩性、构造特征。

5. 地形地貌

（1）山地地貌形态标志

山地地貌形态和规模主要受区域地质构造控制。断块山地是由于断块的差异升降造成的，它们的边缘往往有区域性断裂，山地内部也发育有与之相应的伴生构造。地势高低悬殊的高原及断陷盆地也同样多受断裂控制。熔岩高地则是大面积玄武岩溢流和堆积的结果。在层状沉积岩和变质岩地区，层状岩层在空间上的局部格局决定了山地地貌的基本格局，如单斜构造、褶皱构造，以及与之有生成联系的断裂构造都决定了山体的延伸方向和空间组合规律。

（2）山体组合标志

主干山脊在空间的排列样式主要有平行的、相交的，放射状或不规则状，它们都反映了区域岩性、地层和构造的空间结构差异。研究山体间的组合关系时，要与水系分析结合起来，因为它们之间有着密切的成因联系。此外，地貌形态的突变，正负地形的相间排列（如山地、盆地相间分布）也应引起重视，它们可能与区域性断裂或较大的断层有关。

（3）山体形态标志

山体形态特征主要包括山体的规模大小、山脊的形状、山坡陡缓及对称性。山体的规模影响因素较多，而山脊和山坡的形态与岩性、构造的关系较密切。

（4）微地貌标志

微地貌（地形）形态的局部异常现象，尤其是当它们在平面上沿着直线方向连续出现或有规律地转折时，往往也是岩性变化或构造现象的反映。例如，山脊上的垭口、山坡上的陡坎或低洼带，就可能是断层通过点或岩性发生了变化。平原地区微地貌的变化有时有助于隐伏构造的解译。

（5）河谷地貌标志

河谷是地表流水的谷道，与山地地貌相比属于负地形。河谷地貌是地壳内外力地质作用的综合产物，也是地表形变的最敏感地貌单元。因此河谷地貌标志对于地学解译而言具有特殊指向意义。河谷地貌标志与水系标志具有较多的相似性，但在地学解译中，河谷地貌强调河谷的纵向剖面、横向剖面、谷底构成特征等微地貌标志的研究。

总之，对地貌特征进行综合分析时，要充分考虑地形、岩性、构造、外动力间彼此的关系，还应注意到一些遥感影像本身直接显示的地貌现象和成因。如火山锥的地貌形态显示了火山机构的存在；沙丘、洪积扇等本身就直接指明了地面松散沉积物的成因类型。它们既是地貌形态特征，又说明一种地质现象。研究地貌形态对各种构造区的地质填图十分重要，特别是微地貌的分析、山坡形态的研究可为地质解译提供可贵的线索。

6. 纹理标志

常见的图像纹理类型或影纹图案如下。

（1）层状/条带状影纹

其由层状岩石信息显示，主体反映地层类。按组合规律可细分为单层状、夹层状、互层状、不规则互层状及条带状等形式，如由沉积岩层层理和褶皱构造所表现的条带状影纹。

（2）非层状影纹

其由非层状岩石（主指岩体）显示。因岩石类型复杂，影纹结构形式表现不一，除边界形状描述外，对于内部影纹结构根据具体图案自行命名即可。应注意的是，影纹结构特征不同，代表的岩性也不同。

（3）环状影纹

其主要针对空间产出形态呈环状的影像体内部信息特征的描述，包括圆形、半圆形、连续的或断续出现的环状影纹，如岩体、火山机构、穹隆、环状断裂和环状节理等。其也可以作为岩性详细划分的一个依据。实践表明，同一侵入岩体内，其微细影纹结构的差异反映岩石结构的变化。实际应用中，应尽量结合工作区具体情况，按影纹结构特点命名。

（4）圈闭、半圈闭影纹

其指相同特征的层状影纹的对称分布，弧形圈闭或半圈闭，直接反映褶皱构造现象的存在。

7. 人类工程活动标志

人类活动遗留下的痕迹，有很多与地质有关，如古代采矿遗迹、冶炼遗迹等。人类活动中的探矿工程灰窑、煤窑、采石场等均可作为地质解译的间接分析标志。

上述各种解译标志，都是地质体某一个侧面或某一种性质的反映，不能反映地质体的全貌。在进行地质解译时，应该多种标志综合分析运用、互相补充印证。

人类工程活动标志也是人文地理学、考古学、城市学与环境科学的图像解译标志。不同专业可以依据其专业理论和知识系统对图像中的人类社会活动遗迹及工程活动遗迹进行全面的解译和分析，以获取所需的科学数据。

（二）遥感地学分析方法

将地学分析与遥感影像处理方法有机地结合起来，一方面可以扩大地学研究本身的视野，促进地学的发展；另一方面可以改善遥感影像解译分析、识别目标的精度。在遥感影像解译过程中，地学分析的应用已日益普遍。现将几种常用的地学分析方法简述如下。

1. 地理相关分析法

所谓地理相关分析法，就是研究某个区域地理环境内各要素之间的相互关系、相互组合特征，在遥感影像解译过程中通过对这些因子的特点及其相互关系的研究，从各个角度来分析、推导出某个专题目标的特征，即寻找与目标相关性密切的间接解译标志，从而推断、认识目标本身。

2. 环境本底法

环境本底法，即了解一个地区的区域概况以及分析该地区地理环境的总体规律，在分析环境背景的基础上，搞清区域内正常的组合关系、空间分布规律和正常背景值，也就是搞清环境本底，由此寻找异常，并追根溯源，找出异常原因，通过成因机制分析，在更大范围内寻找与异常有关的环境特征。这在遥感生物地球化学找矿中应用较多。

3. 分层分类法

分层分类法就是根据信息树所描述的景物总体结构来进行逐级分类。实际上是按照信息树的第一级所列的类别进行分类，然后按照信息树的分支继续下一级的分类，直到信息树的最终结点上的类别判识出来为止。与传统分类法不同之处在于，它不仅按层次一步步地分类，而且在层次间不断加入遥感与非遥感的决策函数，从而组成一个最佳逻辑决策树，得出满意的分类结果。

4. 区域区划法

区域区划法是把区域内部的一致性、区域之间的差异性加以系统揭示和归纳的方法。该方法有以下基本特征。

（1）地域性

由于区域处在特定的三维空间位置和时间演进中，又受地带性与非地带性因素的制约，因而在不同的地区形成不同的自然综合体组合。对于其一区域，既有固有的规律又有其特殊的性质，即具有共性与个性。

（2）综合性

综合性表现在全面地分析所有自然因素和社会因素，系统地考虑和研究地理环境各要素之间的相互联系和相互制约关系。任何区划都必须进行多因子的综合分析。

（3）宏观性

区划是对较大范围的宏观研究，反映地域的全貌与主流，而不是侧重它的细节，因此具有较大的概括性。

（4）层次性

区划是按照一定的层次进行的。层次不同，其内部的相似程度也不同。层次越低，其内部的相似性越大。

5. 信息复合法

信息复合是指同一区域内遥感信息之间或遥感信息与非遥感信息之间的匹配复合。它包括空间配准和内容复合两个方面，从而在统一地理坐标系统下，构成一组新的空间信息，形成一种新的合成影像。信息复合的目的是突出有用的专题信息，消除或抑制无关的信息，改善目标识别的影像背景。

三、高光谱遥感地质勘查技术与应用

（一）高光谱遥感概述

高光谱遥感指具有高光谱分辨率的遥感科学和技术，是 20 世纪 80 年代初出现的新型对地观测综合技术。高光谱遥感技术的发展始于成像光谱技术的发展。成像光谱仪能在电磁波谱的紫外、可见光、近红外和短波红外区域获取许多非常窄且光谱连续的图像数据，为每个像元提供了数十个至数百个窄波段（通常波段宽度<10nm）光谱信息，它们组成了一条完整而连续的光谱曲线。

近年来，高光谱遥感技术在地质领域得到了深入的应用与发展，不仅深化了地质学的基础研究，也推动了遥感地质调查技术方法的飞跃。

1. 高光谱遥感的特点

高光谱遥感具有不同于传统遥感的新特点，主要表现如下。①波段多：可以为每个像元提供几十、数百甚至上千个波段。②光谱范围窄：波段范围一般小于 10nm。③波段连续：有些传感器可以在 350~2500nm 的太阳光谱范围内提供几乎连续的地物光谱。④数据量大：随着波段数的增加，数据量呈指数增加。⑤信息冗余增加：由于相邻波段高度相关，冗余信息也相对增加。

因此，一些针对传统遥感数据的图像处理算法和技术，如特征选择与提取、图像分类等技术面临挑战，而用于特征提取的主分量分析方法、用于分类的最大似然法、用于求植被指数的归一化植被指数算法等，不能简单地直接应用于高光谱数据。

2. 高光谱图像处理模式的技术

高光谱分辨率遥感信息的分析与处理，侧重于从光谱维角度对遥感图像信息展开和进行定量分析，其图像处理模式的关键技术如下：①超多维光谱图像信息的显示，如图像立方体的生成。②光谱重建，即通过成像光谱数据的定标、定量化并基于大气纠正的模型与算法，实现成像光谱信息的图像—

光谱转换。③光谱编码，尤其指光谱吸收位置、深度、对称性等光谱特征参数的算法。④基于光谱数据库的地物光谱匹配识别算法。⑤混合光谱分解模型。⑥基于光谱模型的地表生物物理化学过程与参数的识别和反演算法。

（二）高光谱岩矿信息提取技术

矿物、岩石光谱特征与其物理化学属性的关联分析是高光谱遥感提取岩矿信息的基础。高光谱岩矿信息提取技术可以分为三大类型。

1. 基于单个吸收特征

岩石、矿物单个诊断性吸收特征可以用吸收波段位置（λ）、吸收深度（H）、吸收宽度（W）、吸收面积（A）、吸收对称性（d）、吸收峰数目（n）和排列次序做完整的表征，这些光谱参数尤其是吸收深度与岩石中矿物成分的含量具有定量关系。光谱吸收波段位置信息可以确定图像像元归属、成分类别以及矿物类型；光谱吸收深度信息可以获得图像像元的矿物含量等定量信息，也可以作为光谱吸收识别的指标。因此，可以从成像光谱数据中获得光谱吸收特征信息，从而实现遥感矿物识别与填图。如相对吸收深度图法、连续插值波段算法和光谱吸收指数图像法等。

由于混合光谱的存在，光谱特征往往发生漂移和变异，利用单个吸收特征识别矿物、岩石就受到较大的限制。

2. 基于完全波形特征

基于完全波形特征的方法是在标志光谱和像元光谱组成的二维空间中，建立测度函数，根据标志光谱和像元光谱的相似程度进行判别。测度函数有相似系数法、距离法等，最常用的是光谱角填图法。

利用整个光谱曲线进行矿物匹配识别，可以在一定程度上改善单个波形的不确定性影响（如光谱漂移、变异等），提高识别的精度。但是，岩矿光谱特征会受到实际地物光谱变异、观测角度、矿物颗粒大小等因素的影响。因此，完全波形识别的方法，也有局限性。

3. 基于光谱知识模型

基于光谱知识模型的识别是建立在一定的光学、光谱学、结晶学和数理基础上的信号处理技术方法。它能克服上述两种方法的缺陷，在识别地物类型的同时，还能精确地量化地物的组成和其他物理特征。例如，建立在 Hapke 光谱双向反射理论基础上的线性混合光谱分解模型（SAM/SUM），可以根据不同地物或者不同像元光谱反射率相应的差异，构成光谱线性分解模型。

不过，由于该类方法在识别地物的同时量化物质组成，因此，就其发展趋势而言，随着一系列技术的成熟与光谱学、结晶学等知识的深入发展，以及识别精度的改善与量化能力的提高，其应用将会越来越广泛。

总之，究竟哪种方法效果好，需要比较而定。岩矿遥感光谱基础研究与高光谱遥感信息提取方法研究是同等重要又相互促进的。二者的研究方向都主要集中在光谱特征识别与矿物物化属性的关联、光谱物理模型两大方面，对它们的深入研究，将为岩矿识别方法、定量反演、矿物晶体内部结构分析等提供方法和理论基础，也将推动遥感技术的发展。

（三）高光谱遥感地质应用

区域地质制图和矿产勘探是高光谱技术主要的应用领域之一。地质是高光谱遥感应用中最成功的一个领域。成像光谱技术的出现进一步证实的结论是，根据光谱特征可以识别出大部分的岩石和矿物，从而将利用高光谱遥感手段进行地质制图变成可能。各种矿物和岩石在电磁波谱上显示的光谱特征可以帮助人们识别不同的矿物成分。高光谱数据能反映出这类光谱特征。而利用宽波遥感数据，根本不可能探测到这些诊断性特征。这是因为许多地表物质的光谱吸收峰宽度为 30nm 左右，陆地卫星传感器的光谱分辨率一般在 100mm 左右，在可见光的短波红外区域只有 6 个波段，无法探测这些具有诊断性光谱吸收特征的物质，而高光谱成像光谱仪获得的遥感图像的光谱分辨率一般在 10nm 左右，如航空可见光/红外成像光谱仪，因此能够区分那些具有诊断性光谱吸收特征的矿物，就是高光谱数据挖掘以及矿物填图技术研究的基础。

利用高光谱遥感数据进行矿物识别填图的概念模型如下：①成像光谱仪所获得的遥感数据为像谱合一的光谱图像立方空间维与光谱维组成的三维数

据集；图像上每个像元足以获得连续的光谱曲线，可进行光谱波形形态分析以及与实验室、野外及光谱数据库进行光谱匹配。②应用光谱吸收指数（SAI）技术可以进行矿物吸收特征的鉴别，主要是特定波长吸收深度图像生成，光谱吸收指数图像与矿物的分布和丰度有定量关系。③不同吸收波长位置的光谱吸收指数图像序列形成光谱吸收图像立方体，它构成了矿物识别分类与填图的特征参数集。④将典型吸收的光谱吸收指数图像或系列光谱吸收指数图像组合进行分类，得到成像光谱图像最终光谱单元专题信息图。

由成像光谱仪获得的高光谱影像数据作为一类非常重要的空间信息源，以其实用性、时效性及丰富的光谱细节特征而广泛应用于地质调查和资源勘查。

国内也将高光谱数据成功应用于地质调查、矿物填图等方面。中国科学院遥感应用研究所在新疆塔里木盆地进行了成像光谱矿物填图工作，成功地区分了寒武纪—奥陶纪灰岩与二叠纪灰岩；自然资源部航测遥感中心以遥感影像群、影像组为研究基础，建立了变质岩影像岩石填图单位，总结出变质岩区遥感地质填图方法；核工业北京地质研究院航测遥感中心在云南腾冲及内蒙古海拉尔等地，采用地面光谱测量、卫星图像处理及光谱匹配技术，提取铀矿化蚀变带的光谱信息，取得了较好的效果。

随着高光谱遥感地质应用的不断扩展和深入，高光谱遥感技术和方法也在不断改进，近年来在以下几个方面取得了突出的进展：①国内外研制了多种地面光谱仪、机载和星载成像光谱仪，形成一个从地面到空中再到太空的多层次的高光谱信息获取体系。②研究了矿物光谱的精细特征与矿物微观信息之间的关系，进行了矿物亚类、矿物组成成分、矿物丰度信息等矿物微观信息的探测。③利用所识别并填绘矿物的共生组合规律和矿物自身的地质意义，反演各种地质因素之间的内在联系，提高了高光谱在地质应用中分析和解决地质问题的效能。④美国的火星探测器、欧洲空间局的火星探测器，以及中国发射的月球探测卫星"嫦娥号"和印度发射的探月卫星等，都搭载了高光谱仪用于外太空的行星地质探测。

第二节　钻探技术及其在地质勘查中的应用

一、钻探技术相关概念

钻探技术是一门古老而又年轻的工程技术，它是伴随人类对矿产资源和地下水资源的需求而产生的。随着工业技术的进步，钻探工程也取得了快速发展。现代城市建筑、铁路、桥梁、公路的地基基础工程和地下管道铺设等各类工程建设为钻探工程技术的应用拓展了巨大的空间，钻探工程已经形成了一个庞大的具有多个分支的工程系统。

钻探技术体系中寻找矿产资源的、唯一能直接获取地下实物信息的取心（取样）钻探仍然是其核心技术。国内外对于这类钻探技术有很多不同的称谓：岩心钻探（Core Drilling）、地质钻探（Geological Drilling 或 Geo-drilling）、矿山钻探（Mining Drilling）、取样钻探（Sample Boring）等。

近年来，地质钻探技术有了突飞猛进的发展，不仅能获取岩（矿）心，还能钻取岩屑样、流体样；不仅能探查固体或液体矿产资源，还能为地球科学研究获取更为丰富的地下实物样品及打开信息采集通道。

如今钻探、坑探和山地工程与地球物理调查、遥感调查、地球化学调查、实验测试并称地质调查五大工程技术。

钻探技术对于地质调查的结论具有决定性的意义。

二、钻探技术体系的主要特征

（一）石油钻井技术体系

石油钻井技术体系的特点如下。

①地层以沉积岩为主，多为陆源碎屑岩（砾岩、角砾岩、砂岩、粉砂岩）、碳酸盐岩（灰岩、白云岩）、泥质岩（泥岩、页岩），很少遇到玄武岩、硅质岩等较坚硬的岩层；其基本特点是地层层理明显，产状多数近水平，也

有高陡构造；由于地层与地表连通形成静液柱压力或由于构造封闭往往形成或高或低的地层压力。

②钻井深度从数百米至数千米。

③钻孔口径较大，标准的终孔口径为 φ216mm，开孔口径则取决于地层的复杂程度，一般在 φ311~445mm，有时达 φ712mm。

④钻进工艺方法以不取岩心的全面钻进为主，在参数井或勘查井的重要地层中会少量采取岩心；钻头转速比较低，钻压和泵量比较大。

⑤钻进系统以牙轮钻头、复合片及聚晶钻头全面钻进为主，少量使用天然表镶钻头。

⑥钻机、泥浆泵、钻塔、动力系统、固控系统等大型化、自动化、智能化钻柱强度高，大量应用高质量套管，井下各类钻具齐全；井口安装有防喷器。

⑦冲洗液种类多，由于要平衡地层压力和保护井壁对泥浆的密度、黏度、失水量等性能指标要求高；固相控制要求高；现场泥浆管理很严格。

（二）科学钻探技术体系

科学钻探技术体系的特点如下。

①地层。由于科学目标十分广泛，沉积岩、火山岩、变质岩均能遇到，但以坚硬、破碎、复杂的结晶岩为主（与地质岩心钻探钻遇地层相近）；海洋科学钻探一般在洋壳中进行，洋壳一般是较新的沉积地层，由于洋壳较薄，最有可能钻入地幔层。

②钻井深度。不同科学目标的钻井深度差异很大，湖泊、环境科学钻探钻孔较浅；大陆科学钻探较深，一般在数千米以上，甚至超过万米；海洋科学钻探上部有数百米到数千米的海水阻隔，钻入洋壳的深度在数百米到数千米甚至万米以上。

③钻孔口径很大，一般开孔时达 φ500~700mm，终孔在 φ150~216mm；海洋科学钻探口径还要大。

④工艺方法。取心、取样、获取地下信息要求很高，大陆科学钻探一般

采用地质岩心钻探取心和石油钻井工艺两者相结合的工艺方法，称为组合式钻探技术；湖泊、环境和海洋科学钻探大量应用保真取心技术；超前孔裸眼取心钻探配合扩孔钻进是科学钻探最常用的钻探方法。

⑤钻进系统在结晶岩地层以孕镶人造金刚石钻头为主，少量使用天然金刚石和超硬复合材料表镶钻头；在沉积岩地层少量不取心井段使用牙轮钻头，取心井段采用复合片钻头。

⑥采用超高强度钻具，有时使用大直径绳索取心钻具，也可使用铝合金钻杆，海洋科学深钻使用被称为"隔水管"的特殊钻具；万米以上超深孔钻柱的设计与制造将是对人类在材料学、冶金学等方面技术进步的极大挑战。

⑦钻机既需要高转速较小扭矩，又需要低转速大扭矩，一般采用加装高速顶驱系统和精确控制钻压的大型石油钻机，此钻机电液气控制程度高，监测系统完善。海洋科学钻探采用特殊钻探船；湖泊钻探采用专用钻探船；环境科学钻探钻机与一般工程勘查钻机相似，但取样钻具齐全。

⑧冲洗液以耐超高温、低切力、低失水的低固相泥浆为主，技术性能指标要求很高，固相控制要求高。

⑨科学钻探对获取地下信息要求很高，会采用最完善的测井仪器和最先进的随钻测量仪器，仪器需要耐受超高温、超高压。

（三）地质岩心钻探技术体系

固体矿产地质岩心钻探（含坑道岩心钻探）是历史最悠久、应用最广泛的一种钻探技术体系，其主要有以下几点技术特征。

①钻遇地层最为广泛。固体矿产有能源矿产，黑色、有色及贵金属矿产，非金属矿产，由于成因不同，沉积岩、火山岩、变质岩均能遇到，但以坚硬、破碎复杂的结晶岩为主。根据固体矿产开采技术的要求，勘查钻孔深度多数在1000m以内，近年来深部矿床勘查工作需求日增，超过千米的钻孔越来越多，我国已出现一批2000~3000m的深孔，正向4000~5000m孔深发展。

②钻孔口径小，一般终孔口径为$\varphi 0 \sim 95$mm，开孔口径一般在$\varphi 150$mm以下；矿山坑道钻的孔深和口径一般比地表钻探更浅、更小。

③取心是矿产勘查钻孔最显著、最基本的特点，根据地质勘查规范的要求，一般穿过地表覆盖层后即采取全孔取心钻探。

④在工艺方法方面，以金刚石或硬质合金钻头取心钻进方法为主体，可扩展绳索取心、液动锤取心等方法。无岩心钻探仅在上部地层或煤炭等少数矿种中使用。矿床勘查和地质填图工作中还可以采用空气反循环连续取样钻探方法和水力反循环连续取心钻探方法，以提高勘查效率，降低钻探成本。

⑤钻进系统。碎岩工具中硬地层以金刚石孕镶钻头和扩孔器为主，软及中硬地层多使用硬质合金或金刚石复合片、聚晶等超硬复合材料制作的取心钻头。采用与钻孔口径相适应的满眼薄壁钻杆和取心钻具，当今已经普遍应用绳索取心钻进系统。钻机要求轻便，易于搬迁，需要高转速、较宽的转速范围，给进行程长，精确控制钻压。泥浆泵需要较小泵量和较高泵压冲。冲洗液以低固相为主，技术指标要求较低，复杂地层和深孔对冲洗液有特殊要求。砂矿钻探由于其地层的特殊性，有时会采用以冲击方法为主的工艺，相应的钻进系统与上述方法略有不同。空气钻进具有与地质岩心钻探相同的特征，其技术体系的构成基本相同。

三、钻探技术在地质勘查中的应用

（一）用于地质勘查的钻探技术

在地质勘查中要使用坑内钻探技术和地表钻探技术。

多年来，在寻找及评价矿床方面，金刚石钻机一直是最重要的勘查工具。为了扩大所能提供的服务范围，同时抵消上涨的钻探成本，人们陆续开发了一些新技术。这些新技术有许多已在坑内和地表勘查中得到同样的应用。

过去，为节省辅助时间和成本，使用了绳索取心钻进。这一原理于20世纪40年代首次被提出，但只是在最近几年才被证明是成功的。

目前，人们正继续研究和改进一些其他的技术以试图降低钻进成本和提高操作效能。一些最近的革新，如特殊钻井液、特种岩心管及钻头、铝钻杆和长距离控制造斜等，都有了相应的应用。

在过去多年中，长倾斜的坑道钻孔，如超过 500m 深，已是很平常的了，称这种钻孔为长距离定向钻孔。作业人员的想法是利用传统的楔子或钻孔自然偏斜规律，使钻孔向某一方向偏斜，以保持钻孔沿预定轨道钻进。利用钻孔的自然偏斜可能是最重要的方面，作业中取得成功与否，完全依赖于钻孔产生自然偏斜的程度。偏斜这一术语只用来表示钻进过程中不应有的偏移，而导斜这一术语指的是钻孔方向按设计要求改变。由于自然偏斜在定向钻进中很重要，所以详细讨论其产生的原因是有必要的。目前已经发展了各种各样的技术来协助加强自然偏斜和有计划的导斜。

1. 坑内钻进

（1）钻孔导斜

在定向钻孔设计和施工时，通常更加强调的是自然偏斜而不太强调人工导斜。人工导斜可以使用传统的造斜楔和引起偏斜的因素来引导钻孔朝向目标。

使用传统的楔子来改变钻孔的方向是最常用的导斜技术。一般一个楔子最大可导斜 1°30′，而为了获得较大的角度，常采用一组楔子相互靠近安放的方法。造斜楔除了重新纠正已偏斜了的钻孔，还能使钻孔偏离其原来的方向。后者应用于从主孔导斜钻出分支孔以获得与矿体的多个交点。

下楔子是不便宜的，但在钻孔中使用金属楔子，有报废钻孔的可能。因此，建议在有可能的地方限制下楔子，而更多地利用钻孔的自然偏斜。

在定向钻进中，钻孔导斜的奥秘在于控制钻头上的压力。严格地控制钻压以确保在钻头上没有过大的压力是最重要的。在钻头上施加过大的压力则会造成过大的钻孔偏斜，结果可能与目标层不相交。然而当需要钻孔更加上漂时，钻压也可加以利用。利用增加钻压以迫使钻孔朝向偏斜方向钻进，这是钻井人员常用的方法。

（2）钻孔测斜

金刚石钻进过程中，为获得有关钻孔钻进情况的最佳信息，要对钻孔进行测斜。

目前，人们使用了各种不同的测斜仪，所要测的数据是偏离垂直方向的倾角和磁方位角（方向）。这些测斜数据连同测点的水平和垂直位置，用于推断钻孔轨迹的其他情形。这可以用数学的、图解的方法或借助计算机程序来完成。

地层测量对任何勘查计划来说都是一项重要工作，包括确定地层理面及断层的倾向和走向。

在定向钻进过程中应当按一定间隔进行正常钻孔测斜和地层测量。在任一给定点上的地层倾向及钻孔状况都应该这样，因为这可能对那一点的自然偏斜有影响。能得到钻孔的倾角和地层倾向的数据，就可计算出自然偏斜的程度。用这些资料可做出有关钻孔定向的任何决策。

（3）钻孔偏斜

各种不同的力和地层条件往往会引起钻孔偏斜，下列因素必须加以考虑：①已磨损的钻杆其直径比钻孔小。②钻孔通过层状岩层。③钻孔通过软硬交替岩层。④钻头类型、钻进速度和钻头压力等因素对钻孔偏斜的影响。

引起钻孔偏斜最严重的原因是上述的②和③，而②是最难控制的。在讨论这些因素之前，说明一下钻孔的自然偏斜是必要的。

自然偏斜是钻孔往某方向偏离的趋势，而这种方向的改变完全不是作业人员所设计的。软硬交替的层状地层对偏斜程度有影响，而为了成功地执行定向钻进计划，充分利用自然偏斜是主要的。

在任一给定地区的自然偏斜的调查中，必须记住，所有超过500m的钻孔都有转向垂直于岩层的趋势。实践表明，岩层倾角越陡，岩心与层理交角就越大，使钻孔更易朝向岩层钻进。钻孔穿入岩层的角度叫作遇层角。

在定向钻进施工计划中，钻进的初始阶段和最后阶段的遇层角应分别加以确定。在初始阶段，钻孔应钻得尽可能直，延深至矿体底盘，以一定角度切入层面。应该采取一切预防措施，以使钻孔达到一定深度（如500~600m）不致偏斜。在最后阶段，钻孔应该任其偏斜。由于钻孔具有更加垂直于层面的倾向，钻孔将会上漂。

在钻进施工的最初阶段，钻孔切入层理面的角度是非常重要的。如果角度太小，钻孔可能偏斜太快而上漂，结果钻成一个浅得多的孔以致达不到目标；如果角度太大，钻孔可能朝着与原设计相反的方向偏斜，结果使钻孔不能与目标相交。由于这个角度的重要性有的地方就将其看作临界角。遗憾的是，这个角度不能计算出来，而且从一地区到另一地区随所在地区岩层的倾角而变化。以往钻的钻孔资料表明，在奥兰治自由邦金矿区采用 16°~20° 的临界角是成功的。

所以在定向钻进施工中，为取得最佳效果，开孔角度应大于岩层倾角而介于 16°~20°，而且应先钻进到矿体下盘。钻孔应当保持约 600m 直孔没有偏斜，允许偏斜按设计与目标相交。

引起偏斜最严重的原因是在层状岩层中出现软硬夹层。在硬岩中钻孔趋向于变陡，因为通转运动的支点产生在钻头的最低点。相反的情形，即在软岩层中钻进时，钻孔向上漂。除了地层有软岩层，在层理面上出现软物质也促使钻孔向着层理面偏斜。

钻头上的压力或者说钻压对钻孔的自然偏斜有很大影响。加上额外的压力时，一般会迫使钻孔向自然偏斜趋势发展，即转向垂直于岩层。当希望钻孔不产生偏斜时，就无须施加额外的钻压。自然偏斜和钻压必须同时加以考虑，而为了保证钻孔按设计方向继续钻进，钻压是唯一能严格加以控制的因素。

2. 地表钻进

（1）前导钻孔

不取心前导孔钻进到一定深度，然后继续用金刚石钻进，可以大量节省时间和费用。用施拉姆（Schramm）型转钻机可以在一周时间之内钻进到大于 1000m 深的深度，而同样的深度金刚石钻孔需花费大约三个月的时间。钻一个 500m 不取心前导孔花费的时间不超过两天，两个 500m 金刚石钻孔则需超过一个月的时间。时间节省是如此之明显，所以无须进一步详细叙述。

费用的节约是较为复杂的问题。虽然金刚石钻进的成本总是高于不取心钻进的成本，但还必须考虑钻孔最终成本的各种其他因素。在一项深入的调查中，考虑到所有的因素（套管是主要因素），表明了在软岩层（如卡鲁地层）钻进，不取心前导孔的成本总是比金刚石钻孔低。在不需下套管的硬岩层中钻进时，金刚石钻进就比较便宜。

为了节省时间和资金，在必须下套管的软岩层钻一个不取心前导孔到其底部，而在硬岩层用金刚石钻进，是较为理想的。无论如何，当费用无足轻重而时间是主要因素时，在开始用金刚石钻进之前，以前导孔钻进至最大深度是有利的。在前导孔钻进过程中，可以很好地进行岩石类型的记录。由于钻出的岩屑不断从钻孔中靠空气压力排出，因而可以在任何深度上收集到能代表岩石类型的样品。

（2）专用钻井液

种类众多的钻井液可以在市场上买到，包括膨润土、云母片、羧基甲基纤维素等。在某些钻孔中以必要的专门知识使用这些材料，可以得到很大好处并节约费用。

当出现如水漏失、坍塌地层、膨胀性页岩或不规则偏斜等问题时，应当邀请解决这方面问题有经验的钻探操作人员，征求必要的建议，选用合适的钻井液。使用正确的钻井液，可以在问题发生之前予以防止并且明显地节约时间和资金。

使用钻井液的同时也可延长钻头使用寿命，为钻探公司节约费用。

（3）绳索取心钻进

在绳索取心钻进过程中，钻杆留在孔内，只有岩心管是用绞车和钢绳从孔内取出。岩心管倒空后，再以同样的方法放回。这种方法由于只有在不得不更换钻头时才将钻杆柱从孔内提出一次，所以明显地节省了时间。这一方法并未直接节省费用，钻进成本相同，但由于提高了钻进速度，钻孔在较短的时间内竣工，因而间接降低了成本。

绳索取心钻进唯一的缺点是在钻孔中往往会产生不规则的偏斜。用这种方法钻成的 1500m 深孔可以偏离垂直方向大于 40°。如果在一勘查地区，岩层的倾斜和走向是已知的，则在进行细心设计条件下这种不规则偏斜可以转化为有利条件。

（4）铝钻杆

用铝合金制造钻杆是一项比较新的技术。这种铝钻杆比普通钢钻杆轻得多，在一些钻孔钻进中使用得很成功。现在这种较轻的钻杆，可以使小钻机钻到远比过去所能钻的深得多的深度。

使用铝钻杆可以间接节省费用，特别是在坑道钻进中就不需要用大钻机开凿洞室，小钻机和铝钻杆能完成同样的作业。在地表钻进中，当得不到大钻机或因地形通不过而不可能运进大钻机时，这种铝钻杆会得到应用。

（5）岩心管和钻头

特殊的岩心管是为了满足专门作业需要而设计的，有单管、双管及三重岩心管等多种岩心管可供使用，长度 1.5~18m。双管及三重岩心管是按以下方式设计的，即当外管相对于内管单独旋转时，内管稳定不动。使用短的、不易弯曲的岩心管，可以使岩心管上部钻杆的晃动程度降到最小。因此，在极易碎地层也可获得很好的岩心采取率，而且在某些所要求的岩层内，靠使用合适的岩心管，可以取得100%的岩心采取率。这样也可以避免矿脉带上方的不必要的造斜，节省大量的时间和费用。钻头的研究是一个连续不断的过程，而且新的和更好的钻头正在试验和投入正式生产。为了适合特殊地层的钻进，可以设计用于绳索取心钻进的新型孕镶金刚石钻头。在这种地层钻进，钻头钻进深度可能超过60m。在不重要的地层遇到不利的地质条件时，可以使用侧钻钻头和其他专用不取心钻头。使用这一方法虽然得不到岩心，但进尺较快。因此，是否应当采用不取心钻头进行钻进，必须在钻进开始前对每一钻孔分别加以考虑。

（6）侧钻钻头

侧钻钻头重点用于大角度造斜，特别是这种钻头后边直接配用 B 规格的钻杆时更是如此。必须指出的是，这些专用的钻头仅对某些类型的岩层有效，而不是任何类型的地质条件都适用。在打算进行长距离造斜之前应当征求专家的指导。侧钻钻头的唯一缺点是成本高，而且事实上是一种不取心钻头。但由于在这样的造斜过程中比平常使用较少的楔子，时间上大为节约，从而弥补了它的高成本。

目前正在使用并取得很大成功的第二种类型钻头是新型 BX 到 B 规格的沿楔子钻进的锥形钻头。使用这种钻头，免去了在插入楔子之后使用牛鼻形钻头的必要。这种钻头的锥形头部保证了钻头沿楔子面钻进而不会顺向钻穿楔子。这样可达到预期最大偏斜，如果在这种钻头后直接用回转器和 B 规格钻杆带动，造斜作用会加强。必须再次强调，这种方法并不是在各种条件下都会同样取得成功。也再次说明，使用较少的楔子和不必使用牛鼻形钻头，得到了时间上的节约。因此不牵涉额外的费用，楔子费用的节约是明显的。

（7）造斜楔

虽然在不同的矿脉上或由于地层的原因而进行造斜钻进时，通常使用下楔子的方法，然而造斜楔有时也用于主孔以保持其直度或使钻孔往某一方向偏斜。定向楔子按某一方位安放，以使钻孔向所要求的方向偏斜。

为了最大限度地控制长距离造斜，首要的是楔子放置的方位应该正确。为了增加钻孔的偏斜，已设计出多种不同的钻头。

（8）冲洗介质

我国相关部门坚决主张使用空气冲洗来减少水罐车横穿矿区的运输并减少钻进用水的抽水工作和处理问题。

空气冲洗使切屑从钻头唇部清除得更快和效率更高，这有助于减小钻头磨损和提高钻速。由于空气对孔壁的冲蚀比水小，因此减少了对套管的需要。切屑的高速返回有利于精确地对地层变化和厚度进行录井。岩心管和钻头都已得到改进以适应空气冲洗钻进，只要使用正确的装置，任何地层都能令人满意地取得岩心。

最新的技术是泡沫钻进，泡沫冲洗液是由空气加水与起泡剂、聚合物添加剂组成，主要优点是与其他任何冲洗介质相比所需的空气和水量小。良好的泡沫冲洗液具有许多小气泡，很像一种刮脸乳剂，每一个气泡可以扦起切屑并把它们一直携带到地表，虽然返回流速可以低到 10m/min，但在钻头处的清除作用是迅速的和高效的。这样慢的回流速度不会引起对孔壁的冲蚀，如果添加了聚合物稳定剂，则同样对孔壁起到稳固作用。当加新钻杆或岩心管被提出时，良好的泡沫冲洗液将保持切屑处在悬浮状态。

对于使用牙轮钻头或潜孔锤进行的不取心钻进，可用泡沫来减少总的空气需要量，空气压缩机的能力只需达到额定排气量的 20%～30%，这能够显著地减少运转成本和后勤供应问题。可以用一台 120ft³/min 的压缩机，每分钟加 3.3L 的泡沫混合液，使用直径为 127mm 的钻杆钻进直径为 508mm 的钻孔。无毒的和具有生物分解作用的起泡剂和聚合物都可买到，在钻进最后的几小时内，所有的泡沫将破除，仅剩下细小分散的沉积切屑。

（二）用于矿产勘查的钻进技术

1. 钻机和取样技术

近几年，人们已放弃老式常规的双油缸液压给进装置，这种给进装置的给进行程有限，只有 500~915mm。许多现代化钻机至少具有 1.5m 或最好是 3m 的给进行程，以便于最多倒一次立轴，岩心管就能够装满岩心。多功能的动力头钻机具有较大的回转速度和扭矩，适合于各种钻进工艺和高效地进行下套管作业。一些制造厂商都生产这种钻机。具有 1.5m 给进行程和转速高达 2400r/min 的坑内轻便钻机正受人们的欢迎。这些钻机大多数具有一些拧卸钻杆丝扣的机械辅助设备和可能有钻杆拉送装置，这对于减少体力劳动都是有帮助的。在一些国家，这样的钻机仅有一个人操作，甚至可钻进 1000m 深。

除了需要取岩心的地层，从地表到整个钻孔深度都取岩心的传统方法正在被淘汰。许多地表钻孔采用孔底全面破碎方法钻进，此方法与岩屑或岩粉录井以及限于特定地层的取心钻进相配合进行。在坑内钻探中，输送所需的大量的压缩空气或水是最困难的，而且岩粉可能是一项主要的危害，因此全孔取心仍然是相当普遍的。在非常坚硬的岩层中孔底全面破碎方法可能还是最经济和最快的钻进技术。

2. 不取心钻进

这是一种迅速的和比较便宜的钻孔方法，而且一个熟练的钻工能准确地记录地层变化的深度，还能可靠地记录矿层深度和厚度。但这种钻进方法很难用来获得有关矿的质量的资料。潜孔锤钻头、刮刀钻头或牙轮钻头用于空气洗井钻进时，钻进速度可高达 20~40m/h，几乎全部岩样被回收。但是由于孔壁的塌落或冲蚀，岩样有混杂或丢失的可能，此外，岩屑可能漏失到裂缝或节理中，或者可能直接粘在孔壁上。

地下水会给排除钻孔中的岩屑带来一些问题。少量的水可能产生黏稠的岩屑，岩屑在钻杆或钻铤上形成泥环。孔内大量的水流需要较高压力的压缩机来排升到孔外，使测井工作更加困难，因为岩样的颜色或成分的变化很难看出来。

采用空气洗井钻进，1200～1800m/min 的空气上升速度几乎可以使岩屑即刻上返，因此上返到孔口的滞后时间很短。采用清水或泥浆冲洗，上返速度为 25～40m/min，已考虑到钻孔深度的需要。潜孔锤、刮刀钻头或牙轮钻头采用空气冲洗钻进可以切削出 5～15mm 大的岩屑，采用水和泥浆冲洗很少切削出 2～3mm 的岩屑。

最新的设备和技术方面的发展为地质学家提供了广泛的可选择的方法来解决钻探问题。由于有广泛的钻探器材可选用，以较少的时间和成本钻进到较大的深度都可取得较好的效果。

3. 螺旋钻进

螺旋钻进提供了一种在广泛的沉积岩地层中不需要任何冲洗介质的快速钻孔方法。螺旋钻有 3 种基本类型：连续旋翼式螺旋钻、空心钻杆螺旋钻、竖桩坑螺旋钻。

用连续旋翼式螺旋钻钻进时钻出的泥土和岩石通过旋转运动沿着螺旋片输送到地表。对于大批量采样这项技术是十分可靠的，但在砂层和岩石层中可能有些细屑。其主要问题是切屑不都是以相同的速度向上运动的，因为有一些垂直方向上的混样，同时岩样可能丢失到孔壁中或从孔壁上混入杂质。可以通过改变螺旋钻旋转速度来控制岩屑沿螺旋片移动的速度，同样也可通过使用具有不同螺距的螺旋钻来控制岩屑移动速度。如果螺旋钻保持在一个固定的深度和慢慢地增加转速，则在螺旋片上的所有东西通常会上升到地表，但这不可能总是有把握的，而每个钻进地点可能产生不同的结果。

空心钻杆螺旋钻有一个连续的外部螺旋片，它的切削方式同标准的连续旋翼式螺旋钻相同，但它有一可更换的中心导向钻头。该钻头可以借助钻杆或通过绳索式的打捞器收回。任何形式的空心取样工具都能通过空心的螺旋钻工作，在螺旋钻头的前部进行取样，或者也能够通过螺旋钻下入岩心管，该螺旋钻起套管的作用。

竖桩坑螺旋钻有一不长的螺旋片，一般有 380~760mm 长，采样时以低转速钻进一定距离，大约为螺旋片长度的 75%，即 280~560mm。从理论上说，这一切削长度的所有泥土和岩石都保持在螺旋片上，挖出的泥土和岩石慢慢地被提升到地表后即可清除。一般不推荐比钻机回转器的行程还大的钻进深度，因为如果必须停止钻进和从钻杆柱上卸下钻杆，那么很有可能将钻屑失落到螺旋片下，这就成了一种缓慢而费力的方法。

螺旋钻必须以 20~60r/min 的转速回转及具有 300~1500N·m 的扭矩。直径为 36.6cm 的螺旋钻需要 3600kg 的向下压力。螺旋钻最适宜在具有比较长的给进行程的顶部多功能钻机上使用。

螺旋钻钻头可能有各种各样的切削齿，但如果使用镶有碳化钨合金镶接块的切削齿，那么就能成功地钻进在漂砾黏土中的花岩卵石上。

4. 反循环取样钻进

反循环取样钻进通常使用空气洗井，是因为它有较快的机械钻速和带有较大切屑的高速返流，但它也可以使用清水、泥浆或泡沫洗井。

在该系统中，双壁钻杆引导空气由其环状空间向下送，在钻头上方空气转向流到外部和流过钻头切削面，把所有的切屑冲扫到钻头中心并沿内管向上回。切屑通过排屑胶管进入取样旋流器，被沉降分离出和收集到适当的容器中。

所用的钻头可以是三牙轮钻头、碳化钨刮刀钻头或镶有金刚石或碳化钨合金镶块的取心钻头。在某些地层中取得从中心管中吹上来的岩心是完全可能的，此时排屑鹅颈管和胶管必须有合适的直径而且无急弯，允许岩心柱通过而不被卡住或过分破碎。使用一个稍加改变的底端组件，潜孔锤即可连接在中心取样管上进行钻进，切屑和岩粉的收集方式和牙轮钻头钻进时一样。

中心取样管可以有多种规格，最大外径为 228.6mm，但最常用的是以下几种（外径×内径）：88.9mm×44.0mm、114.3mm×62.7mm、139.7mm×82.6mm。

钻头规格是关键性的因素，配外径为 114.3mm 中心取样管所用的钻头的外径是 120.65mm。在钻头后面是一个耐磨套，其外径稍大于钻头外径，气流顺着最小阻力的通路从 63.5mm 的中心取样管向上流动。钻孔开孔时，少量的空气上逸到孔外，但钻进 3~4m 深之后，全部空气经中心取样管上返。

用空气冲洗时，中心取样管中空气的上返流速是非常高的（一般为 3600~5500m/min），因此实际上可使切屑立即返出。这样高的流速会导致内管的磨蚀，因此使用 3~4 年后可能需要更换。

反循环取样钻进的主要缺点是钻杆比较重，如外径 114.3mm 的钻杆质量规格为 31.6kg/m，钻机上应该有钻杆操作装置或摆头回转器，以便把钻杆水平地放倒。大部分钻机能够适合于采用侧面入口的气龙头和中心排放软管，但在具有空心主轴的动力头钻进使用最方便。优质的中心取样钻杆也是昂贵的，但它非常耐用且使用寿命长。

5. 砂泵螺钻钻进

这是有点老式的，然而是传统的工程地质钻探技术，除某些砂层和砂岩层勘查之外很少用于矿产勘查。这种钻进方法能获得大批量岩样，但免不了存在一些垂直方向上的混样，往往损失一些细屑。只有底端开口的或有阀的取样器可以取得非常好的黏土或其他软料性地层的岩心。阀式取样器可以保持完整的一段岩样，但通常存在某些混样，这往往是取出岩样时引起的，除非岩样装在一个分离的塑料衬套内。

6. 反循环洗井钻进

水井钻探行业已经使用反循环洗井技术多年。这项技术现已用于某些矿产勘查工作并改名为反循环冲洗钻进。这种钻进技术一直在盐/钾盐、铅/锌或煤矿开采坑道中使用。将一根套管用水泥固定在孔口或用膨胀橡胶密封固定，在坑道工作面处的一个盘根盒上有一冲洗介质侧入口，绳索取心钻杆穿过密封压盖，冲洗介质从钻杆外部泵入，通过钻杆内部携带着岩心和切屑回转，从钻杆的开口端连续不断地排出。

在富含盐/钾盐的矿山，800~1200m 深的钻孔通常在 10~12d 钻成，一个取心钻头可以完成数个钻孔。大多数钻孔的倾角是 ±25°，但已钻进过 660m 深的垂直向下孔，岩心采取率达 100%。

一个主要的困难是钻孔的垂直偏差控制。水平偏差从未超过钻孔总长度的 5%，这是一个次要问题。−20°或较大倾角的钻孔发生事故少。钻孔超过 500m 深时垂直偏差保持在−20°~+15°范围内是有问题的，曾记录到此深度的垂直偏差高达钻孔总长度的 25%。通过改用较重的绳索取心钻杆和正确地安置钻杆稳定器，目前偏差已被控制，很少钻孔的偏差大于它们总长度的 5%，即钻孔长度 1000m 时偏离目标 50m。

第三节　物化探技术及其在地质勘查中的应用

一、金属矿勘查中常用的物化探方法

（一）地球物理勘探

在多金属矿产资源勘查中，地球物理勘探是最重要的技术手段之一，铜、铅、锌等金属硫化物矿床及与硫化物密切相关的金、银矿床是我国目前有待发现的矿种，综合物探是寻找这类矿产资源的最常用的勘探方法，在前期的找矿工作中发挥了重大的作用。地球物理勘探工作按工作环境可以分为地面物探、航空物探、海洋物探和地下物探。虽然航空物探由于探测技术的不断提高和飞行载体的飞速发展，近年来发展势头异常迅猛，应用领域也在不断扩大，但目前金属矿产资源勘查工作中用到最多的还是地面物探。地面物探按所探测物性参数的不同又可划分为重力勘探、电法勘探、磁法勘探、放射性勘探和地热勘探。目前在金属矿产资源勘查中应用最多的是前三类。

1. 重力勘探

（1）方法原理及适用范围

重力勘探是以岩、矿石密度差异为物质基础而形成的勘探技术。由于密度差异会使地球的正常重力场发生局部变化（即产生重力异常），观测和研究重力异常，就能达到解决地质问题的目的。其应用条件有以下几种：①探测对象与围岩要有一定的密度差。②岩层密度必须在横向上有变化，即岩层内有密度不同的地质体存在或岩层有一定的构造形态。③剩余质量（地质体的剩余密度和它体积的乘积称为地质体的剩余质量）不能太小（即探测对象要有一定的规模）。④探测对象不能埋藏过深。⑤干扰场不能太强或具有明显的特征。

近年来，重力观测仪器与 GPS 三维定位技术相结合，解决了中高山、戈壁等地区的定位问题，可直接测出重力差值，具有自动读数、自动记录、自动改正等功能。观测精度和分辨率大大提高，由毫伽级（μGal）提高到了微伽级（mGal）。

从理论上说，凡是能够在地下空间产生介质密度变化的地质体、地质构造或其他地质现象均可作为重力勘探的对象，但由于实际地下情况的复杂性以及仪器观测精度的限制，重力勘探传统上一般应用于大构造、大地质体的探测。值得一提的是近十几年来，由于仪器制造工艺水平的提高，出现了微伽级高精度重力仪、诞生了微重力测量学，并且随着计算机技术的发展，异常反演理论方法得到了前所未有的发展，这些变化极大地拓宽了重力勘探的应用范围，提高了勘探的成功率。如今，重力勘探在金属矿产、油气资源、水文与工程等诸多领域也发挥着越来越重要的作用。应用高精度重力仪进行大比例尺的观测，在寻找金属矿方面有了很大成功。铬铁矿、硫铁矿等金属矿产具有比围岩密度多得多的特点，如果规模达到一定程度，它们在大比例尺重力异常图上会有明显的反应，国内外已有很多这类成功应用的实例。

（2）重力异常解释常用的方法

对重力异常进行解释常用的方法有正演、反演、上延、下延等。

正演：已知地质体的形状、产状、物性参数，求场（异常）的分布。

反演：已知场（异常）的分布特征及变化规律，求场源的赋存状态（如产状、物性参数、埋深等）。正演的解是唯一的，反演则具有多解性。

上延：向上延拓，即将观测平面上的实测异常值，换算到观测平面以上某一高度上。其目的是压制浅而小的地质体引起的局部异常，削弱局部异常突出深部地质体的区域异常。

下延：向下延拓，即将观测平面上的实测异常值，换算到观测平面以下场源以外的某个深度上。其目的是压制深部地质体的区域异常，相对突出浅部地质体的局部异常。目前，在重力数据处理和异常定量解释方面，由传统的方法发展了变密度地形改正，小波变换分解重力场，弱异常增强与提取和图像处理等新方法、新技术。

重力勘探在预测金属矿床方面有两个途径：一是在有利条件下研究矿床（矿体）直接引用的异常，即直接找矿，在这方面国内利用重力资料发现过赤铁矿、磁铁矿、铬铁矿、块状硫化物矿床等；二是研究对金属矿床赋存具有制约作用的岩体、地层或构造，进而来推断矿体的位置和远景，即间接找矿。

2. 电法勘探

电法勘探是以岩、矿石的电学性质（如导电性）差异为基础，通过观测和研究与这些电性差异有关的（天然或人工）电场或电磁场分布规律来查明地下地质构造及有用矿产的一种物探方法，俗称"电法"。电法勘探的特点，可用"三多"来概括：①可利用的物性参数多。导电性、电化学活动性、介电性、导磁性等。②利用场源多。人工场（包括直流、交流）和天然场。③方法种类多。传导类电法勘探（直流电法）研究稳定电流场，感应类电法勘探（交流电法）研究交变电流场。

传导类电法勘探又可细分为电阻率法、充电法、激发极化法、自然电场法；感应类电法勘探又可细分为低频电磁法、频率测深法、甚低频法、电磁法、大地电磁法。这其中以电阻率法、激发极化法和电磁法在找矿勘探中应用较多。

（1）电阻率法

电阻率法是建立在地壳中各种岩、矿石具有各种导电性差异的基础上，通过观测和研究与这些差异有关的天然电场或人工电场的分布规律，从而达到查明地下构造或者寻找有用矿产的目的，又可进一步细分为电剖面法和电测深法。

电剖面法又包括中间梯度法、联合剖面法、对称剖面法和偶极剖面法。其中，中间梯度法主要用来寻找陡倾的高阻薄脉（如石英脉、伟晶岩脉等）。联合剖面法主要用于探测产状陡倾的良导薄脉（如矿脉、断层、含水破碎带等）及良导球状矿体。电测深法，又名电阻率垂向测深，是以岩、矿石的导电性差异为基础，分析电性不同的岩层沿垂向分布情况的一种电阻率方法。

电剖面法是在测量过程中保持供电电极不变，使整个或部分装置沿测线移动，逐点观测，以了解某一深度范围内不同电性体沿水平方向的分布，而电测深法是在同一点上逐次扩大供电电极距，使探测深度逐渐增大，以此来得到观测点处沿垂直方向上由浅到深的视电阻率变化情况，主要用于探测水平（或倾角不超过20°）产状的不同电性层的分布（如断裂带、含水破碎带等）。

（2）激发极化法

激发极化法简称激电法，是以地下岩、矿石在人工电场作用下发生的物理和电化学效应（激发极化效应）差异为基础的一种电法勘探方法。其技术特点如下：①能寻找浸染状矿体。②能区分电子导体和离子导体产生的异常。③地形起伏不会产生假异常。

激发极化法分类与电阻率法一致，在实际工作中，激电异常的评价非常重要。所谓激电异常评价，就是通常说的定性解释或"区分矿与非矿异常"，它也是激发极化法生产中经常遇到的难题。众所周知，与其他电法勘探相比，激发极化法单一性较强，地形不平、覆盖层厚度变化以及围岩或覆盖层导电性不均匀等一般不会引起假激电异常。在金属矿激发极化法中，比较明显的激电异常总是与岩石中存在电子导电的石墨或金属矿物有关。所谓"区分矿与非矿异常"，就是要区分具有工业价值的金属矿和不够工业品位的所谓矿化（主要是石墨化、黄铁矿化和磁铁矿化等）岩石所引起的激电异常。解决这类问题一般不外乎两种方法：一种是利用激发极化法自身能力对异常进行深入研究；另一种是利用地质、物化探资料对异常进行综合解释。

（3）电磁法

电磁法是以地壳中岩、矿石的导电性、导磁性和介电性差异为基础，通过观测和研究人工的或天然的交变电磁场的分布来寻找矿产资源或解决其他地质问题的一类电法勘探方法。目前应用较广泛的有瞬变电磁法（TEM）、可控源音频大地电磁法（CSAMT）、大地电磁法（MT）、音频大地电磁法

（AMT）、频谱激电法（SIP）和三频激电法等。

①瞬变电磁法

瞬变电磁法又称时间域电磁法。所谓瞬变电磁法，就是研究电磁场响应随时间的变化。它是利用不接地回线或接地线源向地下发送一次脉冲电磁场，如果地下有良导电矿体存在，在一次电磁场的激励下，地下导体内部受感应产生涡旋电流（简称涡流）。矿体内的涡流在一次脉冲电磁场的间歇期间在空间产生交变磁场，叫二次场或异常场。涡流产生的二次场不会随一次场消失而立即消失，即有一个瞬变过程，利用接收机观测二次场，研究其与时间的关系，从而确定地下导体的电性分布结构及空间形态。其特点是：在低阻覆盖情况下与其他电法相比，勘查深度大；观测二次场（纯异常），可进行近场观测，旁侧影响小；在高阻围岩地区不会产生地形起伏形成的假异常，在低阻围岩地区，采用全时间衰减域观测容易区分地形异常；通过不同时间窗口的观测，可抑制地质噪声干扰；具有测深能力。在实际生产工作中，常用的装置有定源大回线装置、重叠回线装置和中心回线装置。

②可控源音频大地电磁法

可控源音频大地电磁法是一种人工场源频率域电磁测深方法，属于主动源频率域电磁法。所谓频率域就是研究电磁场响应随频率的变化。其工作方法是由发射机向地下发送不同频率的电磁波，供电电流可达 30A，在测线上每个测点观测电场分量为 E_x，磁场分量为 H_y，根据公式：

$$\rho_s = \frac{1}{5f} \frac{|E_x|^2}{|H_y|^2} \tag{2-2}$$

计算视电阻率。当从高到低改变频率，每个频率计算出一个视电阻率，由于随着频率的降低所反映的深度增大，这样不断改变频率就可以测出不同深度的电阻率值，得到视电阻率测深曲线。该方法的主要特点是：探测深度大，为几十米至两千米；与传统类电法勘探相比，它的分辨率高；由于可控源音频大地电磁法采用人工场源激励，与天然场源相比产生了一系列的影响因素，如场源附加效应、近区效应、静态效应等，强化了异常的复杂性，增加了异常解释的难度。

③大地电磁法

大地电磁法是以天然电磁场为场源的频率域电磁勘探方法，属于被动源电磁法。大地电磁场可近似地看作垂直入射地面的电磁波。当电磁波在地下传播时，由于电磁感应作用，不同频率（频率范围为 $10 \sim 104Hz$）的电磁场具有不同的穿透深度，通过研究大地对天然电磁场的频率响应，可以获得不同深度电阻率的分布，根据电性分布的特点来解决地质问题。该方法的特点是：具有较大的勘测深度；不受高阻层屏蔽；对低阻层有较高的分辨能力。

④音频大地电磁法

音频大地电磁法是利用天然音频大地电磁场作为场源来测定地下岩石的电性，属于被动源电磁法。观测电场和磁场分量，主要解决地质构造等问题。该方法具有设备轻便的优点，最大的弱点是天然音频电磁场的信号太弱，只有在干扰小的情况下才能取得好结果。

⑤频谱激电法

频谱激电法是一种新的激电方法。在超低频段做多频视复电阻率测量，通过研究复电阻率的谱特性，解决地质问题。频谱激电法能提供更丰富的信息，但由于设备价格昂贵，生产效率低，尚未得到广泛的应用。

⑥三频激电法

该方法是中南大学张友山教授经过多年的努力，成功研制出了区分激电异常性质的三频激电精密相干检测仪，并进行了野外示范研究工作，在激电异常性质区分方面取得了可喜的进展。三频激电精密相干检测系统，由发送机和接收机组成。工作时，发送机向地下发送三频复合波信号，接收机接收地下的复合波信号，通过精密相干检测的方法，将复合波信号中的 3 个主频的虚实分量检测出来。由低到高 3 个主频的虚实分量分别是 ReVL、ImVL，ReVM、ImVM，ReVH 和 ImVH，由此可以计算出百分频率效应（PFE）和相对相位差 $\Psi M-L$ 和 $\Psi H-M$。一般采用的复合波信号的 3 个主频为 $0.25Hz$、$1Hz$ 和 $4Hz$，这几个频率属于超低频范围，在这 3 个频率范围内的异常源的激电效应强，易于观测。$\Psi M-L$ 反映这段频率范围的低频段的相位变化特征，

ΨH-M 反映这段频率范围的高频段的相位变化特征，而 ΨM-L 和 ΨH-M 的变化规律反映了与异常源的相对应的 Cole-Cole 模型中的特征频率位置（与时间常数 S 有关）和频率相关系数的变化规律。通过这两个差分相位的变化特征可推断异常源的性质，即异常源的性质与 ΨM-L 和 ΨH-M 两个差分相位变化特征相对应。

中南大学张友山教授初步建立的区分模型有以下几种。

a. 当 ΨM-L 幅值与 ΨH-M 幅值相当且同步起伏时，为炭质岩层的异常特征。

b. 当 ΨM-L>0 且 ΨH-M<0 时，为炭质岩层中赋存有硫化矿的异常特征。

c. 当 ΨM-L>0 且 ΨH-M>0 时，为浸染型硫化矿的异常特征。

d. 当 ΨH-M<0 与 ΨH-M<ΨM-L 时，为块状硫化矿的异常特征。

e. 当 ΨH-M>0 且 ΨM-L<0 时，为含水地层的异常特征。

f. 当 ΨH-M<0 与 ΨM-L<0 且 ΨH-M$\approx$$\Psi$M-L，与 ΨH-M>ΨM-L 时，为含水溶洞或富水层的异常特征。

根据上述区分模型，对获得的相对相位异常进行分析判断，做出区分异常性质的结论。

3. 磁法勘探

（1）方法原理

磁法勘探是以地壳中各种岩、矿石间的磁性差异为物质基础而形成的一种勘探方法。由于岩、矿石间的磁性差异将引起正常的磁场变化（即磁异常），可以通过观测和研究磁异常来寻找有用矿产或查明地下地质构造。在找矿勘探中它既可以直接寻找具有磁性的金属矿体，如磁铁矿、磁黄铁矿等，又可以间接寻找无磁性的金属矿与非金属矿，如铅锌矿、铜矿等。

一般来说，铁矿特别是磁铁矿具有很强的磁性，应用磁法勘探最为有利。铜矿本身无磁性，但细脉—浸染型铜矿的热液蚀变带往往有较强的磁性，可以进行间接找矿。多金属硫化物矿床经氧化后，会形成含有铁磁性矿物的铁帽，磁法勘探也很有效。总的来说，磁法在金属矿勘探中应用很广。针对不同类型的矿床，可以采用直接找矿或间接找矿的方法。

（2）形成磁异常的主要因素

形成磁异常的因素比较多，但可归纳为以下几点：①磁性体的大小和形态。磁性体的大小（埋深相同时）决定磁异常的幅值及范围。磁性体的形态决定了磁异常的平面形态。如三度体（柱体球）的 ΔT 等值线形状为等轴状；二度体（水平圆柱、板等）的 ΔT 等值线形状为狭长状。②磁性体的下延深度。其决定磁异常正、负值的分布规律。下延很大，无负磁异常（顺层磁化）或仅正异常的一侧有负值；下延有限，正异常的两侧均出现负值。③磁性体的磁化强度。其决定磁异常的幅值的大小。④磁性体的埋深。其决定磁异常幅值、范围及梯度的变化。磁性体埋深大：异常的幅值小、范围大、梯度小；磁性体埋深小：异常的幅值大、范围窄、梯度大。

（3）磁异常的解释

磁异常解释包含定性解释和定量解释。定性解释可以判断引起磁异常的地质原因、性质和磁性体的赋存形态（如狭长状异常对应地质体往往为板状；等轴状异常对应地质体往往为柱状、囊状），推测磁性体的位置及范围，估计磁性体的埋深（异常的强度大、范围窄及梯度大则对应磁性地质体埋深小；异常的强度小、范围宽及梯度小则对应磁性地质体埋深大）。定量解释是利用计算机技术对磁异常进行定量正反演，以较准确地推断磁性地质体的形状、规模、埋深等，从而为进一步的工程验证提供依据，或用于直接找矿。

从 20 世纪 80 年代以后，磁力勘查进入了高精度磁法勘查技术的阶段，观测精度达 0.05~0.1nT。在磁测解释理论与方法技术方面，研究了一系列的新方法和新技术，如"磁性界面与磁性层磁场的正演方法和磁性界面的反演技术""三维磁异常自动解释法""磁异常曲面延拓方法""拟神经网络三维反演方法"采用三层 BP 网络和变步长反馈技术实现快速反演；开发了多种滤波及人机联作正反演和图像处理系统以及划分不同深度的区域磁场与局部磁异常的插值切割法等，实现了金属矿地面磁法勘查方法技术的 3 个转化。

（二）地球化学勘探

化学元素在地壳和岩石圈中的分布是不均匀的，随时间和地点而异。区域地球化学研究的是一个区域中化学元素的丰度、分布和分配状态，该区域地质演化过程中，元素的迁移活动历史以及区域地球化学系统的成分、作用与演化。区域地球化学研究涉及成矿的根本前提——物质基础，即成矿物质的来源、输出和浓集机制以及成矿环境等问题。国内外找矿实践证明，勘查地球化学方法在矿产勘查工作中是一种快速、有效的技术手段。而且近年来，随着研究过程中广泛吸收基础理论学科和高精度、高灵敏度分析测试技术的研究新进展，发现了地球物质中新的、过去未曾被注意到的存在形式和迁移机制，如纳米态活动金属、地球气等。经过多年的研究，研发出了许多寻找隐伏矿床的新方法、新技术，并且取得了明显的试验效果和找矿效果。目前除了传统的土壤地球化学测量、水系沉积物地球化学测量、水地球化学测量等方法，还发展了如构造叠加晕、热释汞、电地球化学、酶提取、地气以及金属活动态测量等新方法。

1. 传统地球化学勘查

（1）土壤地球化学测量

土壤地球化学测量是系统地测量土壤中的微迹元素含量或其他地球化学特征，发现与矿化有关的各类次生异常以寻找矿床的方法。与该方法应用效果有关的地貌、景观、气候土壤成因及元素迁移机理等方面都进行了成功的探讨与研究。残积层土壤测量是化探方法中最成熟、最有效的方法之一。

运积层土壤测量的有效性要视测区条件而定。风成沙地区土壤测量的取样粒度截取试验已获进展。有机土地区土壤测量借助于偏提取技术而重获生机。而冰积物和塌积物等地区的土壤测量工作方式尚有待更多的采样试验资料确定。

（2）岩石地球化学测量

岩石地球化学测量是系统地测量岩石（或岩脉、断层泥与裂隙充填物等物质）微迹元素含量或其他地球化学特征，发现与矿化有关的各类原生异常（地球化学省、区域原生异常、矿床原生晕和矿体原生晕等）以寻找矿床的方法。该方法已经在几十年的地质找矿实践中被广泛推广与应用。早在 20 世纪 60 年代，为寻找隐伏矿，提出了一整套元素分带序列计算、异常评价、估计侵蚀横截面深度和分辨致使正常原生晕分带性遭受破坏的多元素建造（叠加）晕的科学方法，并取得了很大的成功。近年来，针对常规岩石地球化学测量中的"点线式"采样布局，杨少平提出了适用于基岩裸露的中低山区的快速、低成本和效果好的"面型"采样布局。

（3）水系沉积物地球化学测量

水系沉积物地球化学测量与地表水系的水化学测量并称为水系地球化学测量，这一传统方法在其广泛应用中一直被不断改进。除了已经使用的网格化、随机化、组合样、低密度和超低密度等采样方式，如在澳大利亚的某地区，为减少采样误差、分析样品数量以及克服水系金测量"金块"效应曾经试验了一种大样法（Bleg）采样技术，该方法实质是将一个水系沉积物或土壤大样（样重 2～5kg）全部浸在冷稀氰化钠溶液中，几天后再去送样分析。又如，为克服水系沉积物取样丢失细粒级颗粒的问题，提出了活性水系沉积物的冻结技术，并认为冻结采样对于采集水底河床沉积物是一项更准确的方法技术。所设计的冻结采样器由一个坚硬的、涂有环氧树脂的铜质直管构成。其原理是由软钢内管和细小喷管向铜质直管注入液态二氧化碳，骤然气化并加速柱状样品的快速冻结，从而得以采集到对整个活动河床沉积层有代表性的样品。

（4）地球化学数据分析

在地球化学异常评价和综合解释方面，以概率论和统计学为基础的数学模型，以信息学、数据库、三维模型、数学计算模拟和 GIS 为代表的新兴学科领域或技术已经在多元素异常筛选和评价方面进行着卓有成效的多源信息处理与研究。自组织神经网络评价土壤金属量异常的含矿性方法以及从区域地球化学场出发研究和评价地球化学异常方法等的出现，说明综合矿产预测技术获得重视和发展。与地球化学找矿相关的理论研究（区域环境、景观模型、找矿战略、分带理论、异常机理和迁移作用等）和地球化学找矿模式研究取得重要进展。实践表明，地球化学异常模式是一种重要的找矿模式，它通过概括性的异常元素组合、元素分带及其展布和发育等特征，反映与成矿客体在空间、时间和成因上的关系，进而确定最优方法组合与评价指标。

（5）地球化学样品分析

化探方法的改进和发展与化探样品测试技术的进步息息相关。目前许多高灵敏度、高精密度和高准确度的测试技术被改进或进入勘查地球化学分析测试领域。20 世纪 80 年代初实施的区域化探扫面计划不仅建立了以 X 荧光光谱仪为主体的多元素分析系统，而且开启了我国地球化学标准物质的研制工作。多元素分析系统包括 X 射线荧光光谱法、泡塑吸附石墨炉原子吸收光谱法、石墨炉原子吸收光谱法、火焰发射法、比色法、原子荧光光谱法、发射光谱法、化学光谱法、极谱法和离子选择性电极。地球化学标准物质的研制工作有助于测试方法的评定、仪器的校正以及质量的监控，它不仅直接有益于金属矿产与区域地球化学勘查，而且广泛地为地质、环境、医学、农业和林业等部门所用。为适应化探异常查证的需求，金的野外快速分析方法在溶矿、富集与显色方面都取得了较大进展。20 世纪 90 年代初，卢荫庥、王晓玲研究、开发和建立了一套野外（现场）地球化学多元素分析系统，该分析系统不仅包括简便、快速的多元素分析方法，还配备有轻便的便携式电子天平、光导比色计以及野外适用的分析箱，采用微珠比色法（低含量）、光导比色法（高含量）和氢化物发生—光导比色法实现了 Au、Ag、As、Sb、Bi、Cu、Pb 和 Zn 等元素的单独或同时测定。

2."深穿透"地球化学勘探

（1）活动态偏提取法

传统的偏提取技术诞生于 20 世纪 70 年代以前，其基本原理是用弱的溶剂去溶解呈离子态或化合态的金属元素。近年来，该方法倍受国内外勘查地球化学家的青睐，特别是在测定各种活动态金属方面不断获得改进。金属活动态测量法 20 世纪 90 年代诞生于中国，是借助水、树脂、活性炭、有机物和铁锰氧化物等物质提取并测定在地表疏松介质中通过各种途径被胶体、黏土、有机质、铁锰氧化物和可溶性盐类捕获的各种活动态金属（超微细的亚微米至纳米级颗粒、胶体、离子等）。20 世纪 80 年代末，王学求与卢荫庥合作实现了对活动态金的提取，已在桂西岩溶地区、胶东太古宇—元古宇绿岩带发育区、安徽省江北及川西北诺尔盖运积物覆盖区、穆龙套金矿沙漠和奥林匹克坝热带深风化壳覆盖区采用金属活动态测量和地球气纳微技术相结合的方法，在试验和找寻金矿方面取得了显著的效果。

活动态金属离子法 20 世纪 90 年代由澳大利亚某公司注册，其实质是用弱酸或酶煮法提取弱结合的活动态金属离子。在俄罗斯，用离子选择电极法分析土壤中水溶相的离子（NH、K、Na、Cl、Br、Ca、Eh）浓度、pH 值等，结果在厚层运积物覆盖的矿床上获得了良好的异常。

酶浸析法是美国地质调查局在 20 世纪 80 年代中期以来研制的方法，该方法是利用葡萄糖氧化酶所产生的过氧化氢还原非晶质氧化锰，所产生的葡萄糖酸将释放的金属络合后再测定其溶液中的金属离子浓度。运积物土壤中非晶质的氧化锰所吸附的微量元素常常反映深部基岩地球化学特征。加拿大霍夫曼（Hoffman）等也曾试验过这一方法。据报道，对酶浸析技术所圈定的异常验证结果已有 550 多个钻孔见矿。该方法只提取非晶质锰的氧化物，能有效地应用于冰积物覆盖区。

价态金方法是采用聚氨酯泡沫塑料在弱酸性介质中分步提取水溶性金（Au^{3+}）、有机态金（Au^+）和自由态金（Au^0），用石墨炉原子吸收分光光度计测定价态金的技术方法已有效地应用于异常评价（评判矿化剥蚀程度和找矿前景）来进行隐伏矿、盲矿和难识别金矿床勘查。

地电化学法以探测各种不同赋存形式的元素为目标，早在 20 世纪 30 年代就开始得到应用，只是由于对成晕过程和分析灵敏度上的局限性未获得广泛应用。20 世纪 80 年代，在全俄地球物理勘探科学研究所发展了新的地电化学方法，并引起了全世界勘查地球化学家的广泛注意。近年来，国外学者通过研究活动态元素与岩石相互作用的过程，建立了喷射晕中的活动态元素从源点向地表扩散的垂直迁移的物理化学和数学模型。电提取在直流电场中通过吸附剂专门提取呈离子态的电活性物质（贱金属和多金属）。当前地电化学法争论的焦点是，金属离子是直接来自矿体还是来自电极周围的近表部活动态金属离子。中国、加拿大、美国、澳大利亚和印度等国家都为此进行了研究与应用，结果表明，该方法在覆盖区具有探测数百米甚至千米埋深的金属矿体的能力。

（2）地气法

地气法是利用地壳中垂直向上升的多成因微细气流或气泡流所携带的一种迁移能力极强、化学活性极高的纳米级（粒径小于 $1\mu m$）金属颗粒（或胶体、离子、离子团、原子、原子团、分子、分子团等），以其在近地表氧化和有机环境中形成粒径较大并与深部矿化相对应的气溶胶颗粒异常来发现和查明深部或隐伏矿化的一种新方法。地气的概念与测量方法由瑞典的克里斯蒂安松和阿兰克维斯特于 20 世纪 80 年代初提出。其优点是观测结果不受浮土覆盖、岩石类型和表生作用等条件的限制和影响，甚至可以应用于很难采用传统地学方法找矿的戈壁、沙漠、平原、草原和森林等特殊景观地区。该方法所采集的气溶胶可以来自近地表大气或地表以下的壤中气。采样方法又有主动吸附与被动吸附或瞬时测量（抽气法）与累积测量（埋置法）之分。早先由捷克学者研制的元素分子形式法（MFE）在实质上就是气溶胶测量法；其率先推测地气所携带分子形式的元素在接近地表时转变为气溶胶形式。20世纪 80 年代以来，加拿大、德国、瑞典、法国、美国和中国都开展了这方面的试验和研究，并充分肯定了该方法的有效性。其中，吸附材料（剂）的选择捕集器或适用于野外的仪器制作是该方法的技术关键。李巨初、童纯菡近年来的研究成果表明，地壳内确实存在一种纳米级微粒物质垂直向上迁移现象，它能在隐伏矿体倾向的正上方形成大体上与其延深方向向地表投影长度相一致的多元素地球化学异常。该方法不同于单一性的常规气体地球化学测量，能够直接查明并提供以气体为载体的固态或液态粒子（团）所蕴含的多元素地球化学找矿信息网。

3. 待完善的传统地球化学勘探

在地球化学找矿方法中，尚有一些从理论上说来有潜力但在实践应用中有待进一步改进或完善的方法。

（1）水化学法

水化学法是系统地采集并分析地表水或地下水（如河水、湖水、泉水和井水等）中微迹元素及其他地球化学特征，发现与矿化有关的水地球化学异常以寻找矿床的方法。在吉林南部玄武岩覆盖区，沿水地球化学异常区南端鸭绿江北岸的基岩露头等有利地段布置了岩石地球化学剖面、壤中气汞气测量及常规土壤地球化学测量等追踪评价工作，发现了埋深 600m 以下的隐伏金矿化体。一般说来，该方法以铀和钼等活动性强的指标元素寻找其相关矿床尤为有效。湖水化学测量是快速评价区域含矿性的方法；而泉水和井水化学测量则可能发现盲矿及深埋矿床。当然，这两种方法分别受到湖、泉和井分布情况的限制。此外，水化学测量的结果受季节性变化影响较大；在碱性障发育区除铜、钼等元素外，许多金属元素活动受阻，其效果欠佳。

（2）生物地球化学法

生物地球化学法产生于 20 世纪 70 年代以前。由于其具有反映深部矿化信息，可应用于特殊景观地区（森林、荒漠、黄土、草原等厚层覆盖区）的区域战略侦察和局部异常查证等。勘查地球化学家从未放弃对其进行研究与改进。借助在数量上达到或超过某一临界值的超累积植物去寻找盲矿体较传统的植物地球化学方法可能具有更为明显的优势。然而，由于植物种属器官的采样试验庞杂、指示植物的有效性以及采样、分析和异常解释方面的困难，生物地球化学法至今尚未作为常规方法予以应用。当然，在森林覆盖区和其他运积物覆盖区等特殊景观条件下，该方法仍不失为一种寻找隐伏矿的辅助方法。

（3）气体地球化学法

气体地球化学法萌发于 20 世纪 30—50 年代，后来获得重视与发展。该方法主要研究和测定以气体形式存在和迁移的汞、氡、二氧化碳、氧气、二氧化硫、甲烷、硫化氢和重烃等指标，称为某地球化学测量。正是由于气体具有较强的穿透能力，该方法才被人们看成最有竞争力的方法之一。一些国家曾有效地使用了野外快速气体分析仪测定壤中气内氡、钍、二氧化碳、甲烷、氢气、汞等元素的浓度，试图借助这种综合气体地球化学研究得以消除单一组分的不连续性，减少气态组分的波动效应。由浙江宁波甬利公司研制的 RG-1 热释测汞仪适用于化探吸附测量以及固体样品的痕量汞测量，其效果优于传统的壤中气测汞法。然而，由于气候、景观、土壤特征及微生物等因素的影响致使对观测结果很难进行对比，气体地球化学方法至今尚未步入常规化探方法之列，需要进行更多的研究或改进工作。

二、物探技术在攻深找盲中的应用

（一）寻找深部隐伏矿

同一类物探工作的难易程度差别很大，不同类型的物探工作难易程度差别更大。至今为止，难度最大的物探工作要算寻找深部隐伏矿（含盲矿），需从立项与设计阶段就给予特别考虑与关照才能做好。

基础地质研究中的物探深部探测的难度更大（主要指解释推断可靠性方面），因其解释推断结果一般不立刻受钻探验证的检验，对工作者来讲，当期的验证压力可能不算大；当然，对推断结果可靠性极其负责的工作者来讲，压力也是很大的。

深部找矿特指寻找顶深 500m 以下的深部矿。浅部隐伏矿的寻找，对物探来讲不是特别难的事，而且是物探的优势所在。相对于浅部隐伏矿，寻找这类特指的深部隐伏矿有明显的不同，有特殊的困难，尤其对直接寻找深部中、小型矿体来讲。

1. 寻找深部隐伏矿的特点与难点

（1）特点

相对于浅表矿，深部矿体的物探异常一般强度弱、平缓、细节模糊，呈低缓异常状（巨大矿体的异常为强缓异常）。

（2）难点

筛选中、小型深部矿体的矿致异常难度大（异常定性难）。这是由于在一个测区内，强异常稀少、显眼、特色明显；而低缓异常众多、特色不明显、不易区分，甚至弱到无法识别。浅表矿的异常有的仅凭强度就可定性（磁法找磁铁矿基本如此），而深部矿异常仅凭强度无法区分，因为异常强度取决于多种因素（如物性差异、几何尺度、埋深、形状、产状等），其中埋深是主要影响因素之一。浅表矿异常易取得用于定性的直接物性数据（因为常有局部露头），所处地质环境的判断相对可靠（靠局部露头和适度外推）；而要想取得深部隐伏矿异常的可靠物性数据和所处地质环境资料几乎是不可能的（外推越深，可靠性越低）。由于异常强度低，易被近地表干扰地质体的异常和人文干扰掩盖。

中、小型深部矿体的矿致异常难以准确定量反演。这是由于异常细节越少，反演结果的细节必然越少。对推断矿体埋深的反演误差也比浅表矿体大。相对误差相同时，埋深越大，绝对误差越大。之所以对推断矿体产状的判断难度大，是因为异常细节缺失。甚至不能判断与叠加异常有关的推断矿体个数（叠加异常的特征已不明显）。

风险高、投入大。这是由于承担深部找矿任务时物探工作本身的投入大（需要高精度、大功率、长脉冲、多次叠加、成本高的综合物探方法等）、埋深大、验证孔单孔成本高、钻后再解释成本高（需投入深井地下物探）决定的。异常定性难、反演误差大，即人们常说的多解性强；多解性强，推断失误的概率就大，因而易造成多次反复。

2. 寻找深部隐伏矿应重视的问题

（1）深部分辨力

在寻找浅表矿时，解决这一问题并不困难，因为只要加密点线距，有意义小矿体的异常就不会漏掉。但是寻找深部隐伏矿时，靠加密点线距已不能解决深部分辨力问题，深部中、小矿体的异常，特别是有意义小矿体的异常强度一般低于观测误差，特别是在存在人文干扰的地区。这种情况下，单个中、小矿体的异常不可识别，但是中、小矿体群，特别是矿化蚀变带因其规模比单个中、小矿体大得多，其异常能可靠观测到。虽不能直接分辨单个中、小矿体，但是间接找矿的效果仍然良好。

鉴于深部分辨力与异常强度的关系极大，寻找深部隐伏矿应符合最高档次的精度要求。

（2）人文干扰

寻找浅表矿时，因其异常较强，一般的人文干扰强度低于矿异常的强度，因而采用一般抗干扰措施，就不会实质性影响找矿效果。但是寻找深部隐伏矿时，当矿异常强度远低于干扰水平时，采用一般抗干扰措施（增加观测次数、加大发射功率等）就无济于事了。此种情况下必须采取非常规抗干扰措施，如错时测量、更换成抗干扰仪器（电法），或采取有效抗干扰措施（慢速低高度航磁、特大功率电法发射系统等）。

（3）异常定性难

对于深部矿致异常的推断，通常必然缺少异常源直接物性、直接地质环境和"从已知到未知"3个权重最大的依据，异常特点也已模糊化，只剩下地质规律、定量论证和综合方法可使用。因此在寻找深部隐伏矿时，定量论证和综合方法应是必须采用的定性措施。地质规律依据则须请教地质专家。

（4）异常定量反演误差大

在寻找浅表矿时，有时仅依据异常形态就可布置验证工程（含槽探、浅井）；或具备采用半定量方法的条件，无须定量反演。但是，对于深部隐伏矿的异常，不采用定量反演方法是不可能有把握布置验证孔的，越是平缓的异常，越应采用精细定量反演方法，甚至采用多种方法对比的方式。

深部隐伏矿的异常范围通常很大，设计的测区范围可能测不完整，而不完整的异常反演误差会明显增大，遇到这种情况，必须进行补测，起码应将定量反演主剖面补测完整。

异常定性解释和定量反演难度均大，难度大需要的时间就长，因此应留出足够的精细解释推断时间，物探先行的时间间隔相应更长。

（二）物探技术在攻深找盲中的方式

物探攻深找盲要采取直接找矿与间接找矿并举的战略、地面物探与地下物探组合运用的战术。

1. 直接找矿

用物探等勘查技术方法取得深部矿床（矿体）发出的信息物探等勘查技术方法的异常，根据物探等勘查技术方法的基本原理和已建立的地质——地球物理等勘查技术方法找矿模型，研判异常是否为矿致异常，也就是对异常进行定性解释；若认为是矿致异常，经过定量解释后，对矿床或矿体进行定位、定深、定形态，通过钻探（或其他深部探矿工程）发现深部矿体，这就是直接找矿方式。

当矿体的物性、规模和埋深（或与观测点的距离）等条件能满足物探在地表或地下矿体周围测得矿体的异常时，则可以在地表或地下采用物探直接找矿方式进行深部找矿。发现深部矿的异常难，而区分这些目标体的异常是否为矿致异常更难，所有这些需要采用综合方法。

2. 间接找矿

用物探等勘查技术方法取得深部控矿、容矿、含矿地质体或地质现象（岩体、地层、接触带、破碎带、火山机构、褶皱带、沉积盆地等）的信息，经过解释和定量反演，编绘目标地质体（特别是深部目标地质体）的推断立体地质图，根据成矿规律、成矿模式和矿产预测准则，在推断立体地质图上圈出矿床（矿体）可能的部位，通过钻探（或其他深部探矿工程）发现深部矿体，这就是间接找矿方式。

当矿体与围岩的物性无差异，不能满足物探直接找矿条件时，或物性虽有差异，但矿体规模小而埋深大，不能满足物探在地表直接找深部矿的条件时，为了在地表找深部矿，应该采用物探间接找矿方式进行深部找矿。物探间接找矿时的目标地质体深度虽大，但其体积远大于矿体，因此，发现它们要容易些。物探间接找矿在技术上遇到的难题也只有采用综合方法才能较好地解决。

在寻找浅表矿时，为防止漏掉孔底、孔旁盲矿体，也应普遍在验证孔中布置地下物探。由于其钻探成本低（浅孔），忽略了钻后不测孔这一点，损失不是很大。但是，寻找深部隐伏矿时，若钻后不测孔是不允许的，因定量反演误差大，未能钻遇异常源的可能性明显增加。深孔成本很高，不可能通过加密钻孔弥补不测孔的损失。即使不从找矿当期效益考虑，留下宝贵的、稀缺的深孔物性和异常资料，其价值也是很大的。我国近期砂岩铀矿的突破，就是依据前人煤田勘探时放射性测井发现的异常为突破口，可见深孔测井的潜在价值。

在寻找浅表矿时，验证后不进行再解释，损失可能不会太大。但是，寻找深部隐伏矿验证后不开展再解释，可能失去重大发现的机会。

因此，深孔不开展地下物探（含测井）、钻后不进行再解释是极不负责任的做法。

三、物化探技术及其应用的基本原则与地质效果分析

（一）物探技术和化探技术

物探技术是运用物理方面的有关技术和知识来勘查的方法。换句话说，该项技术的应用是以物理为基础的。在地球物理勘探过程中，常用的物探技术方法主要是通过重力磁、电等物理元素予以矿产探测，可有效利用该方法进行较大范围的能源矿产寻找和勘查，以便能够加大对黑色金属、有色金属以及非金属等矿产矿物的勘探力度。

现阶段我国主要采用的物探技术有两种，分别是地震层分析成像技术和电磁法。地震层分析成像技术是为工作人员更深层次分析提供便利的一项技术，即将勘查所得的数据信息、土质情况和与矿产资源相关的内容，利用图像的形式进行呈现，让工作人员对其做出专业的理论分析。当前，此种方法普遍应用于较为深层次的矿产勘查工作中，为了获得精准性更高的数据，必须要投入更多的资金，所以此种方法的投资是相对较高的。电磁法的勘查媒介是低频电磁波，充分利用电磁波的特殊性，认真勘探及检测勘查对象，并且通过计算机将所获得的勘查结果转换成电波图在屏幕上进行反馈。此种方法只可以对浅层的矿产资源进行勘查，若勘查对象位于地下 50m，则电磁法就不可以做出正确的测量。电磁法的主要特征是设备自身较为简单，并且容易操作，获取信息便捷，所以在勘查中可以采用电磁法。在具体工作实施前还要妥善处理电磁波对附近环境产生的影响，以免损坏其他的物质。

化探技术是为了可以更加全面地分析地下介质的各种微量元素，进而正确地推测出矿产资源分布区域，最终以图画的形式绘制出所有矿产资源的分布图。通过运用化探技术，不仅可以充分了解各个元素的含量，还可以方便

了解地下介质的微量元素类型。目前，化探技术主要有两种，分别是土壤测量及岩石测量，其是按照样品的不同介质进行划分的。其中，岩石测量技术主要采用化学方法对岩石中微量元素含量进行测量，从而在岩石样品中找到矿产。此种方法主要在矿山隐伏矿中适应，利用构建地球化学模型的方式对矿产进行勘查，属于新兴的现代技术之一。

在矿产勘查中应用物化探技术的时候，必须采取合理的检测方式来降低因物化探技术偏差而导致的问题，同时应该注意以下三点：①严格遵循矿产勘查中应用物化探技术的基本原则，有丰富经验的工作人员必须进行准确的数据分析，认真推断矿区附近环境的来源途径。即便在一个有同样环境的地区，也有可能会出现不同的矿物。因此，必须根据实际情况，做出科学的总结。②在采矿地区内通过采取物化探技术，很有可能会发现各种新矿物。③加强对成矿地质条件的探究，因为矿产形成的原因是相当复杂的，所以在分析数据的时候，有关工作人员必须提升对地质情况的关注度，充分考虑地质条件的复杂情况，而且要根据实际地质条件做出更深层次的研究，降低各种外部因素的影响，对区域的地质条件做出合理的解释与分析。

（二）应用物化探技术的基本原则

应用物化探技术有以下两项基本原则：①经济从简。无论什么行业，其发展和社会经济发展都存在紧密的联系，提高经济效益是许多行业的主要目标。与其他的经济活动相比，矿产勘查工作更加综合考虑经济效益的因素，在选择物化探技术的时候，要确保勘查成本不会超出预期的目标，而且不会影响矿产企业本身的经济效益，一旦不能实现这些目标，就不能使勘查工作继续进行。②为勘查目标提供服务。积极开展矿产勘查工作，其主要目的在于不断开发各种矿产资源，而且对其做出评价。通常，不同的地质环境地质作用也会存在较大的差异，这样都会使地质体具备独有的特征，尤其是在地球化学及地球物理方面，这也会保证物化探技术能够发挥出重要的作用。一般来说，勘查矿体是勘查工作中的关键点，所以每项勘查工作都要围绕这方面的内容进行。对物化探方式进行选择的时候，人们要结合这个依据，否则容易降低技术手段的效果。

（三）应用物化探技术的地质效果分析

通过运用物理方式、化学方式进行矿产勘查所获得的数据，其存在较大的不确定性，这样对引导矿产勘探的稳定进行会产生严重的阻碍作用。如果不能准确分析获得的数据就不能将数据的指导作用充分发挥出来。通常，物化探技术在矿产勘查中应用时，必须结合工作人员的工作经验，再根据不同方式的经验做出分析，这样必定会减小物化探技术在矿产勘查中的合理性。在人工分析的基础上所获得的具体解决方案，经常被作为控制勘探工程中的有关观测参数依据，但并不可以发挥出对工程的指导作用，所以在勘探工程中，在减小勘探中误差时选择综合方式来进行。在矿产勘查中，必须收集很多数据信息，这样难免会增加分析勘探数据的难度，还可能导致勘探结果的多解性。

地质勘探旨在增强调查分析环境地质和地震地质，根据地球化学找矿技术在地质勘查中的应用，仔细分析物化探技术在矿产勘查中的应用，有效发挥物化探技术的实际应用价值。同时，矿产资源对于提高我国综合实力起着重大的促进作用，增强对矿产资源勘查工作的管理和控制，进一步深入探究物化探技术在矿产勘查中的应用，必定可以发挥出矿产勘查中物化探技术的作用，真正实现在矿产勘查中应用物化探技术的价值。

在认真遵循物化探技术在矿产勘查中应用有关原则的基础上，可以安排工作经验丰富的技术人员来分析数据，准确推断出矿区附近环境条件的有可能来源渠道。结合采矿地区内部所采用的物化探技术来找到新型的矿物，适当增强对地质条件的探究。对矿产勘查中物化探技术的地质效果进行分析时需要按照找矿的相关原则，结合矿产勘查中的方式，对矿产分布区域的地质情况做出全面的勘查，根据对矿床的详细分析，对其进行科学的评价，在以矿产勘探物化探技术为主的支撑下，提升地质分析工作水平。依照地球化学找矿勘探技术及地球物理勘探技术的优点，采用有效的策略寻找隐伏矿，遵循勘探中的不断优化原则，及时获得精准性高的数据信息，按照对所获取数据的分析，提出与实际情况相符合的具体解决方案。通过灵活运用不同的矿产材料化学勘探技术，多角度分析矿物特征、交通条件等因素，从而实现矿产勘查中物化探技术应用与地质效果的最合理化。

第三章　不良地质作用和地质灾害的岩土工程勘察

第一节　岩溶与滑坡

一、岩溶

地下水和地表水对可溶性岩石的破坏和改造作用及其所产生的地貌现象和水文地质现象总称岩溶，国际上称为喀斯特（Karst）。

岩溶作用在地表和地下产生各种地貌形态，如石芽、溶沟、溶孔、溶隙、落水洞、漏斗、洼地、溶盆、溶原、峰林、孤峰、溶丘、干谷、溶洞、地下湖、暗河及各种洞穴堆积物。岩溶作用形成特殊的水文地质现象，如冲沟很少，地表水系不发育；岩溶化岩体（是溶隙—溶孔并存或管道—溶隙网—溶孔并存）的高度非均质性，岩体的透水性增大，常构成良好的含水层，其中含有丰富的地下水（岩溶水）；岩溶水空间分布极不均匀，动态变化大，流态复杂多变；岩溶区地下水与地表水转化敏捷；岩溶区地下水的埋深一般较大，山区地下水分水岭与地表分水岭常不一致等。所以在岩溶地区，岩溶与工程建设关系十分密切，岩溶突水、岩溶渗漏、岩溶地面塌陷等工程地质问题以及干旱与洪涝、土壤贫瘠、石漠化等环境地质问题均十分突出，岩溶区的岩土工程勘察与评价意义更为重大。

我国岩溶分布面积占国土总面积的 1/5，其中裸露于地表的约占国土总面积的 1/7，形成岩溶的可溶盐以碳酸盐岩为主，分布区涉及西南、华南、华东、华北以及西部的西藏、新疆等地区。在四川、贵州、云南、广西、湖南、湖北诸省区呈连续大面积分布。

（一）岩溶类型

岩溶形成必须同时具备的 3 个条件是：①可溶性岩层；②溶蚀性水（含有 CO_2 的地表水和地下水）；③良好的水循环交替条件。由此可见，岩溶的形成、发育及发展是一个复杂的、漫长的地质作用过程，与岩溶发育关系密切的岩性、气候、地形地貌、地质构造、新构造运动的差异会形成不同形态和类型的岩溶。

通常，按气候条件、形成时代、形态特征、埋藏条件、可溶岩岩性、水文地质条件等可以对岩溶作出分类。由于岩溶形态多样，可直观分为地表岩溶形态类型和地下岩溶形态类型。其中，地表岩溶形态包括溶沟、石芽、石林、峰丛、孤峰、干谷、盲谷、溶蚀洼地、溶蚀准平原等；地下岩溶形态包括溶蚀漏斗、落水洞、落井、溶洞、暗河、地下湖、溶隙、溶孔等。表 3-1 为依据岩溶埋藏条件、形成时代、区域气候条件进行的岩溶基本分类，其中的裸露型和覆盖型岩溶直接关系到各种工程建设的地基稳定性。

表 3-1　岩溶基本类型

划分依据	基本类型	主要特征
埋藏条件	裸露型	碳酸盐岩层大部分裸露地表，仅低洼地带有零星的第四系堆积物覆盖层，地表岩溶景观显露，地表水同地下水连通密切
	覆盖型	碳酸盐岩层被第四系堆积物覆盖，地表岩溶景观极少或无显露，地表水同地下水连通较密切或不密切
	埋藏型	碳酸盐岩层被不可溶岩层（如砂岩、页岩等）覆盖，地表无岩溶景观，地表水同地下水连通不密切
形成时代	古岩溶	岩溶形于中生代及中生代以前，溶蚀凹槽和溶洞中常填有新生代以前沉积的岩石
	近代岩溶	岩溶形成和发育于新生代以来。溶槽和洞隙呈空洞状或填充第三系、第四系的沉积物

划分依据	基本类型	主要特征
区域气候	寒带型	地表和地下岩溶发育强度均弱，岩溶规模较小
	温带型	地表岩溶发育强度较弱，规模较小，地下岩溶较发育
	亚热带型	地表岩溶发育，规模较大、分布较广，地下溶洞、暗河较常见
	热带型	地表岩溶发育强烈，规模大、分布广，地下溶洞、暗河常见

（二）土洞与岩溶地面塌陷

在覆盖型岩溶区，由于水动力条件的变化，常在上覆土层（主要为红黏土）中形成土洞，而土洞的存在是威胁已建和拟建的工程建筑地基稳定的潜在因素。有时在土洞形成过程中，因上覆土层厚度较薄，不可能在土层中形成天然平衡拱，洞顶垮落不断向上发展，以至达到地表，引起突然塌陷，形成不同规模的陷坑和裂缝，即岩溶地面塌陷。岩溶地面塌陷在自然条件下亦可发生，其规模及发展速度较慢，分布也较零星，对人类工程及经济活动的影响不大。但是，当人类工程活动对自然地质环境的改变十分显著和剧烈时，就会在一定的条件下和地点发生突然性的岩溶地面塌陷地质灾害。如城市、工矿部门的供水需要开采大量地下水，各种矿产的开采需要排水，都会大幅度地降低地下水位，形成地下水下降落漏斗，在地下水降落漏斗中心，地下水埋深可达数十米至数百米，在漏斗波及范围内及其附近，可导致岩溶地面塌陷，引起铁路、公路、桥梁、水气管道、高压线路的破坏，使工业与民用建筑物等开裂、歪斜、倒塌，破坏农田，甚至造成人身安全事故。有时由于地面开裂，河水、池塘水灌入并淹没矿坑。随着城市建设规模的扩大，城市高层和超高层建筑的发展也会引起岩溶地面塌陷。

根据我国大量的岩溶地面塌陷实例分析，岩溶地面塌陷的分布具有以下特征：①地面塌陷在裸露型岩溶区极为少见，主要分布在覆盖型岩溶区。当松散覆盖层的厚度较薄时，岩溶地面塌陷严重。一般来说，当第四系覆盖层厚度小于10m时，岩溶地面塌陷严重；当第四系覆盖层厚度大于30m时，塌陷极少。②地面塌陷多发生在岩溶发育强烈的地区，如在断裂带附近、褶皱核部、硫化矿床带、矿体与碳酸盐岩接触部位等。③在抽、排地下水的降落漏斗中心附近，地面塌陷最为密集。④地面塌陷常沿地下水的主要径流方向分布。⑤在接近地下水的排泄区，因地下水位变化受河水位的变化影响频繁而强烈，故岩溶地面塌陷亦较强烈。⑥在地形低洼及河谷两岸平缓处易于发生岩溶地面塌陷。

（三）岩溶场地勘察要点

岩溶勘察宜采用工程地质测绘和调查、工程物探、钻探等多种手段结合的方法进行。

1. 岩溶勘察的主要内容

《岩土工程勘察规范》（GB 50021—2001）（2009 年版）规定：拟建工程场地或其附近存在对工程安全有影响的岩溶时，应进行岩溶勘察。岩溶场地的岩土工程勘察应按岩土工程勘察等级分阶段进行勘察评价，各勘察阶段的主要内容如下：①可行性研究勘察。应查明岩溶洞隙、土洞的发育条件，并对其危害程度和发展趋势作出判断，对场地的稳定性和工程建设的适宜性作出初步评价。②初步勘察。应查明岩溶洞隙及其伴生土洞、塌陷的分布、发育程度和发育规律，并按场地的稳定性和拟建工程适宜性进行分区。③详细勘察。应查明拟建工程范围及有影响地段的各种岩溶洞隙和土洞的位置、规模、埋深、岩溶堆填物性状和地下水特征，对地基基础的设计和岩溶的治理提出建议。④施工勘察。应针对某一地段或尚待查明的专门问题进行补充勘察。当采用大直径嵌岩桩时，还应进行专门的桩基勘察。

2. 在岩溶发育的下列部位宜查明土洞和土洞群的位置

①土层较薄、土中裂隙及其下岩体洞隙发育部位；②岩面张开裂隙发育，石芽或外露的岩体与土体交接部位；③两组构造裂隙交汇或宽大裂隙带；④隐伏溶沟、溶槽、漏斗等，其上有软弱土分布的负岩面地段；⑤地下水强烈活动于岩土交界面的地段和大幅度人工降水地段；⑥低洼地段和地面水体近旁。

3. 采取有效勘察方法，合理布置勘探工作量

根据勘察阶段、岩溶发育特征、工程等级、荷载大小等综合确定。

在可行性研究和初步勘察阶段以采用工程地质测绘、综合物探方法为主，勘探点间距不应小于一般性规定，岩溶发育地段应予加密。在测绘和物探发现异常的地段，应选择有代表性的部位布置验证性钻孔。控制性钻孔的深度应穿过表层岩溶发育带。

在可行性研究和初步勘察阶段，工程地质测绘与调查的重点内容：岩溶洞隙的分布、形态和发育规律；岩面起伏、形态和覆盖层厚度；地下水赋存条件、水位变化和运动规律；岩溶发育与地貌、构造、岩性、地下水的关系；土洞和塌陷的分布、形态和发育规律；土洞和塌陷的成因及其发展趋势；当地治理岩溶、土洞和塌陷的经验。

在详细勘察阶段，以工程物探、钻探、井下电视、波速测试等方法为主，并采用多种方法判定异常地段及其性质。其勘探线应沿建筑物轴线布置，勘探点间距视地基复杂程度等级而定，对一级、二级、三级分别取 $10\sim15m$、$15\sim30m$、$30\sim50m$。对建筑物基础以下和近旁的物探异常点或基础顶面荷载大于 2000kN 的独立基础，均应布置验证性勘探孔；当发现有危及工程安全的洞体时，应采取加密钻孔或无线电波透视、井下电视、波速测试等措施。必要时可采取顶板及洞内堆填物的岩土试样，测定其工程地质性质指标。

此阶段勘探工作应符合下列规定：当基底土层厚度不足时，应根据荷载情况，将部分或全部勘探孔钻入基岩；当预定深度内有洞体存在，且可能影响地基稳定时，应钻入洞底基岩面不少于 2m，必要时应圈定洞体范围；对一柱一桩的基础，宜逐柱布置勘探孔；在土洞和塌陷发育地段，可采用静力触探、轻型动力触探、小口径钻头等手段，详细查明其分布情况；当需查明断层、岩组分界、洞隙和土洞形态、塌陷等情况时，应布置适当的探槽或探井；物探应根据物性条件采用有效方法，对异常点采用钻探验证，当发现或可能存在危害工程的洞体时，应加密勘探点；凡人员可以进入的洞体，均应入洞勘查，人员不能进入的洞体，宜用井下电视等手段

探测。

施工勘察工作量应根据岩溶地基设计和施工要求布置。在土洞、塌陷地段，可在已开挖的基槽内布置触探或钎探。对重要或荷载较大的工程，可在槽底采用小口径钻探，进行检测。对大直径嵌岩桩，勘探点应逐桩布置，勘探深度应不小于桩底面以下桩径的 3 倍并不应小于 5m，当相邻桩底的基岩面起伏较大时应适当加深。

4. 岩溶勘察的测试和观测宜符合的要求

①当追索隐伏洞隙的联系时，可进行连通试验。②评价洞隙稳定性时，可采取洞体顶板岩样及充填物土样做物理力学性质试验，必要时可进行现场顶板岩体的载荷试验。③当需查明土的性状与土洞形成的关系时，可进行湿化、胀缩、可溶性和剪切试验。④查明地下水动力条件、潜蚀作用，地表水与地下水的联系，预测土洞和塌陷的发生、发展时，可进行流速、流向测定和水位、水质的长期观测。

（四）岩溶场地稳定性评价

1. 岩溶场地稳定性判定

当场地存在下列情况之一时，可判定为未经处理不宜作为地基的不利地段。浅层洞体或溶洞群，洞径大，且不稳定地段；埋藏的漏斗、槽谷等，并覆盖有软弱土体的地段；土洞或塌陷成群发育地段；岩溶水排泄不畅，可能暂时淹没的地段。

当地基属于下列条件之一时，对二级和三级工程可不考虑岩溶稳定性的不利影响。①基础底面以下土层厚度大于独立基础宽度的 3 倍或条形基础宽度的 6 倍，且岩土工程勘察与地基基础工程检测研究具备形成土洞或其他地面变形的条件。②基础底面与洞体顶板间岩土厚度虽小于独立基础宽度的 3 倍或条形基础宽度的 6 倍，但符合下列条件之一时：洞隙或岩溶漏斗被密实的堆积物填满且无被水冲蚀的可能；洞体的基本质量等级为 Ⅰ 级或 Ⅱ 级岩体，顶板岩层厚度大于或等于洞跨；洞体较小，基础底面大于洞的平面尺寸，并有足够的支承长度；宽度或直径小于 1.0m 的竖向洞隙、落水洞近旁地段。

当不符合前述条件时，应进行洞体地基稳定性分析，并应符合下列规定：顶板不稳定，但洞内为密实堆积物充填且无流水活动时，可认为堆积物受力，按不均匀地基进行评价；当能取得计算参数时，可将洞体顶板视为结构自承重体系进行力学分析；有工程经验的地区，可按类比法进行稳定评价；在基础近旁有裂隙和临空面时，应验算向临空面倾覆或沿裂面滑移的可能；当地基为石膏、岩盐等易溶岩时，应考虑溶蚀继续作用的不利影响；对不稳定的岩溶洞隙可建议采用地基处理或桩基础。

2. 岩溶地基稳定性半定量评价

岩溶地基稳定性评价受条件限制，主要以半定量评价为主。

（1）裸露型岩溶地基

对于裸露型岩溶地基，溶洞的顶板稳定性与地层岩性、不连续面的空间分布及其组合特征、顶板厚度、溶洞形态和大小、洞内充填物质情况、地下水运动及建筑物荷载大小、性质等有关。常用的几种半定量评价方法介绍如下。

①荷载传递交汇法

在剖面上从基础边缘沿 30°~45°扩散角向下作应力传递，若溶洞位于该传递所确定的扩散范围以外，即认为溶洞不会危及建筑物的安全，此岩溶地基属稳定。

②溶洞顶板坍塌堵塞法

按顶板坍塌后，塌落体较原岩体有一定膨胀的原理，估算塌落体填满原溶洞空间所需顶板塌落的高度。该方法适用条件是：顶板有坍塌的可能（如顶板为裂隙发育，特别是薄层、中厚层、易风化的软弱岩层）；已掌握了溶洞的原最大高度；溶洞内无地下水搬运。

溶洞坍塌的高度按下式计算。

$$z = \frac{H_0}{K-1} \tag{3-1}$$

式中：z——塌落体填满原溶洞空间所需顶板塌落的高度（m）；

H_0——溶洞塌落前的最大高度（m）；

K——岩石的松胀系数，对于碳酸盐岩，$K=1.2$。

若溶洞顶板的实际厚度大于计算的 z 值，则认为此溶洞地基安全。

③塌落拱理论分析法

假定岩体为一均匀介质，溶洞顶板岩体自然塌落后呈一平衡拱，拱上部的岩体自重及外荷载由该平衡拱承担。当溶洞顶板厚度大于等于平衡拱高度加上上部荷载作用所需的岩体厚度时，溶洞地基才是安全稳定的。此方法适用于高度大于宽度的竖直溶洞。

塌落平衡拱的高度 H 按下式计算。

$$H = \frac{0.5d + h_0 \tan(90° - \varphi)}{f} \tag{3-2}$$

式中：d、h_0——溶洞跨度（宽度）和高度；

φ——岩体的内摩擦角；

f——岩石的坚实系数，可查有关表格或计算获得。

除以上方法外，对于裸露型岩溶地基，还可按梁板受力弯矩情况估算、用弹性力学有限单元分析模拟等方法评价其稳定性。

（2）覆盖型岩溶地基

覆盖型岩溶地基的评价，需同时考虑土洞的规模、形状和土洞地基上部建筑物的荷载情况。一般按下述方法进行半定量评价。

对于特定的建筑物荷载，处于极限状态的上覆土层厚度 H_K 可用下式表达。

$$H_K = h + Z + D \tag{3-3}$$

式中：H_K——处于极限状态的上覆土层的厚度；

h——土洞的高度；

Z——基础底板以下建筑荷载的有效影响深度；

D——基础砌置深度。

当土层实际厚度 $H > H_K$ 时，地基稳定。

当土层实际厚度 $H < H_K$ 时，地基不稳定。可分两种情况：如果土洞已经

形成，然后在其上进行建筑，土洞处于建筑物的有效影响深度范围内，这样将使处于平衡状态的土洞发生新的坍塌，从而影响地基稳定；若土洞形成于建筑物兴建之后，已经处于稳定状态的地基，则会在土洞的影响下，导致地基沉降而使建筑物地基失稳。

当土层实际厚度 $H<h$ 时，仅土洞的发展就可导致地面塌陷。

（五）岩溶场地的工程防治措施

①重要建筑物宜避开岩溶强烈发育区。②当地基含石膏、岩盐等易溶岩时，应考虑溶蚀继续作用的不利影响。③不稳定的岩溶洞隙应以地基处理为主，并根据岩溶洞隙的形态、大小及埋深，采取清爆换填、浅层楔状填塞、洞底支撑、梁板跨越、调整柱距等处理方法。④岩溶水的处理宜以输导为主，但为了防止引发地面塌陷，有时采用堵塞的方法。⑤在未经有效处理的隐伏土洞或地面塌陷影响范围内，不应选作天然地基；对土洞和塌陷，宜采用地表截流、防渗堵漏、挖填灌堵岩溶通道、通气降压等方法进行处理，同时采用梁板跨越；对重要建筑物应采用桩基或墩基，并应优先采用大直径墩基或嵌岩桩。

二、滑坡

滑坡是斜坡失稳的主要形式之一。无论是岩质斜坡，还是土质斜坡，由于受到地层岩性、水、地震及人类工程活动等因素影响，坡体沿贯通的剪切破坏面或带，以一定加速度下滑，对工程建筑及生命财产造成极大危害。滑坡发生的主要特点是必备临空面和滑动面。

（一）滑坡分类

为了便于分析和研究滑坡的影响因素、发生原因以及滑坡的发生、发展、演化规律，并有效地进行预防和治理，对滑坡进行分类是非常必要的。

实际工程中，按岩土体类型、滑面与岩层层面关系、滑面形态、滑坡体厚度以及滑坡始滑部位分类最为常见。

（二）滑坡勘察要点

拟建工程场地或其附近存在对工程安全有影响的滑坡或有滑坡可能时，应进行专门的滑坡勘察。

滑坡岩土工程勘察的主要目的和任务是查明滑坡的范围、规模、地质背景、性质及其危害程度，分析滑坡的主、次条件和滑坡原因，并判断其稳定程度，预测其发展趋势和提出预防与治理方案建议。所以，在滑坡勘察中，勘察要点主要包括以下内容。

1. 滑坡勘察阶段划分

滑坡勘察阶段划分不一定与具体工程的设计阶段完全一致，而是要看滑坡的规模、性质对拟建工程的可能危害潜势。例如，有的滑坡规模大，对拟建工程影响严重，即使为初步设计阶段，对滑坡也要进行详细勘察，以免出现滑坡问题否定场址，造成浪费。

2. 滑坡勘察的工程地质测绘和调查

滑坡勘察应进行工程地质测绘和调查，调查范围应包括滑坡及其邻近地段。比例尺可选用 1：200～1：1000。用于整治设计时，比例尺应选用 1：200～1：500。滑坡区工程地质测绘和调查的主要内容如下：收集地质、水文、气象、地震和人类活动等相关资料；调查滑坡的形态要素和演化过程，圈定滑坡周界；调查地表水、地下水、泉和湿地等的分布；调查树木的异态、工程设施的变形等；调查当地整治滑坡的经验。对滑坡的重点部位应摄影和录像。

3. 滑坡勘察的勘探工作量布置

滑坡勘察中以钻探、触探、坑探（包括井探、槽探、洞探）和物探为主，其工作量布置应根据工程地质条件、地下水情况和滑坡形态确定，并符合下列要求：①勘探线、勘探孔的布置应根据组成滑坡体的岩土种类、性质和成因，滑动面的分布、位置和层数，滑动带的物质组成和厚度，滑动方向，滑带的起伏及地下水等情况综合确定。除沿主滑方向布置勘探线外，在其两侧及滑坡体外也应布置一定数量的勘探孔。勘探孔的间距不宜大于 40m，在滑坡体转折处和预计采取工程措施（如设置地下排水和支挡设施）的地段，也应布置勘探点。②勘探孔的深度应穿过最下一层滑面，进入稳定地层，控制性勘探孔的深度应深入稳定地层一定深度，满足滑坡治理需要。③滑坡勘探工作的重点如下：查明滑坡面（带）的位置；查明各层地下水的位置、流向和性质；在滑坡体、滑坡面（带）和稳定地层中采取土试样进行试验。

4. 确定滑坡滑动面位置

对工程地质测绘和调查及其他勘探成果进行综合分析，确定可靠的滑坡滑动面位置及其形态。

（1）直接连线法

根据工程地质测绘确定的前后缘位置和勘探获得的软弱结构面及地下水位（一般初见水位在软弱面之上）相连线即是滑坡滑动面位置及其形态。这种方法在顺层滑坡中被广泛应用。

（2）综合分析法

比较复杂的滑坡，如切层滑坡、风化带中的滑坡，其滑面深度及其形态都较复杂，难以确定，这就需用工程地质测绘和调查、滑坡动态观测、工程物探、钻探等勘察技术方法获取的地质、水文地质、工程地质等方面资料进行综合分析确定。

5. 滑动面（带）岩土抗剪强度的确定

确定滑坡滑动面（带）岩土抗剪强度。主要采用试验方法确定，也可采用反分析方法检验滑动面抗剪强度指标。

当采用试验方法确定滑动面岩土抗剪强度时，其试验应满足如下要求。

①采用室内、野外滑面重合剪，滑带宜做重塑土或原状土的多次剪试验，并求出多次剪和残余剪的抗剪强度。

②采用与滑动受力条件相似的方法（快剪、饱和快剪或固结快剪）。

③采用反分析方法检验滑动面的抗剪强度指标。并符合以下要求：a. 采用滑动后实测的主滑断面进行计算。b. 对正在滑动的滑坡，其稳定系数 F_s 可取 0.95~1.00；对处于暂时稳定的滑坡，稳定系数 F_s 可取 1.00~1.05。c. 宜根据抗剪强度的试验结果及经验数据，给定黏聚力 C 或内摩擦角 φ 值，反求

另一值。反分析时，当滑动面上下土层以黏性土为主时，可以假定 φ 值，反求 C 值；当滑动面上下土层为砂土或碎石土时，可假定 C 值，反求 φ 值，这样比较容易判断反求的 C 或 φ 值的合理性和正确性。

（三）滑坡稳定性计算

滑坡稳定性计算是滑坡稳定性评价的基础。滑坡稳定性计算应符合下列要求：①正确选择有代表性的分析断面，正确划分牵引段、主滑段和抗滑段；②正确选择强度指标，宜根据测试成果、反分析和当地经验综合确定；③有地下水时，计入浮托力和水压力；④根据滑面（带）条件，按平面、圆弧或折线，选用正确的计算模型；⑤当有局部滑动可能时，除验算整体稳定，还应验算局部稳定；⑥当有地震、冲刷、人类活动等影响因素时，计入这些因素对稳定性的影响。

在滑坡稳定性计算中，极限平衡理论计算方法、有限元数值模拟法、概率法等已经取得了很多有价值的计算成果，并已成功地应用于滑坡的整治工程。

（四）滑坡稳定性评价

滑坡稳定性评价采用综合评价法。应根据滑坡的规模、主导因素、滑坡前兆、滑坡区的工程地质和水文地质条件，以及稳定性验算结果进行，并应分析滑坡发展趋势和危害程度，提出治理方案的建议。

1. 滑坡稳定性综合评价的内容

确认形成滑坡的主导因素和影响斜坡稳定性的环境因素；评定斜坡的稳定性程度；论证因工程修建或环境改变，促使滑坡复活或发展的可能性；论证防治滑坡的工程方案的合理性、经济性和可能性。

2. 滑坡稳定性综合评价的要求

评定滑坡处于稳定状态，除满足 $F_S \geqslant F_{ST}$ 条件，还应满足定性分析结论的稳定状态的要求；评定滑坡处于不稳定状态，除满足 $F_S < F_{ST}$ 条件，还应满足定性分析结论为不稳定状态的要求；若滑坡定量解析结果与滑坡定性分析结

论矛盾时，应重新分析、计算和评定。

（五）滑坡的治理措施

滑坡主要从以下几个方面采取措施进行治理。

①防止地面水侵入滑坡体，宜填塞裂缝和消除坡体积水洼地，并采取排水天沟截水或在滑坡体上设置不透水的排水明沟或暗沟，以及种植蒸腾量大的树木等措施。

②对地下水丰富的滑坡体可采取在滑坡体外设截水盲沟和泄水隧洞或在滑坡体内设支撑盲沟和排水仰斜孔、排水隧洞等措施。

③当仅考虑滑坡对滑动前方工程的危害或滑坡的继续发展对工程的影响时，可按滑坡整体稳定极限状态进行设计。当需考虑滑坡体上工程的安全时，除考虑整个滑体的稳定性，还应考虑坡体变形或局部位移对滑坡整体稳定性和工程的影响。

④对于滑坡的主滑地段可采取挖方卸荷、拆除已有建筑物等减重辅助措施；对抗滑地段可采取堆方加重等辅助措施。当滑坡体有继续向其上方发展的可能时，应采取排水、加抗滑桩措施，并防止滑体松弛后减重失效。

⑤采取支撑盲沟、挡土墙、抗滑桩、抗滑锚杆、抗滑锚索（桩）等措施时，应对滑坡体越过挡区或对抗滑构筑物基底破坏进行验算。

⑥宜采用焙烧法、灌浆法等措施改善滑动带的土质。

⑦对于规模较大的滑坡应进行动态监测，监测内容包括：滑动带的孔隙水压力；滑坡及其各部分移动的方向、速度及裂缝的发展；支挡结构承受的作用力及位移；滑坡体内外地下水位、水温、水质、流向以及地下水露头的流量和水温等；工程设施的位移。

⑧对未经处理且危害性大的滑坡，应对滑动的可能性及其危害性做出预报，且符合下列规定：对滑坡地点及规模的预测应在收集区域地质、地形地貌、工程地质等资料的基础上，结合现场调查，根据降雨、地下水、地震、人为活动等因素综合分析确定；对滑坡时间的预报应在地点预测的基础上，根据当地滑坡要素的变化、地面或建筑物的变形或位移观测、地面水体的漏

失、地下水位及露头的变化等情况，并采用倾斜仪、地音仪、地电仪、测震仪、伸缩计等进行监测后综合分析确定。

第二节　危岩、崩塌与泥石流

一、危岩和崩塌

（一）危岩和崩塌的形成条件

1. 地形条件

斜坡高陡是形成崩塌的必要条件。规模较大的崩塌，一般产生在高度大于 30m，坡度大于 45°的陡峻斜坡上；而斜坡的外部形状，对危岩体和崩塌的形成也有一定的影响。一般在上陡下缓的凸坡和凹凸不平的陡坡上易发生崩塌。

2. 岩性条件

坚硬岩石具有较大的抗剪强度和抗风化能力，能形成陡峻的斜坡，当岩层节理裂隙发育，岩石破碎时易产生崩塌；软硬岩石互层，由于风化差异，形成锯齿状坡面，当岩层上硬下软时，上陡下缓或上凸下凹的坡面亦易发生崩塌。

3. 构造条件

岩层的各种结构面，包括层面、裂隙面、断层面等，如果存在抗剪强度较低或对边坡稳定不利的软弱结构面，那么当这些结构面倾向临空面时，被切割的不稳定岩块易沿其发生崩塌。

4. 其他条件

昼夜温差变化大，会促进岩石的风化作用，加剧各种结构面的发育，为崩塌创造有利条件；暴雨使地表雨水大量渗入岩层裂隙，增加岩石的重量并产生静水压力和动水压力。与此同时，深入岩体裂隙中的水冲刷、溶解和软化裂隙填充物，从而降低斜坡稳定性，促使岩土体发生崩塌；地震使斜坡岩土体突然承受巨大的惯性荷载，促使危岩形成和崩塌的发生；盲目开采矿产和不合理的顶板处理方法、开挖边坡过高过陡等，也是造成危岩和崩塌的常见原因。

（二）危岩和崩塌的分类

对危岩和崩塌进行分类，便于对潜在的崩塌体进行稳定性评价和预防治理。国内外对危岩和崩塌的分类尚无统一标准，以下介绍的是国内工程勘察单位较为常见的几种分类方法。

①按危岩和崩塌体的岩性划分：岩体型、土体型、混合型。

②按崩塌发生的原因划分：断层型、节理裂隙型、风化碎石型、硬软岩接触带型。

③根据崩塌区落石方量和处理的难易程度划分。

Ⅰ类：崩塌区落石方量大于 5000m³，规模大，破坏力强，后果很严重；

Ⅱ类：崩塌区落石方量 500～5000m³；

Ⅲ类：崩塌区落石方量小于 500m³。

但实际上，由于对城市和乡村、建筑物和线路工程，崩塌造成的后果很不一致，难以用某一具体标准衡量，故在实际应用时应有所说明。

④根据崩塌的发展模式划分：倾倒式、滑移式、鼓胀式、拉裂式、错断式 5 种基本类型及其过渡类型。

（三）危岩和崩塌的勘察评价要点

危岩和崩塌勘察宜在可行性研究或初步勘察阶段进行，应查明产生崩塌的条件及其规模、类型、范围，并对工程建设适宜性进行评价，提出防治方案的建议。勘察过程中以工程地质测绘和调查为主，并对危害工程设施及居民安全的崩塌体进行监测和预报。

危岩和崩塌地区工程地质测绘的比例尺宜采用 1：500～1：1000，崩塌方向主剖面的比例尺宜采用 1：200，并应查明下列内容：危岩和崩塌区的地形地貌及崩塌类型、规模、范围，崩塌体的大小和崩落方向；岩体基本质量等级、岩性特征和风化程度；危岩和崩塌区的地质构造，岩体结构类型，结构面的产状、组合关系、闭合程度、力学属性、延展及贯穿情况；气象（重点是大气降水）、水文、地震和地下水活动情况；崩塌前的迹象和崩塌的原因；当地防治危岩和崩塌的经验。

当遇到下列情况时，应对危岩和崩塌进行监测和预报：当判定危岩的稳定性时，宜对张裂缝进行监测；对有较大危害的大型危岩和崩塌，应结合监测结果，对可能发生崩塌的时间、规模、滚落方向、途径、危害范围等做出预报。

应确定危岩和崩塌的范围和危险区，对工程场地的适宜性做出评价和提出防治方案。

规模大，破坏后果很严重，难于治理的，不宜作为工程场地，线路应绕避；规模较大，破坏后果严重的，应对可能发生崩塌的危岩进行加固处理，线路应采取防护措施；规模小，破坏后果不严重的，可作为工程场地，但应对不稳定危岩采取治理措施。

（四）危岩和崩塌的稳定性分析评价方法

稳定性评价是危岩和崩塌勘察中的重要问题，通常用定性分析、半定量的图解分析和定量的稳定性验算方法对不同发展模式的危岩和崩塌进行稳定性评价。在此主要介绍稳定性验算方法。

1. 基本假设

基本假设有：①在崩塌发展过程中，特别是在突然崩塌运动以前，把危岩崩塌体视为整体。②把崩塌体复杂的空间运动问题，简化成平面问题，取单位宽度的崩塌体进行验算。③崩塌体两侧和稳定岩体之间，以及各部分崩塌体之间均无摩擦作用。

2. 倾倒式崩塌的稳定性验算

倾倒式危岩、崩塌体发生倾倒时，将以其底端外侧为转点发生转动。在进行稳定性验算时，除应考虑危岩崩塌体本身重力作用，还应考虑其他附加力作用，如静水压力、地震力等，一般以最不利组合考虑。崩塌体的抗倾覆稳定性系数 k 可按下式计算：

$$k = \frac{\text{抵抗力矩}}{\text{倾倒力矩}} \tag{3-4}$$

式中的抵抗力矩由崩塌体受到的重力产生，倾倒力矩由后缘拉裂缝中水压力和水平地震力产生。当抗倾覆稳定性系数 $k>1$ 时，即可认为是稳定的。

3. 滑移式崩塌的稳定性验算

滑移式崩塌有平面滑动、圆弧面滑动、楔形面滑动三种情况，其关键在于起始的滑移面是否形成。可按滑坡稳定性验算方法进行。

4. 鼓胀式崩塌的稳定性验算

鼓胀式危岩崩塌体下部常有较厚的软弱岩层，如断层破碎带、风化破碎岩体等。在水的作用下，这些软弱岩层就会被先行软化。一旦上部岩体传来的压应力大于软弱岩层的无侧限抗压强度，软弱岩层就会被挤出，即发生鼓胀。与此同时，上部岩体可能产生下沉、滑移或倾倒，直至发生崩塌。因此，鼓胀是这类崩塌的关键。

鼓胀式崩塌的稳定性系数可用危岩崩塌体下部软弱岩层的无侧限抗压强度（雨季用饱水抗压强度）与上部危岩体在软弱岩层顶面产生的压应力的比值来计算，即：

$$k = \frac{R}{W/A} = \frac{A \cdot R}{W} \tag{3-5}$$

式中：W——上部危岩崩塌体重量；

A——上部危岩崩塌体的底面积；

R——危岩体下部软弱岩层在天然状态下的（雨季为饱水的）无侧限抗压强度。

当 $k \geqslant 1.2$ 时，即认为是稳定的。

5. 拉裂式崩塌的稳定性验算

拉裂式危岩崩塌体表现为以悬臂梁形式突出的岩体，其后缘某一竖向截面承受最大的弯矩和剪力，当该面上的拉应力集中超过岩石的抗拉强度时，即产生拉裂面，突出的危岩体发生崩塌。

拉裂式崩塌的稳定性系数可用岩石的抗拉强度与最大拉裂面上拉应力的

比值来计算。

$$k = [\delta_T]/\delta_t \tag{3-6}$$

式中：$[\delta_T]$——岩石的抗拉强度；

　　　δ_t——最大拉裂面上的拉应力。

当 $k \geqslant 1.2$ 时，可认为稳定。

6. 错断式崩塌的稳定性验算

若不考虑水压力、地震力等附加力作用时，错断式危岩崩塌体在岩体自重作用下，在过外底角点与铅直方向成45°的截面上产生最大剪应力。故其稳定性系数可用最大剪应力面上的抗剪强度与最大剪应力比值计算。

$$k = [\tau]/\tau \tag{3-7}$$

当 $k \geqslant 1.2$ 时，可认为稳定。

7. 崩塌的治理措施

对于按崩塌区落石方量划分的不同类别的崩塌区，主要采用以下对策。

Ⅰ类崩塌区难以处理，不宜作为工程场地，线路工程应避开。

Ⅱ类崩塌区，当坡角与拟建建筑物之间不能满足安全距离的要求时，应对可能发生崩塌的危岩体进行加固处理，对线路应采取防护措施。

Ⅲ类崩塌区易于处理，可以作为工程场地，但应对不稳定危岩体采取治理措施。

可见，崩塌的治理主要是针对Ⅱ类和Ⅲ类崩塌区而言，目前主要采取的治理措施有以下几点。

①对Ⅱ类崩塌区，可修筑明洞、御塌棚等防崩塌构筑物。

②对Ⅱ类和Ⅲ类崩塌区，当建筑物或线路工程与坡角间符合安全距离要求时，可在坡脚或半坡脚设置起拦截作用的挡石墙和拦石网。

③对于Ⅲ类崩塌区，应在危岩下部修筑支柱等支挡加固设施，也可以采用锚索或锚杆串联加固。

在对崩塌的治理中，尤其在铁路、公路线两侧斜坡崩塌的整治中，一种以钢绳网为主要构成材料的崩塌落石柔性拦石网系统 SNS（Safety Netting System）更能适应于抗击集中荷载或高冲击荷载，已经得到广泛应用。

二、泥石流

（一）泥石流的形成条件

泥石流的形成与其所在地区的自然条件和人类经济活动密切相关，地质、地形和水是泥石流形成的三大条件。

1. 地质条件

地质条件是泥石流固体物质产生和来源的条件。凡是泥石流活跃的地区，地质构造均复杂，岩性软弱，具有丰富的固体碎屑物质。地质条件包括以下几个。

（1）地质构造

地质构造复杂，断层褶皱发育，新构造强烈，地震烈度高，地表岩层破碎，滑坡、崩塌等不良地质作用发育，为固体物质来源创造了条件。

（2）地层岩性

岩性软弱、结构松散、易于风化的岩层，或软硬相间、成层易遭受破坏的岩层，都是碎屑物质产生的良好母体。泥石流形成区最常见的岩层是泥岩、片岩、千枚岩、板岩、泥灰岩等软弱岩层。

（3）风化作用

风化作用也能为泥石流提供固体物质来源，尤其是在干旱、半干旱气候带的山区，植被稀少，岩石物理风化作用强烈，在山坡和沟谷中堆积起大量的松散碎屑物质，成为泥石流的又一物质来源。

此外，人为造成的水土流失、采矿采石弃渣，往往也可给泥石流提供大量固体物质。

2. 地形条件

地形条件是使水、固体物质混合而流动的场地条件。泥石流区的地形通常是山高沟深，地势陡峻，沟床纵坡降大，为泥石流发生、发展提供了充足的位能，同时流域的形状也便于松散物质与水的汇集。典型泥石流域可划分为上游形成区、中游流通区和下游堆积区 3 个区段。

（1）形成区

地形多为三面环山、一面出口的宽阔地段，周围山高坡陡，地形坡度多在30°~60°，沟床纵坡降可达30°以上。这种地形有利于大量水流和固体物质迅速聚积，为泥石流提供了动力条件。

（2）流通区

地形多为狭窄陡深的峡谷，谷底纵坡降大，便于泥石流迅猛通过。

（3）堆积区

地形多为开阔的山前平原或河谷阶地，能使泥石流停止流动并堆积固体物质。

3. 气象、水文条件

水是泥石流的组成部分，又是泥石流的搬运介质。松散固体物质大量充水达到饱和或过饱和状态后，结构破坏，摩阻力降低，滑动力增大，从而产生流动。泥石流的形成与短时间内突发性的大量流水密切相关，这种突发性的大量流水主要来源于：①强度较大的暴雨；②冰川、积雪的短期强烈消融；③冰川湖、高山湖、水库等的突然溃决。

在我国，泥石流的主要水源来自强降雨和持续降雨。

（二）泥石流的分类

泥石流的分类由于依据的划分标准不同而有多种，既可依据单一指标特征划分，也可按泥石流的综合特征划分。以下介绍几种常见的划分类型。

1. 按泥石流规模分类

按泥石流规模分为：特大型、大型、中型、小型。各类型的划分依据见表3-2。

表3-2　泥石流按规模分类

类型指标	特大型	大型	中型	小型
流域单位面积固体物质储量（$10^4 m^3/km^2$）	>100	10~100	5~10	<5
固体物质一次最大冲出量（$10^4 m^3$）	>10	5~10	1~5	<1
破坏范围及威力	最大	大	中等	小

2. 按泥石流流体性质分类

按泥石流流体性质分为黏性和稀性两大类，泥流、泥石流、水石流 3 个亚类。

3. 泥石流工程分类

泥石流工程分类是要解决泥石流沟谷作为各类建筑场地的适应性问题，它综合反映了泥石流成因、物质组成、泥石流体特征、流域特征、危害程度等，属于综合性的分类，对泥石流的整治更有实际指导意义。

（三）泥石流防治措施

泥石流是一种较大规模的自然地质灾害，其形成和发展与其上游的土、水、地形条件及中游和下游的地形地貌条件关系密切，防治极为困难。因此，泥石流的防治应以"以防为主，防治结合，避强制弱，重点治理"为原则，宜对上游形成区、中游流通区和下游堆积区统一规划和采取生物措施与工程措施相结合的综合治理方案。

形成区宜采取植树造林、种植草被，水土保持，修建引水、储水工程及削弱水动力措施，修建防护工程，稳定土体。流通区宜修建拦沙坝、谷坊，采取拦截固体物质，固定沟床和减缓纵坡的工程措施。堆积区宜修筑排导沟、急流槽、导流堤、停淤场，采取改变流路疏排泥石流的工程措施。

对于稀性泥石流宜修建调洪水库、截水沟、引水渠和种植水源涵养林，采取调节径流、削弱水动力、制止泥石流形成的措施。对黏性泥石流宜修筑拱石坝、谷坊、支挡结构和种植树木，采取稳定土体，制止泥石流形成的措施。

对泥石流的防治（或治理）是以植树造林、种植草被的生物工程措施和修建一系列工程结构的工程措施相结合进行的。工程措施在治理的前期效益明显，而生物措施在治理的后期效益明显，要想有效地治理泥石流，必须使工程措施和生物措施相结合，彼此取长补短，以取得更好的治理效果。

第三节　地面沉降、采空区与地震效应

一、地面沉降

地面沉降是一种环境地质灾害。它是由于人为开采地下水、石油和天然气而造成地层压密变形，从而导致区域地面高程下降的地质现象。由于长期或过量开采地下承压水而产生的地面沉降在国内外均较普遍，而且多发生在人口稠密、工业发达的大中城市地区。例如，我国的上海、天津、西安、太原等城市地面沉降曾一度严重影响到城市规划和经济发展，使城市地质环境恶化，建筑（构）物不能正常使用，给国民经济造成极大损失。

（一）抽水—地面沉降机理及沉降计算

1. 抽水—地面沉降机理分析

抽取地下水，主要是抽取地下承压水作为工业用水及生活用水。在承压含水层中，持续过量地抽取地下水会引起承压水位下降。根据太沙基有效应力原理（$\sigma = u + \sigma'$）及其固结方程：当在含水层中抽水，水位下降时，相对隔水的黏土层中的总应力（σ）近似保持不变，由孔隙水承担的压力部分的孔隙水压力（u）随之减小，由固体颗粒承担的压力部分的有效应力（σ'）则随之增大，从而导致土层压密，地表产生沉降变形。另外，含水砂层中抽水诱发的管涌和潜蚀也是地层压密的一个重要原因。

（1）砂层的变形

砂层的变形源于两个方面。一方面是潜蚀造成的变形。在地下水的开采中，主要是在地下承压水的过量开采中，在一定的水力坡降条件下，抽水井开采段周围的含水层会发生管涌，一定量的粉细砂被带到地面，含水砂层在上覆土层重力作用下产生压密变形。另一方面是在抽水过程中，孔隙水压力减小，有效应力增加使砂土产生近弹性压密变形。前人研究结果证明，砂在室内一维高压试验中具有一定的压缩性，砂层在 0.7~63MPa 压力时产生压碎性压密。但实际在大多数情况下，由于水头降落造成的有效应力增加尚不足以使砂层产生压碎性压密，而只是一种近弹性压缩变形。这种近弹性压缩变形随着地下水位的回升会得到回弹，这种情况在上海地面沉降治理及西安地面沉降水准监测中已得到证实。

（2）黏性土层的变形

在承压含水层中抽取地下水，引起承压水头下降，含水层和相邻黏性土层之间产生水头差，黏性土层中部分孔隙水向含水砂层释出，使黏性土层中孔隙水压力减小，而有效应力增大，使黏性土颗粒产生不可逆的微观位移，不规则接触的黏土矿物颗粒趋于紧密而产生固结变形。

由于黏性土层中孔隙水压力向有效应力的转化不像砂层那样"急剧"，而是缓慢地、逐渐地变化，所以黏性土中孔隙比的变化也是缓慢的，黏性土的压密（或压缩）变形也需要一定时间完成（几个月、几年，甚至几十年，其主要取决于土层的厚度和渗透性），故一般情况下，地面沉降的发生是滞后于承压水头下降的。但如果黏性土层孔隙比和渗透系数比较大，砂层和黏性土层呈不等厚度层状分布的话，就有利于孔隙水压力的消散（或转化），地面沉降变形滞后于承压水头下降就不很明显。

室内试验和地面沉降区的分层标测量资料表明，在较低的压力下含水砂层（砾石）等粗颗粒沉积物的压缩性是很小的，且主要是弹性的、可逆的；而黏土等细分散土层的压缩性则大得多，且主要是永久的、变形的。因此，在较低的有效应力增长条件下，黏性土层压密在地面沉降中起主要作用；而在水位回升过程中，砂层的膨胀回弹则起决定作用。

2. 地面沉降量计算

国内外关于地面沉降的计算方法较多，归纳起来大致有理论计算方法、半理论半经验方法、经验方法三种。由于地面沉降区地质条件和各种边界条件的复杂性，采用半理论半经验方法或经验方法，经实践证明是较简单实用的计算方法。此外，运用灰色系统理论、模糊数学等数值分析方法进行地面沉降计算的方法在近些年也得到较多的使用。

以下主要介绍半理论半经验的分层总和法和经验的单位变形量法。

（1）分层总和法计算土层的压缩变形量

①砂层应按下式计算：

$$S_\infty = \frac{\Delta P \cdot H_砂}{E} \tag{3-8}$$

②黏性土或粉土层按下式计算：

$$S_\infty = \frac{a_u}{1 + e_o} \Delta P \cdot H_黏 \tag{3-9}$$

式中：a_u——黏性土或粉土的压缩系数或回弹系数（MPa^{-1}）；

e_o——初始孔隙比；

ΔP——水位变化施加于土层上的有效应力（MPa）；

$H_砂$、$H_黏$——分别代表砂层、黏性土层的厚度（cm）；

E——砂土的弹性模量，压缩时为 E_C，回弹时为 E_s（MPa）。

总沉降量应等于砂层、黏性土层各土层压缩变形量的总和，即：

$$S = \sum_{i=1}^{n} S_i \tag{3-10}$$

（2）单位变形量法

以已有的地面沉降实测资料为根据，计算在某一特定时段（水位上升或下降）内，含水层水头每变化 1m 相应的变形量，称为单位变形量，可按下列公式计算：

$$I_S = \frac{\Delta S_S}{\Delta h_s} \tag{3-11}$$

$$I_C = \frac{\Delta S_C}{\Delta h_c} \tag{3-12}$$

式中：I_s、I_C——水位升、降期的单位变形量（mm/m）；

Δh_s、Δh_c——同时期水位升、降幅度（m）；

ΔS_S、ΔS_C——相应于该水位变幅下的土层变形量（mm）。

为了反映地质条件和土层厚度与参数的关系，将上述单位变形量除以土层的厚度 H（mm），称为该土层的比单位变形量，按下列公式计算：

$$I'_s = \frac{I_s}{H} = \frac{\Delta S_s}{\Delta h_s \cdot H} \tag{3-13}$$

$$I'_c = \frac{I_c}{H} = \frac{\Delta S_c}{\Delta h_c \cdot H} \tag{3-14}$$

式中：I'_s，I'_c——水位升、降期的比单位变形量（L/m）。

在已知预期的水位升降幅度和土层厚度的情况下，土层预测回弹量或沉降量按下式计算：

$$S_s = I_s \cdot \Delta h = I'_s \cdot \Delta h \cdot H \tag{3-15}$$

$$S_c = I_c \cdot \Delta h = I'_c \cdot \Delta h \cdot H \tag{3-16}$$

式中：S_s、S_c——水位上升或下降 Δh 时，厚度为 H 的土层预测沉降量（mm）。

（二）地面沉降的勘察要点

地面沉降勘察的主要任务有：①对已发生地面沉降的地区，应查明地面沉降的原因和现状，并预测其发展趋势，提出控制和治理方案；②对可能发生地面沉降的地区，应结合水资源评价预测发生地面沉降的可能性，并对可能的沉降层位做出估计，对沉降量进行估算，提出预防和控制地面沉降的建议。

地面沉降岩土工程勘察要点如下。

1. 调查地面沉降原因

地面沉降研究成果表明：地面沉降区都位于厚度较大的第四纪松散堆积区；地面沉降机制与产生沉降的土层的地质、成因及其固结历史、固结状态、孔隙水的赋存形式及其释水机理等有密切关系，故调查地面沉降原因应从工程地质条件、地下水埋藏条件和地下水动态三方面进行。

（1）工程地质条件

场地的地貌和微地貌；第四纪堆积物年代、成因、厚度、埋藏条件和土性特征，硬土层和软弱压缩层的分布；地下水位以下可压缩层的固结状态和变形参数。

（2）地下水埋藏条件

含水层和隔水层的埋藏条件和承压性质，含水层的渗透系数、单位涌水量等水文地质参数；地下水的补给、径流、排泄条件，含水层间或地下水与地面水的水力联系。

（3）地下水动态

历年地下水位、水头的变化幅度和速率；历年地下水的开采量和回灌量，开采或回灌的层段；地下水位下降漏斗及回灌时地下水反漏斗的形成和发展过程。

2. 调查地面沉降现状

①应按精密水准测量要求进行长期观测，并按不同的结构单元设置高程基准标、地面沉降标和分层沉降标；②对地下水的水位升降、开采量和回灌量、化学成分、污染情况和孔隙水压力消散、增长情况进行观测；③调查地面沉降对建筑物的影响，包括建筑物的沉降、倾斜、裂缝及发生时间和发展过程；④绘制不同时间的地面沉降等值线图，并分析地面沉降中心与地下水位下降漏斗的关系及地面回弹与地下水位反漏斗的关系；⑤绘制以地面沉降为特征的工程地质分区图。

3. 地面沉降勘察的技术方法

地面沉降勘察主要采用以下技术方法。

（1）精密水准监测

通常设置3种标：①高程基准标（也称背景标），设置在地面沉降所不能影响的范围内；②地面沉降标，是用于观测地面升降的地面水准点；③分层沉降标，用于观测某一深度范围内土层的沉降幅度的观测标。

（2）勘探

通过钻探、槽探、井探，观察、鉴别地层情况，采取水样、原状土样。

钻探孔可以有水文地质孔和工程地质孔两种，其中水文地质孔主要是用作抽水试验孔和水位观测孔；工程地质孔主要用于土层鉴别、采取原状土样并兼作孔隙水压力测试等。

（3）土工试验

土工试验包括室内土工试验和现场原位测试。室内土工试验主要包括颗粒分析试验和含水量、重度、土的比重、液塑限、抗剪强度试验，常规压缩—固结试验以及水质分析、高压固结试验，循环加荷固结试验等。原位测试主要有抽水试验、孔隙水压力测试等。

土工试验的目的就是为地面沉降分析计算提供有关岩土物理力学及水化学性质指标。

（三）地面沉降治理与控制的对策和措施

地面沉降一旦产生，很难恢复。因此，对于已发生地面沉降的地区，一方面，应根据所处的地理环境和灾害程度，因地制宜地采取治理措施，以减轻或消除危害；另一方面，还应在查明沉降影响因素的基础上，及时主动地采取控制地面沉降继续发展的措施。

对已发生地面沉降的地区，可根据工程地质、水文地质条件采取下列控制和治理方案：①减小地下水开采量和水位降深，调整开采层次，合理开发。当地面沉降发展剧烈时，应暂时停止开采地下水。②对地下水进行人工补给。回灌时应控制回灌水源的水质标准，以防止地下水被污染，并应根据地下水动态和地面沉降规律，制定合理的回灌方案。采用人工补给、回灌的方法在上海地面沉降的治理、控制中已取得较好的成效。③限制工程建设中的人工降低地下水位。④采取开源与节流并举的措施。

开源与节流是压缩地下水开采量的保证，也是控制地面沉降的间接措施。

开源就是开辟新的水源地，主要包括：修建引水明渠或输水廊道，引进沉降区以外的地表水；开发覆盖层下的基岩裂隙水和岩溶水；污水处理（中水）再利用和海水利用。

节流就是要调整城市供水计划，制定行政法规，如《地下水管理条例》《城市节约用水管理规定》等，以促进节水工作。

对可能发生地面沉降的地区应预测地面沉降的可能性和估算沉降量，并可采取下列预测和防治措施：①根据场地工程地质、水文地质条件，预测可压缩层的分布。②根据抽水试验、渗透试验、先期固结压力试验、流变试验、载荷试验等测试成果和沉降观测资料，计算分析地面沉降量和发展趋势。

③提出合理开发地下水资源、限制人工降低地下水位及在地面沉降区进行工程建设应采取措施的建议。

在提出地下水资源合理开采方案之前，应先根据已有条件确定开采区的临界水位值。因为临界水位值就是不引起地面沉降或不引起明显地面沉降的地下水位，它是决策部门制定合理开发地下水资源方案的重要科学依据。在我国，对于超固结地层，常用先期固结压力确定临界水位值。即：

$$h_{临} = h_o - \frac{P_c - P_o}{\gamma \omega} \tag{3-17}$$

式中：$h_{临}$——地下水临界水位标高（m）；

h_o——原有效上覆压力（P_o）时的地下水位标高（m）；

P_o——有效上覆压力（kPa）；

P_c——先期固结压力（kPa）；

$\gamma \omega$——水的重度（kN/m³）。

二、采空区

采空区按开采的现状分为老采空区、现采空区、未来采空区 3 类。由于采空区是人为采掘地下固体资源留下的地下空间，会导致地下空间周围的岩土体向采空区移动。当开采空间的位置很深或尺寸不大，则采空区围岩的变形破坏将局限在一个很小的范围内，不会波及地表；当开采空间位置很浅或尺寸很大，采空区围岩变形破坏往往波及地表，使地表产生沉降，形成地表移动盆地，甚至出现崩塌和裂缝，危及地面建筑物安全，发生采空区场地特有的岩土工程问题。作为地下采空区场地，不同部位其变形类型和大小各不相同，且随时间发生变化，对建设工程都有重要影响，如铁路、高速公路、引水管线工程、工业与民用建筑等工程的选址及其地基处理都必须考虑采空区场地的变形及发展趋势影响。此外，采空区还诱发冒顶、片帮、突水、矿震、地面塌陷等地质灾害。因此，对作为一种不良地质作用或地质灾害的采空区也应该进行岩土工程勘察评价。

（一）采空区的地表变形特征

大量采空区调查资料表明，采空区的地表变形特征主要表现在以下几个方面。

1. 地表变形分区

当地下固体矿产资源开采影响到地表以后，在地下采空区上方的地表将形成一个凹陷盆地，或称为地表移动盆地。一般说，地表移动盆地的范围要比采空区面积大得多，盆地呈现近似椭圆形。在矿层平缓和充分采动的情况下，发育完全的地表移动盆地可分为3个区：①中间区。位于采空区正上方，其地表下沉均匀，地面平坦，一般不出现裂缝，地表下沉值最大。②内边缘区。位于采空区内侧上方，其地表下沉不均匀，地面向盆地中倾斜，呈凹形，一般不出现明显的裂缝。③外边缘区。位于采空区外侧矿层上方，其地表下沉不均匀，地面向盆地中心倾斜，呈凸形，常有张裂缝出现。地表移动盆地和外边界，常以地表下沉10mm的标准圈定。

2. 影响地表变形的因素

研究表明，采空区地表变形的大小及其发展趋势、地表移动盆地的形态与范围等受多种因素的影响，归纳起来主要有以下几种。

（1）矿层因素

表现在矿层埋深越大（开挖深度越大），变形扩展到地表所需的时间越长，地表变形值越小，地表变形比较平缓均匀，且地表移动盆地范围较大。矿层厚度越大，采空区越大，促使地表变形值增大。矿层倾角越大，水平位移越大，地表出现裂缝的可能性越大，且地表移动盆地与采空区的位置也不对称等。

（2）岩性因素

上覆岩层强度高且单层厚度大时，其变形破坏过程长，不易影响到地表。有些厚度大的坚硬岩层，甚至长期不产生地表变形；而强度低、单层厚度薄的岩层则相反。脆性岩层易出现裂缝，而塑性岩层则往往表现出均匀沉降变形。

另外，地表第四系堆积物越厚，则地表变形值越大，但变形平缓均匀。

（3）地质构造因素

岩层节理裂隙发育时，会促使变形加快、变形范围增大、地表裂隙区扩大。而断层则会破坏地表变形的正常规律，改变移动盆地的范围和位置。同时，断层带上的地表变形会更加剧烈。

（4）地下水因素

地下水活动会加快变形速率，扩大变形范围，增大地表变形值。

（5）开采条件因素

矿层开采和顶板处理方法及采空区的大小、形状、工作面推进速度等都影响着地表变形值、变形速度和变形方式。若以房柱式开采和全充填法处理顶板时，对地表变形影响较小。

（二）采空区岩土工程勘察要点

不同采空区的勘察内容和评价方法不同。对于按开采现状划分的老采空区，主要应查明采空区的分布范围、埋深、充填情况和密实程度，评价其上覆岩层的稳定性；对现采空区和未来采空区应预测地表移动的规律，计算变形特征值，判定其作为建筑场地的适宜性和对建筑物的危害程度。勘察要点如下：

第一，采空区的勘察宜以收集资料、调查访问为主，并应查明下列内容：①矿层的分布、层数、厚度、深度、埋藏特征和上覆岩层的岩性、构造等；②矿层开采的范围、深度、厚度、时间、方法和顶板管理，采空区的塌落、密实程度、空隙和积水等；③地表变形特征和分布，包括地表陷坑、台阶、裂缝的位置、形状、大小、深度、延伸方向及其与地质构造、开采边界、工作面推进方向等的关系；④地表移动盆地的特征，划分中间区、内边缘区和外边缘区，确定地表移动和变形的特征值；⑤采空区附近的抽水和排水情况及其对采空区稳定性的影响；收集建筑物变形和防治措施的经验。

第二，采深小、地表变形剧烈且为非连续变形的小窑采空区，应通过收集资料、调查、物探和钻探等工作，查明采空区和巷道的位置、大小、埋藏深度、开采时间、开采方式、回填塌落和充水等情况；并查明地表裂缝、陷坑的位置、形状、大小、深度、延伸方向及其与采空区的关系。

第三，对老采空区和现采空区，当工程地质调查不能查明采空区的特征时，应进行物探和钻探。

第四，对现采空区和未来采空区，应通过计算预测地表移动和变形的特征值，计算方法可按现行标准《建筑物、水体、铁路及主要井巷煤柱留设与压煤开采规程》执行。

（三）采空区岩土工程评价

采空区宜根据开采情况，地表移动盆地特征和变形大小，划分为不宜建筑的场地和相对稳定的场地，并宜符合下列规定。

下列地段不宜作为建筑场地：在开采过程中可能出现非连续变形的地段；地表移动活跃的地段；特厚矿层和倾角大于 55°的厚矿层露头地段；由于地表移动和变形引起边坡失稳和山崖崩塌的地段；地表倾斜大于 10mm/m，地表曲率大于 0.6mm/m²，或地表水平变形大于 6mm/m 的地段。

下列地段作为建筑场地时，应评价其适宜性：采空区采深采厚比小于 30 的地段；采深小，上覆岩层极坚硬，并采用非正规开采方法的地段；地表倾斜为 3~10mm/m，地表曲率为 0.2~0.6mm/m²，或地表水平变形为 2~6mm/m 的地段。

小窑采空区的建筑物应避开地表裂缝和陷坑地段。对次要建筑且采空区采深采厚比大于 30 时，地表已经稳定时可不进行稳定性评价；当采深采厚比小于 30 时，可根据建筑物的基底压力，采空区的埋深、范围和上覆岩层的性质等评价地基的稳定性，并根据矿区经验提出处理措施的建议。

（四）采空区防治措施

采空区的防治以预防为主，如采用充填法采矿；治理视具体情况而论，如小窑浅部采空区可用全充填压力注浆法或用钻孔灌注桩嵌入至采空区底板。

在采空区通常采取下列措施防止地表和建筑物变形。

1. 采取的开采工艺措施

①采用充填法处置顶板，及时全部充填或两次充填，以减少地表下沉量。

②减少开采厚度，或采用条带法开采，使地表变形不超过建筑物的允许变形值。

③增大采空区宽度，使地表移动均匀。

④控制开采，使开采推进速度均匀、合理。

2. 采空区场地上建筑物的设计措施

①建筑物长轴应垂直工作面的推进方向。

②建筑物平面形状应力求简单。

③基础底部应位于同一标高和岩性均一的地层上，否则应设置沉降缝分开。当基础埋深不相等时，应采用台阶过渡。建筑物不宜采用柱廊和独立柱。

④增加基础刚度和上部结构强度。

⑤建筑物的不同结构单元应相对独立，建筑物长高比不宜大于2.5。

三、场地和地基的地震效应

对场地和地基的地震效应，不同的烈度区有不同的考虑，一般包括下列内容：①相同的基底地震加速度，由于覆盖层厚度和土的剪切模量不同，会产生不同的地面运动。②强烈的地面运动会造成场地和地基的失稳或失效，如地裂、液化、震陷、崩塌、滑坡等。③地表断裂造成的破坏。④局部地形、地质结构的变异引起地面异常波动造成的破坏。

饱和砂土、饱和粉土在地震作用下丧失抗剪强度和承载力，土颗粒处于悬浮状态或流动状态的地震液化作用能使较大区域内出现喷水冒砂、地面下沉、塌陷、流滑，使许多道路、桥梁、工业设施、民用建筑、水利堤防等工程遭受破坏。所以，在场地和地基的地震效应岩土工程勘察中，地震液化是一定地震烈度在特定地质环境中造成的一种最为突出的区域稳定性问题。

(一) 场地和地基地震效应勘察的主要任务

①根据国家批准的地震动参数区划和有关的规范，提出勘察场地的抗震

设防烈度、设计基本地震加速度和设计地震分组。

②在抗震设防烈度等于或大于 6 度的地区进行勘察时，应划分对抗震有利、不利和危险的地段，应确定场地类别。当有可靠的剪切波速和覆盖层厚度值而场地类别处于类别的分界线附近时，可按插值方法确定场地反应谱特征周期。

③场地内存在发震断裂时，应对断裂的工程影响进行评价。

④对需要采用时程分析的工程，应根据设计要求，提供土层剖面、覆盖层厚度和剪切波速度等有关参数。当任务需要时，可进行地震安全性评估或抗震设防区划。

⑤进行地震液化判别。场地地震液化应先进行初步判别，当初步判别认为有液化可能时，应再作进一步判别。液化的判别宜采用多种方法，综合判定液化可能性和液化等级。

⑥当抗震设防烈度为 6 度时，可不考虑液化的影响，但对沉陷敏感的乙类建筑，可按 7 度进行液化判别。甲类建筑应进行专门的液化勘察。

⑦场地或场地附近有滑坡、滑移、崩塌、塌陷、泥石流、采空区等不良地质作用时，应进行专门勘察，分析评价其在地震作用时的稳定性。

⑧提出抗液化措施的建议。

(二) 勘探工作量布置要求

场地和地基地震效应勘察以钻探、波速测试为主要勘探手段，以工程地质测绘和调查为辅助手段。其工作量布置一般符合以下要求。

①为划分场地类别布置的勘探孔，当缺乏资料时，其深度应大于覆盖层厚度。当覆盖层厚度大于 80m 时，勘探孔深度应大于 80m，并分层测定剪切波速。10 层和高度 30m 以下的丙类和丁类建筑，无实测剪切波速时，可按国家相关规定，按土的名称和性状估计土的剪切波速。

②在场地的初步勘察阶段，对大面积的同一地质单元，测量土层剪切波速的钻孔数量，应为控制性钻孔数量的 1/5 ~ 1/3，山间河谷地区可适量减少，但不宜少于 3 个；在场地详细勘察阶段，对单幢建筑，测量土层剪切波速的

钻孔数量不宜少于 2 个，数据变化较大时，可适量增加；对小区中处于同一地质单元的密集高层建筑群，测量土层剪切波速的钻孔数量可适当减少，但每幢高层建筑不得少于 1 个。

③地震液化的进一步判别应在地面以下 15m 的范围内进行；对于桩基和基础埋深大于 5m 的天然地基，判别深度应加至 20m。对判别液化而布置的勘探点不应少于 3 个，勘探孔深度应大于液化判别深度。

④当采用标准贯入试验判别液化时，应按每个试验孔的实测击数进行。在需要做判定的土层中，试验点的竖向间距为 1.0~1.5m，每层土的试验点数不宜少于 6 个。

（三）地震液化的形成条件

1. 土的类型和性质

土的类型和性质是地震液化的物质基础。根据我国一些地区地震液化统计资料，细砂土和粉砂土最易液化。但当随着地震烈度的增高，粉土、中砂土等也会发生液化。可见砂土、粉土是地震液化的主要土类。究其原因，主要是砂土、粉土的粒组成分有利于地震时形成较高的超孔隙水压力，且不利于超孔隙水压力的消散。

砂土、粉土的密实度、粒度及级配等也是影响地震液化的重要因素。

2. 饱和粉土、砂土的埋藏条件

饱和粉土、砂土的埋藏条件包括地下水埋深和液化土层上的非液化黏性土盖层厚度。由地震液化机理分析可知：松散的砂土层、粉土层埋藏越浅，上覆不透水黏性土盖层越薄，地下水埋深越小，就越容易发生地震液化。

3. 地震震动强度及持续时间

引起饱和砂土、粉土液化的动力是地震的加速度，显然地震越强、加速度越大，则越容易引起地震液化。

地震的持续时间长，将使液化土体中产生的超孔隙水压力增长快，总土体中有效应力降低到零的时间就短，地震液化就容易发生。

（四）抗液化措施

凡判别为可液化地基土层，应根据建筑类别和地基液化等级按下列规定提出抗液化措施的建议：甲类建筑宜避开地基液化等级为严重或中等的场地；乙类建筑在地基液化等级为严重的场地，应避开或全部消除液化，在进行技术经济对比后确定其抗震措施；丙、丁类建筑可不考虑避开措施。各类建筑均应避开可能产生液化滑移的地段。当无法避开时，应采取保证场地地震时整体稳定的措施；各类建筑和构筑物的液化措施，应根据国家现行标准。

通常采用的抗液化措施有：①换土填层。将液化土层全部挖除，并回填以压实的非液化土，是彻底消除液化的措施。②加密。采取振冲、振动加密、砂桩挤密、强夯等方法改善液化土层的密实程度，以提高地基抗液化能力。加密法可以全部或部分消除液化的影响。③增加盖层。是在地面上堆填一定厚度的填土，以增大有效覆盖压力。④围封法。是在建筑物地基范围内用板桩、混凝土截水墙、沉箱等，将液化土层截断封闭，以切断液化土层对地基的影响，增加地基内土层的侧向压力。⑤采用深基础。基础穿过液化土层，且基础底面埋入可液化深度以下稳定土层中的深度应不少于50mm。

第四章　各类工程场地岩土工程勘察

第一节　房屋建筑与构筑物

一、主要工作内容

房屋建筑和构筑物［以下简称建（构）筑物］的岩土工程勘察，应有明确的针对性，因此应在收集建（构）筑物上部荷载、功能特点、结构类型、基础形式、埋置深度和变形限制等方面资料的基础上进行，以便提出岩土工程设计参数和地基基础设计方案。不同勘察阶段对建筑结构的了解深度是不同的。建（构）筑物的岩土工程勘察主要工作内容应符合下列规定：①查明场地和地基的稳定性、地层结构、持力层和下卧层的工程特性、土的应力历史和地下水条件以及不良地质作用等。②提供满足设计、施工所需的岩土参数，确定地基承载力，预测地基变形性状。③提出地基基础、基坑支护、工程降水和地基处理设计与施工方案的建议。④提出对建（构）筑物有影响的不良地质作用的防治方案建议。⑤对于抗震设防烈度等于或大于6度的场地，进行场地与地基的地震效应评价。

二、勘察阶段的划分

根据我国工程建设的实际情况和数十年勘察工作的经验，勘察工作宜分阶段进行。勘察是一种探索性很强的工作，是一个从不知到知、从知之不多到知之较多的过程，对自然的认识总是由粗到细、由浅入深的，不可能一步到位。况且，各设计阶段对勘察成果也有不同的要求，因此，必须坚持分阶段勘察的原则，勘察阶段的划分应与设计阶段相适应。可行性研究勘察应符合选择场址方案的要求，初步勘察应符合初步设计的要求，详细勘察应符合施工图设计的要求，场地条件复杂或有特殊要求的工程，宜进行施工勘察。

但是，也应注意到，各行业设计阶段的划分不完全一致，工程的规模和要求各不相同，场地和地基的复杂程度差别很大，要求每个工程都分阶段勘察是不实际的也没必要。勘察单位应根据任务要求进行相应阶段的勘察工作。

场地较小且无特殊要求的工程可合并勘察阶段。在城市和工业区，一般已经积累了大量工程勘察资料。当建（构）筑物平面布置已经确定且场地或其附近已有岩土工程资料时，可根据实际情况，直接进行详细勘察。但对于高层建筑的地基基础、基坑的开挖与支护、工程降水等问题有时相当复杂，如果这些问题都留到详勘时解决，往往因时间仓促而解决不好，故要求对在短时间内不易查明并要求做出明确评价的复杂岩土工程问题，仍宜分阶段进行。

岩土工程既然要服务于工程建设的全过程，当然应当根据任务要求，承担后期的服务工作，协助解决施工和使用过程中遇到的岩土工程问题。

三、各勘察阶段的基本要求

（一）选址或可行性研究勘察

1. 主要工作内容

①收集区域地质、地形地貌、地震、矿产、当地的工程地质、岩土工程和建筑经验等资料。

②在充分收集和分析已有资料的基础上，通过踏勘了解场地的地层、构造、岩性、不良地质作用和地下水等工程地质条件。

③当拟建场地工程地质条件复杂，已有资料不能满足时，应根据具体情

况进行工程地质测绘和必要的勘探工作。

④应沿主要地貌单元垂直的方向布置不少于 2 条地质剖面线。在剖面线上钻孔间距为 400~600m。钻孔深度一般应穿过软土层进入坚硬稳定地层或至基岩。钻孔内对主要地层宜选取适当数量的试样进行土工试验。在地下水位以下遇粉土或砂层时应进行标准贯入试验。

⑤当有两个或两个以上拟选场地时，应进行比选分析。

2. 主要任务

①分析场地的稳定性。

②明确选择场地范围和应避开的地段。

确定建筑场地时，在工程地质条件方面，宜避开下列地区或地段：a. 不良地质现象发育或环境工程地质条件差，对场地稳定性有直接危害或潜在威胁的；b. 地基土性质严重不良的；c. 对建（构）筑物抗震属危险的；d. 洪水、海潮或水流岸边冲蚀有严重威胁或地下水对建筑场地有严重不良影响的；e. 地下有未开采的有价值矿藏或对场地稳定有严重影响的未稳定的地下采空区。

（3）进行选址方案对比，确定最佳场地方案

选择场地一般要有两个以上场地方案进行比较，主要是从岩土工程条件、对影响场地稳定性和建设适宜性的重大岩土工程问题做出明确的结论和论证，从中选择有利的方案，确定最佳场地方案。

（二）初步勘察

初步勘察是在可行性研究勘察的基础上，对场地内拟建建筑场地的稳定性和适宜性做出进一步的岩土工程评价，为确定建筑总平面布置、主要建（构）筑物地基基础方案和基坑工程方案及对不良地质现象的防治工程方案进行论证，为初步设计或扩大初步设计提供资料，并对下一阶段的详勘工作重点提出建议。

1. 主要工作内容

①进行勘察工作前，应详细了解、研究建设设计要求，收集拟建工程的

有关文件、工程地质和岩土工程资料、工程场地范围的地形图、建筑红线范围及坐标以及与工程有关的条件（建筑的布置、层数和高度、地下室层数以及设计方的要求等）；充分研究已有勘察资料，查明场地所在的地貌单元。

②初步查明地质构造、地层结构、岩土工程特性。

③查明场地不良地质作用的成因、分布、规模、发展趋势，判明影响场地和地基稳定性的不良地质作用和特殊性岩土的有关问题，并对场地稳定性做出评价，包括断裂、地裂缝及其活动性，岩溶、土洞及其发育程度，崩塌、滑坡、泥石流、高边坡或岸边的稳定性，调查了解古河道、暗浜、暗塘、洞穴或其他人工地下设施。

④对抗震设防烈度大于或等于6度的场地，应对场地和地基的地震效应做出初步评价。应初步评价建筑场地类别，场地属抗震有利、不利或危险地段，液化、震陷可能性，设计需要时应提供抗震设计动力参数。

⑤初步判明特殊性岩土对场地、地基稳定性的影响，季节性冻土地区应调查场地的标准冻结深度。

⑥初步查明地下水埋藏条件，初步判定水和土对建筑材料的腐蚀性。

⑦高层建筑初步勘察时，应对可能采取的地基基础类型、基坑开挖与支护、工程降水方案进行初步分析评价。

2. 初步勘察工作量布置原则

①勘探线应垂直地貌单元、地质构造和地层界线布置。

②每个地貌单元均应布置勘探点，在地貌单元交接部位和地层变化较大的地段，勘探点应予加密。

③在地形平坦地区，可按网格布置勘探点。

④岩质地基与岩体特征、地质构造、风化规律有关，且沉积岩与岩浆岩、变质岩，地槽区与地台区情况有很大差别，因此勘探线和勘探点的布置、勘探孔深度，应根据地质构造、岩体特性、风化情况等，按有关行业、地方标准或当地经验确定。

⑤对土质地基，勘探线、勘探点间距、勘探孔深度、取土试样和原位测试工作以及水文地质工作应符合下列要求，并应布设判明场地、地基稳定性、

不良地质作用和桩基持力层所必需的勘探点和勘探深度。

(三) 详细勘察

到了详勘阶段，建筑总平面布置已经确定，单体工程的主要任务是地基基础设计。因此，详细勘察应按单体建筑或建筑群提出详细的岩土工程资料和设计、施工所需的岩土参数；对建筑地基做出岩土工程评价，并对地基类型、基础形式、地基处理、基坑支护、工程降水和不良地质作用的防治等提出建议，符合施工图设计的要求。

1. 详细勘察的主要工作内容和任务

①收集附有建筑红线、建筑坐标、地形、±0.00m 高程的建筑总平面图，场区的地面整平标高，建（构）筑物的性质、规模、结构类型、特点、层数、总高度、荷载及荷载效应组合、地下室层数、预计的地基基础类型、平面尺寸、埋置深度、地基允许变形要求，勘察场地地震背景、周边环境条件及地下管线和其他地下设施情况及设计方案的技术要求等资料，目的是使勘察工作的布置和岩土工程的评价具有明确的工程针对性，解决工程设计和施工中的实际问题。所以，收集有关工程结构资料、了解设计要求是十分重要的工作。

②查明不良地质作用的类型、成因、分布范围、发展趋势和危害程度，提出整治方案和建议。

③查明建（构）筑物范围内岩土层的类别、深度、分布、工程特性，尤其应查明基础下软弱地层和坚硬地层分布，以及各岩土层的物理力学性质，分析和评价地基的稳定性、均匀性和承载力；对于岩质的地基和基坑工程，应查明岩石坚硬程度、岩体完整程度、基本质量等级和风化程度；论证采用天然地基基础形式的可行性，对持力层选择、基础埋深等提出建议。

④对需进行沉降计算的建（构）筑物，提供地基变形计算参数，预测建（构）筑物的变形特征。

地基的承载力和稳定性是保证工程安全的前提，但工程经验表明，绝大多数与岩土工程有关的事故是变形问题，包括总沉降、差异沉降、倾斜和局部倾斜；变形控制是地基设计的主要原则，故应分析评价地基的均匀性，提供岩土变形参数，预测建（构）筑物的变形特性；勘察单位根据设计单位要求和业主委托，承担变形分析任务，向岩土工程设计延伸，是其发展的方向。

⑤查明埋藏的古河道、沟浜、墓穴、防空洞、孤石等对工程不利的埋藏物。

⑥查明地下水类型、埋藏条件、补给及排泄条件、腐蚀性、初见及稳定水位；提供季节变化幅度和各主要地层的渗透系数；判定水和土对建筑材料的腐蚀性。

地下水的埋藏条件是地基基础设计和基坑设计施工十分重要的依据，详勘时应予查明。由于地下水位有季节变化和多年变化，故应"提供地下水位及其变化幅度"。

⑦在季节性冻土地区，提供场地土的标准冻结深度。

⑧对抗震设防烈度等于或大于 6 度的地区，应划分场地类别，划分对抗震有利、不利或危险地段；对抗震设防烈度等于或大于 7 度的场地，应评价场地和地基的地震效应。

⑨当建（构）筑物采用桩基础时，应按桩基工程的有关要求进行。当需进行基坑开挖、支护和降水设计时，应按基坑工程的有关规定进行。

⑩工程需要时，详细勘察应论证地基土和地下水在建筑施工和使用期间可能发生的变化及其对工程和环境的影响，提出防治方案、防水设计水位和抗浮设计水位的建议，提供基坑开挖工程应采取的地下水控制措施，当采用降水控制措施时，应分析评价降水对周围环境的影响。

近年来，在城市中大量兴建地下停车场、地下商店等，这些工程的主要特点是"超补偿式基础"，开挖较深，挖土卸载量较大，而结构荷载很小。在地下水位较高的地区，防水和抗浮成了重要问题。高层建筑一般带多层地下室，需进行防水设计，在施工过程中有时也有抗浮问题。在这样的条件下，提供防水设计水位和抗浮设计水位成了关键。这是一个较为复杂的问题，有时需要专门论证。

2. 详细勘察工作的布置原则

详细勘察勘探点布置和勘探孔深度，应根据建（构）筑物特性和岩土工程条件确定。对岩质地基，与初步勘察的指导原则一致，应根据地质构造、岩体特性、风化情况等，结合建（构）筑物对地基的要求，按有关行业、地方标准或当地经验确定；对土质地基，勘探点布置、勘探点间距、勘探孔深度、取土试样和原位测试工作应符合下列要求。

（1）详细勘察的勘探点布置原则

①勘探点宜按建（构）筑物的周边线和角点布置，对无特殊要求的其他建（构）筑物可按建（构）筑物或建筑群的范围布置。

②同一建筑范围内的主要受力层或有影响的下卧层起伏较大时，应加密勘探点，查明其变化。

建筑地基基础设计的原则是变形控制，将总沉降、差异沉降、局部倾斜、整体倾斜控制在允许的限度内。影响变形控制最重要的因素是地层在水平方向上的不均匀性，故地层起伏较大时应补充勘探点，尤其是古河道、埋藏的沟浜、基岩面的局部变化等。

③重大设备基础应单独布置勘探点；对重大的动力机器基础和高耸构筑物，勘探点不宜少于3个。

④宜采用钻探与触探相结合的原则，在复杂地质条件、湿陷性土、膨胀土、风化岩和残积土地区，宜布置适量探井。

勘探方法应精心选择，不应单纯采用钻探。触探可以获取连续的定量数据，也是一种原位测试手段；井探可以直接观察岩土结构，避免单纯依据岩心判断的局限性。因此，勘探手段包括钻探、井探、静力触探和动力触探等，应根据具体情况选择。为了发挥钻探和触探的各自特点，宜配合应用。以触探方法为主时，应有一定数量的钻探配合。对复杂地质条件和某些特殊性岩土，布置一定数量的探井是很有必要的。

⑤高层建筑的荷载大，重心高，基础和上部结构的刚度大，对局部的差异沉降有较好的适应能力，而整体倾斜是主要控制因素，尤其是横向倾斜。为此，详细勘察的独幢高层建筑勘探点的布置，应满足高层建筑纵横方向对

地层结构和地基均匀性的评价要求，需要时还应满足建筑场地整体稳定性分析、高层建筑主楼与裙楼差异沉降分析的要求，查明持力层和下卧层的起伏情况。应根据高层建筑平面形状、荷载的分布情况布设勘探点。高层建筑平面为矩形时应按双排布设；为不规则形状时，应在凸出部位的角点和凹进的阴角布设勘探点；在高层建筑层数、荷载和建筑体形变异较大位置处，应布设勘探点；对勘察等级为甲级的高层建筑应在中心点或电梯井、核心筒部位布设勘探点。单幢高层建筑的勘探点数量，对勘察等级为甲级的不应少于 5 个，乙级的不应少于 4 个。控制性勘探点的数量不应少于勘探点总数的 1/3 且不少于 2 个。对密集的高层建筑群，勘探点可适当减少，可按建（构）筑物并结合方格网布设勘探点。相邻的高层建筑，勘探点可互相共用，但每幢建（构）筑物至少应有 1 个控制性勘探点。

（2）详细勘察勘探点间距确定原则

在暗沟、塘、浜、湖泊沉积地带和冲沟地区，岩性差异显著或基岩面起伏很大的基岩地区，断裂破碎带、地裂缝等不良地质作用场地，勘探点间距宜取小值并可适当加密。

在浅层岩溶发育地区，宜采用物探与钻探相配合，采用浅层地震勘探和孔间地震 CT 或孔间电磁波 CT 测试，查明溶洞和土洞发育程度、范围和连通性。钻孔间距宜取小值或适当加密，溶洞、土洞密集时宜在每个柱基下布设勘探点。

（3）详细勘察勘探孔深度的确定原则

详细勘察的勘探深度自基础底面算起，应符合下列规定。

①勘探孔深度应能控制地基主要受力层，当基础底面宽度 b 不大于 5m 时，勘探孔的深度对条形基础不应小于基础底面宽度的 3 倍，对单独柱基不应小于 1.5 倍，且均不应小于 5m。

②控制性勘探孔是为变形计算服务的，对高层建筑和需作变形计算的地基，控制性勘探孔的深度应超过地基变形计算深度；高层建筑的一般性勘探孔应达到基底下 0.5~1.0 倍的基础宽度，并深入稳定分布的地层。

由于高层建筑的基础埋深和宽度都很大，钻孔比较深，钻孔深度适当与否将极大地影响勘察质量、费用和周期。对天然地基，控制性钻孔的深度应满足以下几个方面的要求：a. 等于或略大于地基变形计算的深度，满足变形计算的要求；b. 满足地基承载力和弱下卧层验算的需要；c. 满足支护体系和工程降水设计的要求；d. 满足对某些不良地质作用追索的要求。

③对仅有地下室的建筑或高层建筑的裙房，当不能满足抗浮设计要求、需设置抗浮桩或锚杆时，勘探孔深度应满足抗拔承载力评价的要求。

建筑总平面内的裙房或仅有地下室部分（或当地基附加压力≤0时）的控制性勘探孔的深度可适当减小，但应深入稳定分布地层，且根据荷载和土质条件不宜小于基底下 0.5~1.0 倍基础宽度。

④当有大面积地面堆载或软弱下卧层时，应适当加深控制性勘探孔的深度。

⑤在上述规定深度内当遇基岩或厚层碎石土等稳定地层时，勘探孔深度可适当调整。a. 一般性勘探孔，在预定深度范围内，有比较稳定且厚度超过 3m 的坚硬地层时，可钻入该层适当深度，以能正确定名和判明其性质。如在预定深度内遇软弱地层时应加深或钻穿。b. 在基岩和浅层岩溶发育地区，当基础底面下的土层厚度小于地基变形计算深度时，一般性钻孔应钻至完整或较完整基岩面；控制性钻孔应深入完整或较完整基岩 3~5m，勘察等级为甲级的高层建筑取大值，乙级取小值；专门查明溶洞或土洞的钻孔深度应深入洞底完整地层 3~5m。c. 评价土的湿陷性、膨胀性、砂土地震液化、查明地下水渗透性等钻孔深度，应按有关规范的要求确定；在花岗岩残积土地区，应查清残积土和全风化岩的分布深度。

⑥在断裂破碎带、冲沟地段、地裂缝等不良地质作用发育场地及位于斜坡上或坡脚下的高层建筑，当需进行整体稳定性验算时，控制性勘探孔的深度应根据具体条件满足评价和验算的要求；对于基础侧旁开挖，需验算稳定时，控制性钻孔达到基底下 2 倍基宽时可以满足要求；对于建筑在坡顶和坡上的建（构）筑物，应结合边坡的具体条件，根据可能的破坏模式确定孔深。

⑦当需确定场地抗震类别而邻近无可靠的覆盖层厚度资料时，应布置至少一个钻孔波速测试孔，其深度应满足划分建筑场地类别对覆盖层厚度的要求。

⑧大型设备基础勘探孔深度不宜小于基础底面宽度的 2 倍。

⑨当需进行地基处理时，勘探孔深度应满足地基处理的有关设计与施工要求；当采用桩基时，勘探孔深度应满足桩基工程的有关要求。

（4）详细勘察取土试样和原位测试工作要求

①采取土试样和进行原位测试的勘探点数量，应根据地层结构、地基土的均匀性和工程特点确定，且不应少于勘探点总数的 1/2，钻探取土孔的数量不应少于勘探孔总数的 1/3。对地基基础设计等级为甲级的建（构）筑物每幢不应少于 3 个；勘察等级为甲级的单幢高层建筑不宜少于全部勘探点总数的 2/3，且不应少于 4 个。

原位测试是指静力触探、动力触探、旁压试验、扁铲侧胀试验和标准贯入试验等。考虑到软土地区取样困难，原位测试能较准确地反映土性指标，因此可将原位测试点作为取土测试勘探点。

②每个场地每一主要土层的原状土试样或原位测试数据不应少于 6 件（组）。由于土性指标的变异性，单个指标不能代表土的工程特性，必须通过统计分析确定其代表值，故规定了原状土试样和原位测试的最少数量，以满足统计分析的需要。当场地较小时，可利用场地邻近的已有资料。对"较小"的理解一般可考虑为单幢多层建筑场地；"邻近"场地资料可认为紧靠的同一地质单元的资料，若必须有个量的概念，以距场地不大于 50m 的资料为好。

为了保证不扰动土试样和原位测试指标有一定数量，规范规定基础底面下 1.0 倍基础宽度内采样及试验点间距为 1~2m，以下根据土层变化情况适当加大距离，且在同一钻孔中或同一勘探点采取土试样和原位测试宜结合进行。

静力触探和动力触探是连续贯入，不能用次数来统计，应在单个勘探点内按层统计，再在场地（或工程地质分区）内按勘探点统计。每个场地不应少于 3 个孔。

③在地基主要受力层内，对厚度大于 0.5m 的夹层或透镜体，应采取土试样或进行原位测试。规范没有规定具体数量，可根据工程的具体情况和地区的规定确定。南京市规定，土层厚度大于 1m 的稳定地层应满足规范的条款，

厚度小于1m时原状土样不少于4个。

④当土层性质不均匀时，应增加取土数量或原位测试工作量。

⑤地基载荷试验是确定地基承载力比较可靠的方法，对勘察等级为甲级的高层建筑或工程经验缺乏、研究程度较差的地区，宜布设载荷试验确定天然地基持力层承载力特征值和变形参数。

（四）施工勘察

施工勘察不作为一个固定阶段，应视工程的实际需要而定。当工程地质条件复杂或有特殊施工要求的重大工程地基，需要进行施工勘察。施工勘察包括施工阶段的勘察和竣工后一些必要的勘察（如检验地基加固效果等），因此，施工勘察并不是专指施工阶段的勘察。

当遇下列情况之一时，应配合设计、施工单位进行施工勘察：①基坑或基槽开挖后，岩土条件与勘察资料不符或发现必须查明的异常情况时，应进行施工勘察。②在地基处理及深基开挖施工中，宜进行检验和监测工作。③地基中溶洞或土洞较发育，应查明并提出处理建议。④施工中出现边坡失稳危险时应查明原因，进行监测并提出处理建议。

第二节　桩基、基坑与建筑边坡工程

一、桩基工程

桩基础又称桩基，它是一种常用而古老的深基础形式。桩基可以将上部结构的荷载相对集中地传递到深处合适的坚硬地层中，以满足上部结构对地基稳定性和沉降量的要求。由于桩基具有承载力高、稳定性好、沉降稳定快和沉降变形小、抗震能力强以及能够适应各种复杂地质条件等特点，在工程中得到广泛应用。

桩基按照承载性状可分为摩擦型桩（摩擦桩和端承摩擦桩）和端承型桩（端承桩和摩擦端承桩）两类；按成桩方法分为非挤土桩、部分挤土桩和挤土桩三类；按桩径大小可分为小直径桩（$d \leq 250mm$）、中等直径桩（$250mm < d < 800mm$）和大直径桩（$d \geq 800mm$）。

（一）主要工作内容

①查明场地各层岩土的类型、深度、分布、工程特性和变化规律。

②当采用基岩作为桩的持力层时，应查明基岩的岩性、构造、岩面变化、风化程度，包括产状、断裂、裂隙发育程度以及破碎带宽度和充填物等，除通过钻探、井探手段，还可根据具体情况辅以地表露头的调查测绘和物探等方法。确定其坚硬程度、完整程度和基本质量等级，这对于选择基岩为桩基持力层时是非常必要的；判定有无洞穴、临空面、破碎岩体或软弱岩层，这对桩的稳定是非常重要的。

③查明水文地质条件，评价地下水对桩基设计和施工的影响，判定水质对建筑材料的腐蚀性。

④查明不良地质作用、可液化土层和特殊性岩土的分布及其对桩基的危害程度，并提出防治措施的建议。

⑤对桩基类型、适宜性、持力层选择提出建议；提供可选的桩基类型和桩端持力层；提出桩长、桩径方案的建议；提供桩的极限侧阻力、极限端阻力和变形计算的有关参数；对成桩可行性、施工时对环境的影响及桩基施工条件、应注意的问题等进行论证评价并提出建议。

桩的施工对周围环境的影响，包括打入预制桩和挤土成孔的灌注桩的振动、挤土对周围既有建筑物、道路、地下管线设施和附近精密仪器设备基础等带来的危害以及噪声等公害。

（二）勘探点布置要求

1. 端承型桩

①勘探点应按柱列线布设，其间距应能控制桩端持力层层面和厚度的变化，宜为 $12 \sim 24m$。

②在勘探过程中发现基岩中有断层破碎带，或桩端持力层为软、硬互层，

或相邻勘探点所揭露桩端持力层层面坡度超过10%，且单向倾伏时，钻孔应适当加密。

③荷载较大或复杂地基的一柱一桩工程，应每柱设置勘探点；复杂地基是指端承型桩端持力层岩土种类多、很不均匀、性质变化大的地基，且一柱一桩，往往采用大口径桩，荷载很大，一旦出现差错或事故，将影响大局，难以弥补和处理，结构设计上要求更严。实际工程中，每个桩位都需有可靠的地质资料，故规定按柱位布孔。

④岩溶发育场地，溶沟、溶槽、溶洞很发育，显然属复杂场地，此时若以基岩作为桩端持力层，应按柱位布孔。但单纯钻探工作往往还难以查明其发育程度和发育规律，故应辅以有效地球物理勘探方法。近年来，地球物理勘探技术发展很快，有效的有电法、地震法（浅层折射法或浅层反射法）及钻孔电磁波透视法等。查明溶洞和土洞范围及连通性。查明拟建场地范围及有影响地段的各种岩溶洞隙和土洞的发育程度、位置、规模、埋深、连通性、岩溶堆填物性状和地下水特征。连通性是指土洞与溶洞的连通性、溶洞本身的连通性和岩溶水的连通性。

⑤控制性勘探点不应少于勘探点总数的1/3。

2. 摩擦型桩

①勘探点应按建筑物周边或柱列线布设，其间距宜为20~35m。当相邻勘探点揭露的主要桩端持力层或软弱下卧层层位变化较大，影响到桩基方案选择时，应适当加密勘探点。带有裙房或外扩地下室的高层建筑，布设勘探点时应与主楼一同考虑。

②桩基工程勘探点数量应视工程规模而定，勘察等级为甲级的单幢高层建筑勘探点数量不宜少于5个，乙级不宜少于4个，对于宽度大于35m的高层建筑，其中心应布置勘探点。

③控制性的勘探点应占勘探点总数的1/3~1/2。

（三）桩基岩土工程勘察勘探方法要求

对于桩基勘察不能采用单一的钻探取样手段，桩基设计和施工所需的某些参数单靠钻探取土是无法取得的，而原位测试有其独特之处。我国幅员广阔，各地区地质条件不同，难以统一规定原位测试手段。因此，应根据地区经验和地质条件选择合适的原位测试手段与钻探配合进行，对软土、黏性土、粉土和砂土的测试手段，宜采用静力触探和标准贯入试验；对碎石土宜采用重型或超重型圆锥动力触探。如上海等软土地基条件下，静力触探已成为桩基勘察中必不可少的测试手段，砂土采用标准贯入试验也颇为有效，而成都、北京等地区的卵石层地基中，重型和超重型圆锥动力触探为选择持力层起到了很好的作用。

（四）岩（土）试样采取、原位测试工作及岩土室内试验要求

1. 试样采取及原位测试工作要求

桩基勘察的岩（土）试样采取及原位测试工作应符合下列规定。

①对桩基勘探深度范围内的每一主要土层，应采取土试样，并根据土质情况选择适当的原位测试，取土数量或测试次数不应少于 6 组（次）。

②对嵌岩桩桩端持力层段岩层，应采取不少于 6 组（次）的岩样进行天然和饱和单轴极限抗压强度试验。

③以不同风化带作桩端持力层的桩基工程，勘察等级为甲级的高层建筑勘察时控制性钻孔宜进行压缩波波速测试，按完整性指数或波速比定量划分岩体完整程度和风化程度。

以基岩作桩端持力层时，桩端阻力特征值取决于岩石的坚硬程度、岩体的完整程度和岩石的风化程度。岩体的完整程度定量指标为岩体完整性指数，是岩体与岩块压缩波速度比值的平方；岩石风化程度的定量指标为波速比，是风化岩石与新鲜岩石压缩波波速之比。因此在勘察等级为甲级的高层建筑勘察时宜进行岩体的压缩波波速测试，按完整性指数判定岩体的完整程度，按波速比判定岩石风化程度，这对决定桩端阻力和桩侧阻力的大小有关键性的作用。

2. 室内试验工作要求

桩基勘察的岩（土）室内试验工作应符合下列规定。

①当需估算桩的侧阻力、端阻力和验算下卧层强度时，宜进行三轴剪切试验或无侧限抗压强度试验；三轴剪切试验的受力条件应模拟工程的实际情况。

②对需估算沉降的桩基工程，应进行压缩试验，试验最大压力应大于上覆自重压力与附加压力之和。

③基岩作为桩基持力层时，应进行风干状态和饱和状态下的极限抗压强度试验，必要时还应进行软化试验；对软岩和极软岩，风干和浸水均可使岩样破坏，无法试验，因此，应封样保持天然湿度以便做天然湿度的极限抗压强度试验。性质接近土时，按土工试验要求。破碎和极破碎的岩石无法取样，只能进行原位测试。

二、基坑工程

（一）基坑侧壁的安全等级

根据支护结构的极限状态分为承载能力极限状态和正常使用极限状态。承载能力极限状态对应于支护结构达到最大承载能力或土体失稳、过大变形导致支护结构或基坑周边环境破坏，表现为由任何原因引起的基坑侧壁破坏；正常使用极限状态对应于支护结构的变形已妨碍地下结构施工或影响基坑周边环境的正常使用功能，主要表现为支护结构的变形而影响地下室侧墙施工及周边环境的正常使用。承载能力极限状态应对支护结构承载能力及基坑土体出现的可能破坏进行计算，正常使用极限状态的计算主要是对结构及土体的变形计算。

基坑侧壁安全等级的划分与重要性系数是对支护设计、施工的重要性认识及计算参数的定量选择的依据。侧壁安全等级划分是一个难度很大的问题，很难定量说明，我国现行的《建筑基坑支护技术规程》（JGJ 120—2012）依据国家标准《工程结构可靠性设计统一标准》（GB 50153—2008）对结构安全等级确定的原则，以支护结构破坏后果严重程度（很严重、严重及不严重）3种情况将支护结构划分为3个安全等级，其重要性系数的选用详见表4-1。

表 4-1 基坑侧壁安全等级及重要性系数

安全等级	破坏后果	系数
一级	支护结构破坏、土体过大变形对基坑周边环境或主体结构施工影响很严重	1.10
二级	支护结构破坏、土体过大变形对基坑周边环境或主体结构施工影响严重	1.00
三级	支护结构破坏、土体过大变形对基坑周边环境或主体结构施工影响不严重	0.90

注：有特殊要求的建筑基坑侧壁安全等级可根据具体情况另行确定。

对支护结构安全等级采用原则性划分方法而未采用定量划分方法，是考虑到基坑深度、周边建筑物距离及埋深、结构及基础形式、土的性状等因素对破坏后果的影响程度难以用统一标准界定，不能保证普遍适用，定量化的方法对具体工程可能会出现不合理的情况。

在支护结构设计时应根据基坑侧壁不同条件因地制宜地进行安全等级确定。应掌握的原则是：基坑周边存在受影响的重要既有住宅、公共建筑、道路或地下管线时，或因场地的地质条件复杂、缺少同类地质条件下相近基坑深度的经验时，支护结构破坏、基坑失稳或过大变形对人的生命、经济、社会或环境影响很大，安全等级应定为一级。当支护结构破坏、基坑过大变形不会危及人的生命，经济损失轻微，对社会或环境影响不大时，安全等级可定为三级。对大多数基坑则应该定为二级。

对于安全等级为一级和对周边环境变形有限定要求的二级建筑基坑侧壁，应根据周边环境的重要性、对变形的适应能力及土的性质等因素确定支护结构的水平变形限值。在正常使用极限状态条件下，安全等级为一级、二级的基坑变形影响基坑支护结构的正常功能，目前支护结构的水平限值还不能给出全国适用的具体数值，各地区可根据具体工程的周边环境等因素确定。对于周边建筑物及管线的竖向变形限值可根据有关规范确定。

(二) 勘察要求

1. 主要工作内容

基坑工程勘察主要是为深基坑支护结构设计和基坑安全稳定开挖施工提供地质依据。因此，需进行基坑设计的工程，应与地基勘察同步进行基坑工程勘察。但基坑支护设计和施工对岩土工程勘察的要求有别于主体建筑的要求，勘察的重点部位是基坑外对支护结构和周边环境有影响的范围，而主体建筑的勘察孔通常只需布置在基坑范围以内。

初步勘察阶段应根据岩土工程条件，收集工程地质和水文地质资料，并进行工程地质调查，必要时可进行少量的补充勘察和室内试验，初步查明场地环境情况和工程地质条件，预测基坑工程中可能产生的主要岩土工程问题；详细勘察阶段应针对基坑工程设计的要求进行勘察，在详细查明场地工程地质条件基础上，判断基坑的整体稳定性，预测可能的破坏模式，为基坑工程的设计、施工提供基础资料，对基坑工程等级、支护方案提出建议；在施工阶段，必要时还应进行补充勘察。勘察的具体内容包括：①查明与基坑开挖有关的场地条件、土质条件和工程条件。②查明邻近建筑物和地下设施的现状、结构特点以及对开挖变形的承受能力。③提出处理方式、计算参数和支护结构选型的建议。④提出地下水控制方法、计算参数和施工控制的建议。⑤提出施工方法和施工中可能遇到问题的防治措施的建议。⑥提出施工阶段的环境保护和监测工作的建议。

2. 勘探的范围、勘探点的深度和间距的要求

勘探范围应根据基坑开挖深度及场地的岩土工程条件确定，基坑外宜布置勘探点。

（1）勘探的范围和间距的要求

勘察的平面范围宜超出开挖边界外开挖深度的 2~3 倍。在深厚软土区，勘察深度和范围还应适当扩大。考虑到在平面扩大勘察范围可能会遇到困难（超越地界、周边环境条件制约等），因此在开挖边界外，勘察手段以调查研究、收集已有资料为主，由于稳定性分析的需要，或布置锚杆的需要，必须要实测地质剖面，故应适量布置勘探点。勘探点的范围不宜小于开挖边界外基坑开挖深度的 1 倍。当需要采用锚杆时，基坑外勘察点的范围不宜小于基坑深度的 2 倍，主要是满足整体稳定性计算所需范围，当周边有建筑物时，也可从旧建筑物的勘察资料上查取。

勘探点应沿基坑周边布置，其间距应视地层条件而定，宜取 15~25m；当场地存在软弱土层、暗沟或岩溶等复杂地质条件时，应加密勘探点并查明分布和工程特性。

（2）勘探点深度的要求

由于支护结构主要承受水平力，因此，勘探点的深度以满足支护结构设计要求深度为宜，对于软土地区，支护结构一般需穿过软土层进入相对硬层。勘探孔的深度不宜小于基坑深度的 2 倍，一般宜为开挖深度的 2~3 倍。在此深度内遇到坚硬黏性土、碎石土和岩层，可根据岩土类别和支护设计要求减少深度。基坑面以下存在软弱土层或承压含水层时，勘探孔深度应穿过软弱土层或承压含水层。为降水或截水设计需要，控制性勘探孔应穿透主要含水层进入隔水层一定深度；在基坑深度内，遇微风化基岩时，一般性勘探孔应钻入微风化岩层 1~3m，控制性勘探孔应超过基坑深度 1~3m；控制性勘探点宜为勘探点总数的 1/3，且每一基坑侧边不宜少于 2 个控制性勘探点。

基坑勘察深度范围为基坑深度的 2 倍，大致相当于在一般土质条件下悬臂桩墙的嵌入深度。在土质特别软弱时可能需要更大的深度。但由于一般地基勘察的深度比这更大，所以对结合建筑物勘探所进行的基坑勘探，勘探深度满足要求一般不会有问题。

3. 岩土工程测试参数要求

在受基坑开挖影响和可能设置支护结构的范围内，应查明岩土分布，分层提供支护设计所需的岩土参数，具体包括以下几个方面。

①岩土不扰动试样的采取和原位测试的数量，应保证每一主要岩土层有代表性的数据分别不少于 6 组（个），室内试验的主要项目是含水量、重度、抗剪强度和渗透系数；土的常规物理试验指标中含水量 w 及土体重度 γ 是分析计算所需的主要参数。

②土的抗剪强度指标：抗剪强度是支护设计最重要的参数，但不同的试验方法（有效应力法或总应力法、直剪或三轴、UU 或 CU）可能得出不同的结果。勘察时应按照设计所依据的规范、标准进行试验，分层提供设计所需的抗剪强度指标，土的抗剪强度试验方法应与基坑工程设计要求一致，符合

设计采用的标准，并应在勘察报告中说明。

土压力及水压力计算、土的各类稳定性验算时，土压力、水压力的分算、合算方法及相应的土的抗剪强度指标类别应符合下列规定。

a. 对地下水位以上的黏性土、黏质粉土，土的抗剪强度指标应采用三轴固结不排水抗剪强度指标 c_{cu}，φ_{cu} 或直剪固结快剪强度指标 c_{cq}，φ_{cq}，对地下水位以上的砂质粉土、砂土、碎石土，土的抗剪强度指标应采用有效应力强度指标 c'，φ'。

b. 对地下水位以下的黏性土、黏质粉土，可采用土压力、水压力合算方法；此时，对正常固结和超固结土，土的抗剪强度指标应采用三轴固结不排水抗剪强度指标 c_{cu}，φ_{cu} 或直剪固结快剪强度指标 c_{cq}，φ_{cq}，对欠固结土，宜采用有效自重应力下预固结的三轴固结不排水抗剪强度指标 c_{cu}，φ_{cu}。

c. 对地下水位以下的砂质粉土、砂土和碎石土，应采用土压力、水压力分算方法；此时，土的抗剪强度指标应采用有效应力强度指标 c'，φ'，对砂质粉土，缺少有效应力强度指标时，也可采用三轴固结不排水抗剪强度指标 c_{cu}，φ_{cu} 或用直剪固结快剪强度指标 c_{cq}，φ_{cq} 代替，对砂土和碎石土，有效应力强度指标 φ' 可根据标准贯入试验实测击数和水下休止角等物理力学指标取值；土压力、水压力采用分算时，水压力可按静水压力计算；当地下水渗流时，宜按渗流理论计算水压力和土的竖向有效应力；当存在多个含水层时，应分别计算各含水层的水压力。

d. 有可靠的地方经验时，土的抗剪强度指标还可根据室内、原位试验得到的其他物理力学指标。

③室内或原位试验测试土的渗透系数 k 是降水设计的基本指标。

④特殊条件下应根据实际情况选择其他适宜的试验方法测试设计所需参数。

对一般黏性土宜进行静力触探和标准贯入试验；对砂土和碎石土宜进行标准贯入试验和圆锥动力触探试验；对软土宜进行十字板剪切试验；当设计需要时可进行基床系数试验或旁压试验、扁铲侧胀试验。

4. 水文地质条件勘察的要求

深基坑工程的水文地质勘查工作不同于供水水文地质勘查工作，其目的应包括两个方面：一是满足降水设计（包括降水井的布置和井管设计）需要；二是满足对环境影响评估的需要。前者按通常供水水文地质勘察工作的方法即可满足要求，后者因涉及问题很多，要求更高。降水对环境影响评估需要对基坑外围的渗流进行分析，研究流场优化的各种措施，考虑降水延续时间长短的影响。因此，要求勘察对整个地层的水文地质特征做更详细的了解。

当场地水文地质条件复杂、在基坑开挖过程中需要对地下水进行控制（降水或隔渗）且已有资料不能满足要求时，应进行专门的水文地质勘察。应达到以下要求。

①查明开挖范围及邻近场地地下水含水层和隔水层的层位、埋深、厚度和分布情况，判断地下水类型、补给和排泄条件；有承压水时，应分层量测其水头高度。

当含水层为卵石层或含卵石颗粒的砂层时，应详细描述卵石的颗粒组成、粒径大小和黏性土含量。这是因为卵石粒径的大小，对设计施工时选择截水方案和选用机具设备有密切的关系，例如，当卵石粒径大、含量多，采用深层搅拌桩形成帷幕截水会有很大困难，甚至不可能。

②当基坑需要降水时，宜采用抽水试验测定场地各含水层的渗透系数和渗透影响半径；勘察报告中应提出各含水层的渗透系数。

当附近有地表水体时，宜在其间布设一定数量的勘探孔或观测孔；当场地水文地质资料缺乏或在岩溶发育地区，必要时宜进行单孔或群孔分层抽水试验，测渗透系数、影响半径、单井涌水量等水文地质参数。

③分析施工过程中水位变化对支护结构和基坑周边环境的影响，提出应采取的措施。

④当基坑开挖可能产生流沙、流土、管涌等渗透性破坏时，应有针对性地进行勘察，分析评价其产生的可能性及对工程的影响。

5. 基坑周边环境勘察要求

周边环境是基坑工程勘察、设计、施工中必须首先考虑的问题，环境保护是深基坑工程的重要任务之一，在建筑物密集、交通流量大的城区尤其突出，在进行这些工作时应有"先人后己"的概念。由于对周边建（构）筑物和地下管线情况缺乏准确了解，就盲目开挖造成损失的事例很多，有的后果十分严重。所以基坑工程勘察应进行环境状况调查，设计、施工才能有针对性地采取有效保护措施。基坑周边环境勘察有别于一般的岩土勘察，调查对象是基坑支护施工或基坑开挖可能引起基坑之外产生破坏或失去平衡的物体，是支护结构设计的重要依据之一。周边环境的复杂程度是决定基坑工程安全等级、支护结构方案选型等最重要的因素之一，勘察最后的结论和建议亦必须充分考虑对周边环境影响。

勘察时，委托方应提供周边环境的资料，当不能取得时，勘察人员应通过委托方主动向有关单位收集有关资料，必要时，业主应专项委托勘察单位采用开挖、物探、专用仪器等进行探测。对地面建筑物可通过观察访问和查阅档案资料进行了解，查明邻近建筑物和地下设施的现状、结构特点以及对开挖变形的承受能力。在城市地下管网密集分布区，可通过地面标志、档案资料进行了解。有的城市建立有地理信息系统，能提供更详细的资料，了解管线的类别、平面位置、埋深和规模。如确实收集不到资料，必要时应采用开挖、物探、专用仪器或其他有效方法进行地下管线探测。

基坑周边环境勘察应包括以下具体内容。

①影响范围内既有建筑物的结构类型、层数、位置、基础形式和尺寸、埋深、基础荷载大小及上部结构现状、使用年限、用途。

②基坑周边的各种既有地下管线（包括上水、下水、电缆、煤气、污水、雨水、热力等）、地下构筑物的类型、位置、尺寸、埋深等；对既有供水、污水、雨水等地下输水管线，还应包括其使用状况和渗漏状况。

③道路的类型、位置、宽度、道路行驶情况、最大车辆荷载等。

④基坑开挖与支护结构使用期内施工材料、施工设备等临时荷载的要求。

⑤雨期时的场地周围地表水汇流和排泄条件。

三、建筑边坡工程

建筑边坡是指在建（构）筑物场地或其周边，由于建（构）筑物和市政工程开挖或填筑施工所形成的人工边坡和对建（构）筑物安全或稳定有影响的自然边坡。

（一）建筑边坡类型

根据边坡的岩土成分，可分为岩质边坡和土质边坡。土与岩石不仅在力学参数值上存在很大的差异，其破坏模式、设计及计算方法等也有很大的差别。土质边坡的主要控制因素是土的强度，岩质边坡的主要控制因素一般是岩体的结构面。无论何种边坡，地下水的活动都是影响边坡稳定的重要因素。进行边坡工程勘察时，应根据具体情况有所侧重。

（二）岩质边坡破坏形式和边坡岩体分类

1. 岩质边坡破坏形式

岩质边坡破坏形式的确定是边坡支护设计的基础。众所周知，不同的破坏形式应采用不同的支护设计。岩质边坡的破坏形式宏观地可分为滑移型和崩塌型两大类。实际上这两类破坏形式是难以截然划分的，故支护设计中不能生搬硬套，而应根据实际情况进行设计。

2. 边坡岩体分类

边坡岩体分类是边坡工程勘察中非常重要的内容，是支护设计的基础。确定岩质边坡的岩体类型应考虑主要结构面与坡向的关系、结构面的倾角大小、结合程度、岩体完整程度等因素，见表4-2。本分类主要是从岩体力学观点出发，强调结构面对边坡稳定的控制作用，对边坡岩体进行侧重稳定性的分类。建筑边坡高度一般不大于50m，在50m高的岩体自重作用下是不可能将中、微风化的软岩、较软岩、较硬岩及硬岩剪断的。也就是说，中、微风化岩石的强度不是构成影响边坡稳定的重要因素，所以表4-2未将岩石强度指标作为分类的判定条件。

表 4-2　岩质边坡的破坏形式

破坏形式	岩体特征		破坏特征
滑移型	由外倾结构面控制的岩体	硬性结构面的岩体	沿外倾结构面滑移，分单面滑移与多面滑移
		软弱结构面的岩体	
	不受外倾结构面控制和无外倾结构面的岩体	块状岩体，碎裂状、散体状岩体	沿极软岩、强风化岩、碎裂结构或散体状岩体中最不利滑动面滑移
崩塌型	受结构面切割控制的岩体	被结构面切割的岩体	沿陡倾、临空的结构面塌滑；由内、外倾结构不利组合面切割，块体失稳倾倒；岩腔上岩体沿竖向结构面剪切破坏坠落
	无外倾结构面的岩体	整体状岩体，巨块状岩体	陡立边坡，因卸荷作用产生拉张裂缝导致岩体倾倒

当无外倾结构面及外倾不同结构面组合时，完整、较完整的坚硬岩，较硬岩宜划为Ⅰ类，较破碎的坚硬岩、较硬岩宜划为Ⅱ类；完整、较完整的较软岩、软岩宜划为Ⅱ类，较破碎的较软岩、软岩宜划为Ⅲ类。

确定岩质边坡的岩体类型时，由坚硬程度不同的岩石互层组成且每层厚度小于或等于 5m 的岩质边坡宜视为由相对软弱岩石组成的边坡。当边坡岩体由两层以上单层厚度大于 5m 的岩体组合时，可分段确定边坡类型。

（三）边坡工程勘察的主要工作内容

边坡工程勘察应查明下列内容。

①场地地形和场地所在的地貌单元。

②岩土的时代、成因、类型、性状、覆盖层厚度、基岩面的形态和坡度、岩石风化和完整程度。

③岩体、土体的物理力学性能。

④主要结构面特别是软弱结构面的类型、产状、发育程度、延伸程度、结合程度、充填状况、充水状况、组合关系、力学属性和与临空面关系。

⑤地下水的水位、水量、类型，主要含水层分布情况，补给和动态变化情况。

⑥岩土的透水性和地下水的出露情况。

⑦不良地质现象的范围和性质。

⑧地下水、土对支挡结构材料的腐蚀性。

⑨坡顶邻近（含基坑周边）建（构）筑物的荷载、结构、基础形式和埋深，地下设施的分布和埋深。

分析边坡和建在坡顶、坡上建筑物的稳定性对坡下建筑物的影响；在查明边坡工程地质和水文地质条件的基础上，确定边坡类别和可能的破坏形式，评价边坡的稳定性，对所勘察的边坡工程是否存在滑坡（或潜在滑坡）等不良地质现象以及开挖或构筑的适宜性做出评价，提出最优坡形和坡角的建议，提出不稳定边坡整治措施、施工注意事项和监测方案的建议。

（四）边坡工程勘察工作要求

1. 勘察等级的划分

边坡工程勘察等级应根据边坡工程安全等级和地质环境复杂程度按表4-3划分。

表4-3　边坡工程勘察等级

边坡工程安全等级	边坡地质环境复杂程度		
	简单	复杂	中等复杂
一级	一级	一级	二级
二级	一级	二级	三级
三级	二级	三级	三级

边坡地质环境复杂程度可按下列标准判别。①地质环境复杂：组成边坡的岩土种类多，强度变化大，均匀性差，土质边坡潜在滑面多，岩质边坡受外倾结构面或外倾不同结构面组合控制，水文地质条件复杂。②地质环境中等复杂：介于地质环境复杂与地质环境简单之间。③地质环境简单：组成边坡的岩土种类少，强度变化小，均匀性好，土质边坡潜在滑面少，岩质边坡不受外倾结构面或外倾不同结构面组合控制，水文地质条件简单。

2. 勘察阶段的划分

地质条件和环境条件复杂、有明显变形迹象的一级边坡工程以及边坡邻近有重要建（构）筑物的边坡工程、超过《建筑边坡工程技术规范》（GB 50330—2013）适用范围的边坡工程均应进行专门性边坡岩土工程勘察，为边坡治理提供充分的依据，以达到安全、合理地整治边坡的目的；二级、三级建筑边坡工程作为主体建筑的环境时要求进行专门性的边坡勘察，往往是不现实的，可结合对主体建筑场地勘察一并进行。但应满足边坡勘察的深度和要求，勘察报告中应有边坡稳定性评价的内容。

边坡岩土体的变异性一般都比较大，对于复杂的岩土边坡很难在一次勘察中就将主要的岩土工程问题全部查明；对于一些大型边坡，设计往往也是分阶段进行的。因此，大型的和地质环境条件复杂的边坡宜分阶段勘察；当地质环境条件复杂时，岩土差异性就表现得更加突出，往往即使进行了初步勘察、详细勘察还不能准确地查明某些重要的岩土工程问题。因此，地质环境复杂的一级边坡工程还应进行施工勘察。

各阶段应符合下列要求：①初步勘察应收集地质资料，进行工程地质测绘和少量的勘探和室内试验，初步评价边坡的稳定性。②详细勘察应对可能失稳的边坡及相邻地段进行工程地质测绘、勘探、试验、观测和分析计算，做出稳定性评价，对人工边坡提出最优开挖坡角；对可能失稳的边坡提出防护处理措施的建议。③施工勘察应配合施工开挖进行地质编录，核对、补充前阶段的勘察资料，必要时进行施工安全预报，提出修改设计的建议。

边坡工程勘察前除应收集边坡及邻近边坡的工程地质资料，还应取得以下资料：①附有坐标和地形的拟建边坡支挡结构的总平面布置图。②边坡高度、坡底高程和边坡平面尺寸。③拟建场地的整平高程和挖方、填方情况。④拟建支挡结构的性质、结构特点及拟采取的基础形式、尺寸和埋置深度。⑤边坡滑塌区及影响范围内的建（构）筑物的相关资料。⑥边坡工程区域的相关气象资料。⑦场地区域最大降雨强度和二十年一遇及五十年一遇最大降水量；河、湖历史最高水位和二十年一遇及五十年一遇的水位资料；可能影响边坡水文地质条件的工业和市政管线、江河等水源因素，以及相关水库水位调度方案资料。⑧对边坡工程产生影响的汇水面积、排水坡度、长度和植被等情况。⑨边坡周围山洪、冲沟和河流冲淤等情况。

3. 勘察工作量的布置

分阶段进行勘察的边坡，宜在收集已有地质资料的基础上先进行工程地质测绘和调查。对于岩质边坡，工程地质测绘是勘察工作的首要内容。查明天然边坡的形态和坡角，对于确定边坡类型和稳定坡率是十分重要的。因为软弱结构面一般是控制岩质边坡稳定的主要因素，故应着重查明软弱结构面的产状和性质；测绘范围不能仅限于边坡地段，应适当扩大到可能对边坡稳定有影响及受边坡影响的所有地段。

边坡工程勘探应采用钻探（直孔、斜孔）、坑（井）探、槽深和物探等方法。对于复杂、重要的边坡可以辅以洞探。位于岩溶发育的边坡除采用上述方法，还应采用物探。

边坡（含基坑边坡）勘察的重点之一是查明岩土体的性状。对岩质边坡而言，勘察的重点是查明边坡岩体中结构面的发育性状。采用常规钻探难以达到预期效果，需采用多种手段，辅用一定数量的探洞、探井、探槽和斜孔，特别是斜孔、井槽、探槽对于查明陡倾结构是非常有效的。

边坡工程勘探范围应包括坡面区域和坡面外围一定的区域。对无外倾结构面控制的岩质边坡的勘探范围：到坡顶的水平距离一般不应小于边坡高度。对外倾结构面控制的岩质边坡的勘探范围应根据组成边坡的岩土性质及可能破坏模式确定：对可能按土体内部圆弧形破坏的土质边坡不应小于 1.5 倍坡高；对可能沿岩土界面滑动的土质边坡，后部应大于可能的后缘边界，前缘应大于可能的剪出口位置。勘察范围还应包括可能对建（构）筑物有潜在安全影响的区域。

由于边坡的破坏主要是重力作用下的一种地质现象，其破坏方式主要是沿垂直于边坡方向的滑移失稳，故勘探线应以垂直边坡走向或平行主滑方向布置为主，在拟设置支挡结构的位置应布置平行或垂直的勘探线。成图比例尺应大于或等于 1∶500，剖面的纵横比例应相同。

勘探点分为一般性勘探点和控制性勘探点。控制性勘探点宜占勘探点总数的 1/5~1/3，地质环境条件简单、大型的边坡工程取 1/5，地质环境条件复杂、小型的边坡工程取 1/3，并应满足统计分析的要求。

勘察孔进入稳定层深度的确定，主要依据查明支护结构持力层性状，并避免在坡脚（或沟心）出现判层错误（将巨块石误判为基岩）等。勘探孔深度应穿过潜在滑动面并深入稳定层 2~5m，控制性勘探孔取大值，一般性勘探孔取小值。支挡位置的控制性勘探孔深度应根据可能选择的支护结构形式确定：对于重力式挡墙、扶壁式挡墙和锚杆可进入持力层不小于 2.0m；对于悬臂桩进入嵌固段的深度土质时，不宜小于悬臂长度的 1.0 倍，岩质时不小于 0.7 倍。

对主要岩土层和软弱层应采取试样进行室内物理力学性能试验，其试验项目应包括物性、强度及变形指标，试样的含水状态应包括天然状态和饱和状态。用于稳定性计算时土的抗剪强度指标宜采用直接剪切试验获取，用于确定地基承载力时土的峰值抗剪强度指标宜采用三轴试验获取。主要岩土层采集试样数量：土层不少于 6 组，对于现场大剪试验，每组不应少于 3 个试件，岩样抗压强度不应少于 9 个试件；岩石抗剪强度不少于 3 组。需要时应采集岩样进行变形指标试验，有条件时应进行结构面的抗剪强度试验。

建筑边坡工程勘察应提供水文地质参数。对于土质边坡及较破碎、破碎和极破碎的岩质边坡在不影响边坡安全条件下，通过抽水、压水或渗水试验确定水文地质参数。

对于地质条件复杂的边坡工程，初步勘察时宜选择部分钻孔埋设地下水和变形监测设备进行监测。

除各类监测孔外，边坡工程勘察工作的探井、探坑和探槽等在野外工作完成后应及时封填密实。

第三节　地基处理与地下洞室工程

一、地基处理

地基处理是指为提高承载力、改善其变形性质或渗透性质而采取的人工处理地基的方法。

（一）地基处理的目的

根据工程情况及地基土质条件或组成的不同，处理的目的为：①提高土的抗剪强度，使地基保持稳定。②降低土的压缩性，使地基的沉降和不均匀沉降减至允许范围内。③降低土的渗透性或渗流的水力梯度，防止或减少水的渗漏，避免渗流造成地基破坏。④改善土的动力性能，防止地基产生震陷变形或因土的振动液化而丧失稳定性。⑤消除或减少土的湿陷性或胀缩性引起的地基变形，避免建筑物破坏或影响其正常使用。

对任何工程来讲，处理目的可能是单一的，也可能需同时在几个方面达到一定要求。地基处理除用于新建工程的软弱和特殊土地基外，也作为事后补救措施用于已建工程地基加固。

（二）地基处理的岩土工程勘察的基本要求

进行地基处理时应有足够的地质资料，当资料不全时，应进行必要的补充勘察。

地基处理的岩土工程勘察应满足下列基本要求：①针对可能采用的地基处理方案，提供地基处理设计和施工所需的岩土特性参数；岩土参数是地基处理设计成功与否的关键，应选用合适的取样方法、试验方法和取值标准。②预测所选地基处理方法对环境和邻近建筑物的影响；如选用强夯法施工时，应注意振动和噪声对周围环境产生的不利影响；选用注浆法时，应避免化学浆液对地下水、地表水的污染等。③提出地基处理方案的建议。每种地基处理方法都有各自的适用范围、局限性和特点，因此，在选择地基处理方法时都要进行具体分析，从地基条件、处理要求、处理费用和材料、设备来源等综合考虑，进行技术、经济、工期等方面的比较，以选用技术上可靠、经济上合理的地基处理方法。④当场地条件复杂，或采用某种地基处理方法缺乏成功经验，或采用新方法、新工艺时，应在施工现场对拟选方案进行试验或对比试验，以取得可靠的设计参数和施工控制指标；当难以选定地基处理方案时，可采用不同地基处理方法进行现场对比试验，通过试验检验方案的设计参数和处理效果，选定可靠的地基处理方法。⑤在地基处理施工期间，岩土工程师应对施工质量和施工对周围环境和邻近工程设施的影响进行监测，以保证施工顺利。

（三）各类地基处理方法勘察的重点内容

1. 换填垫层法的岩土工程勘察重点

①查明待换填的不良土层的分布范围和埋深。

②测定换填材料的最优含水量、最大干密度。

③评定垫层以下软弱下卧层的承载力和抗滑稳定性，估算建筑物的沉降。

④评定换填材料对地下水的环境影响。

⑤对换填施工过程应注意的事项提出建议。

⑥对换填垫层的质量进行检验或现场试验。

2. 预压法的岩土工程勘察重点

①查明土的成层条件、水平和垂直方向的分布、排水层和夹砂层的埋深和厚度、地下水的补给和排泄条件等。

②提供待处理软土的先期固结压力、压缩性参数、固结特性参数和抗剪强度指标、软土在预压过程中强度的增长规律。

③预估预压荷载的分级和大小、加荷速率、预压时间、强度可能的增长和可能的沉降。

④对重要工程，建议选择代表性试验区进行预压试验；采用室内试验、原位测试、变形和孔压的现场监测等手段，推算软土的固结系数、固结度与时间的关系和最终沉降量，为预压处理的设计施工提供可靠依据。

⑤检验预压处理效果，必要时进行现场载荷试验。

3. 强夯法的岩土工程勘察重点

①查明强夯影响深度范围内土层的组成、分布、强度、压缩性、透水性和地下水条件。

②查明施工场地和周围受影响范围内的地下管线和构筑物的位置、标高；查明有无对振动敏感的设施，是否需在强夯施工期间进行监测。

③根据强夯设计，选择代表性试验区进行试夯，采用室内试验、原位测试、现场监测等手段，查明强夯有效加固深度，夯击能量、夯击遍数与夯沉量的关系，夯坑周围地面的振动和地面隆起，土中孔隙水压力的增长和消散规律。

4. 桩土复合地基的岩土工程勘察重点

①查明暗塘、暗浜、暗沟、洞穴等的分布和埋深。

②查明土的组成、分布和物理力学性质，软弱土的厚度和埋深，可作为桩基持力层的相对硬层的埋深。

③预估成桩施工可能性（有无地下障碍、地下洞穴、地下管线、电缆等）和成桩工艺对周围土体、邻近建筑、工程设施和环境的影响（噪声、振动、侧向挤土、地面沉陷或隆起等），桩体与水土间的相互作用（地下水对桩材的腐蚀性、桩材对周围水土环境的污染等）。

④评定桩间土承载力，预估单桩承载力和复合地基承载力。

⑤评定桩间土、桩身、复合地基、桩端以下变形计算深度范围内土层的压缩性，任务需要时估算复合地基的沉降量。

⑥对需验算复合地基稳定性的工程，提供桩间土、桩身的抗剪强度。

⑦任务需要时应根据桩土复合地基的设计，进行桩间土、单桩和复合地基载荷试验，检验复合地基承载力。

5. 注浆法的岩土工程勘察重点

①查明土的级配、孔隙性或岩石的裂隙宽度和分布规律，岩土渗透性，地下水埋深、流向和流速，岩土的化学成分和有机质含量；岩土的渗透性宜通过现场试验测定。

②根据岩土性质和工程要求选择浆液和注浆方法（渗透注浆、劈裂注浆、压密注浆等），根据地区经验或通过现场试验确定浆液浓度、黏度、压力、凝结时间、有效加固半径或范围，评定加固后地基的承载力、压缩性、稳定性或抗渗性。

③在加固施工过程中对地面、既有建筑物和地下管线等进行跟踪变形观测，以控制灌注顺序、注浆压力和注浆速率等。

④通过开挖、室内试验、动力触探或其他原位测试，对注浆加固效果进行检验。

⑤注浆加固后，应对建筑物或构筑物进行沉降观测，直至沉降稳定为止，观测时间不宜少于半年。

二、地下洞室

（一）地下洞室勘察阶段的划分

地下洞室勘察可划分为可行性研究勘察、初步勘察、详细勘察和施工勘察四个阶段。

根据多年的实践经验，地下洞室勘察分阶段实施是十分必要的。这不仅符合按程序办事的基本建设原则，也是由于自然界地质现象的复杂性和多变性所决定的。因为这种复杂多变性，在一定的勘察阶段内难以全部认识和掌握，需要一个逐步深化的认识过程。分阶段实施勘察工作，可以减少工作的盲目性，有利于保证工程质量。当然，也可根据拟建工程的规模、性质和地质条件，因地制宜地简化勘察阶段。

（二）各勘察阶段的勘察内容和勘察方法

1. 可行性研究勘察阶段

可行性研究勘察应通过收集区域地质资料、现场踏勘和调查，了解拟选方案的地形地貌、地层岩性、地质构造、工程地质、水文地质和环境条件，对拟选方案的适宜性做出评价，选择合适的洞址和洞口。

2. 初步勘察阶段

初步勘察应采用工程地质测绘，并结合工程需要，辅以物探、钻探和测试等方法，初步查明选定方案的地质条件和环境条件，初步确定岩体质量等级（围岩类别），对洞址和洞口的稳定性做出评价，为初步设计提供依据。

工程地质测绘的任务是查明地形地貌、地层岩性、地质构造、水文地质条件和不良地质作用，为评价洞区稳定性和建洞适宜性提供资料，为布置物探和钻探工作量提供依据。在地下洞室勘察中，做好工程地质测绘可以达到事半功倍的效果。

地下洞室初步勘察时，工程地质测绘和调查应初步查明下列问题：①地貌形态和成因类型。②地层岩性、产状、厚度、风化程度。③断裂和主要裂隙的性质、产状、充填、胶结、贯通及组合关系。④不良地质作用的类型、规模和分布。⑤地震地质背景。⑥地应力的最大主应力作用方向。⑦地下水类型、埋藏条件、补给、排泄和动态变化。⑧地表水体的分布及其与地下水的关系、淤积物的特征。⑨洞室穿越地面建筑物、地下构筑物、管道等既有工程时的相互影响。

地下洞室初步勘察时，勘探与测试应符合下列要求：①采用浅层地震剖面法或其他有效方法圈定隐伏断裂、地下隐伏体，探测构造破碎带，查明基岩埋深、划分风化带。②每一主要岩层和土层均应采取试样，当有地下水时应采取水试样；当洞区存在有害气体或地温异常时，应进行有害气体成分、含量或地温测定；对高地应力地区，应进行地应力量测。③必要时，可进行钻孔弹性波或声波测试，钻孔地震 CT 或钻孔电磁波 CT 测试，可评价岩体完整性，计算岩体动力参数，划分围岩类别等。

3. 详细勘察阶段

详细勘察阶段是地下洞室勘察的一个重要阶段，应采用钻探、钻孔物探和测试为主的勘察方法，必要时可结合施工导洞布置洞探，工程地质测绘在详勘阶段一般情况下不单独进行，只是根据需要做一些补充性调查。详细勘察的任务是详细查明洞址、洞口、洞室穿越线路的工程地质和水文地质条件，分段划分岩体质量级别或围岩类别，评价洞体和围岩稳定性，为洞室支护设计和确定施工方案提供资料。

详细勘察具体应进行下列工作：①查明地层岩性及其分布，划分岩组和风化程度，进行岩石物理力学性质试验。②查明断裂构造和破碎带的位置、规模、产状和力学属性，划分岩体结构类型。③查明不良地质作用的类型、性质、分布，并提出防治措施的建议。④查明主要含水层的分布、厚度、埋深，地下水的类型、水位、补给排泄条件，预测开挖期间出水状态、涌水量和水质的腐蚀性。⑤城市地下洞室需降水施工时，应分段提出工程降水方案和有关参数。⑥查明洞室所在位置及邻近地段的地面建筑和地下构筑物、管线状况，预测洞室开挖可能产生的影响，提出防护措施。⑦综合场地的岩土工程条件，划分围岩类别，提出洞址、洞口、洞轴线位置的建议，对洞口、洞体的稳定性进行评价，提出支护方案和施工方法的建议，对地面变形和既有建筑的影响进行评价。

详细勘察可采用浅层地震勘探和孔间地震 CT 或孔间电磁波 CT 测试等方法，详细查明基岩埋深、岩石风化程度、隐伏体（如溶洞、破碎带等）的位置，在钻孔中进行弹性波波速测试，为确定岩体质量等级（围岩类别）、评价岩体完整性、计算动力参数提供资料。

详细勘察时，勘探点宜在洞室中线外侧 6~8m 交叉布置，山区地下洞室按地质构造布置，且勘探点间距不应大于 50m；城市地下洞室的勘探点间距，岩土变化复杂的场地宜小于 25m，中等复杂的场地宜为 25~40m，简单的场地宜为 40~80m。

采集试样和原位测试勘探孔数量不应少于勘探孔总数的 1/2。

详细勘察时，第四系中的控制性勘探孔深度应根据工程地质、水文地质条件、洞室埋深、防护设计等需要确定；一般性勘探孔可钻至基底设计标高下 6~10m。控制性勘探孔深度，对岩体基本质量等级为Ⅰ级和Ⅱ级的岩体宜钻入洞底设计标高下 1~3m；对Ⅲ级岩体宜钻入 3~5m，对Ⅳ级、Ⅴ级的岩体和土层，勘探孔深度应根据实际情况确定。

详细勘察的室内试验和原位测试，除应满足初步勘察的要求，对城市地下洞室还应根据设计要求进行下列试验：①采用承压板边长为 30cm 的载荷试验测求地基基床系数，基床系数用于衬砌设计时计算围岩的弹性抗力强度。②采用面热源法或热线比较法进行热物理指标试验，计算热物理参数（导温系数、导热系数和比热容）。

热物理参数用于地下洞室通风负荷设计，通常采用面热源法和热线比较法测定潮湿土层的导温系数、导热系数和比热容；热线比较法还适用于测定岩石的导热系数，比热容还可用热平衡法测定。

面热源法是在被测物体中间作用一个恒定的短时间的平面热源，则物体温度将随时间而变化，其温度变化是与物体的性能有关。

4. 施工勘察和超前地质预报

进行地下洞室勘察，仅凭工程地质测绘、工程物探和少量的钻探工作，其精度是难以满足施工要求的，还需依靠施工勘察和超前地质预报加以补充和修正。因此，施工勘察和地质超前预报关系到地下洞室掘进速度和施工安全，可以起到指导设计和施工的作用。

施工勘察应配合导洞或毛洞开挖，当发现与勘察资料有较大出入时，应提出修改设计和施工方案的建议。

超前地质预报主要内容包括下列 4 个方面：①断裂、破碎带和风化囊的预报。②不稳定块体的预报。③地下水活动情况的预报。④地应力状况的预报。

超前预报的方法主要有超前导坑预报法、超前钻孔测试法和工作面位移量测法等。

第四节　城市轨道交通工程

一、勘察阶段划分

城市轨道交通岩土工程勘察应按规划、设计阶段的技术要求，分阶段开展相应的勘察工作。

城市轨道交通工程建设一般包括规划、可行性研究、总体设计、初步设计、施工图设计、工程施工、试运营等阶段。由于城市轨道交通工程投资巨大，线路穿越城市中心地带，地质、环境风险极高，建设各阶段对工程技术的要求高，各个阶段所解决的工程问题不同，对岩土工程勘察的资料深度要求也不同。如在规划阶段应规避对线路方案产生重大影响的地质和环境风险。在设计阶段应针对所有的岩土工程问题开展设计工作，并对各类环境提出保护方案。若不按照建设阶段及各阶段的技术要求开展岩土工程勘察工作，可能会导致工程投资浪费、工期延误，甚至在施工阶段产生重大的工程风险。因此，根据规划和各设计阶段的要求，分阶段开展岩土工程勘察工作，规避工程风险，对轨道交通工程建设意义重大。

城市轨道交通岩土工程勘察应分为可行性研究勘察、初步勘察和详细勘察。施工阶段可根据需要开展施工勘察工作。

分阶段开展工作，就是坚持由浅入深、不断深化的认识过程，逐步认识沿线区域及场地的工程地质条件，准确提供不同阶段所需的岩土工程资料。特别在地质条件复杂地区，若不按阶段进行岩土工程勘察工作，轻者给后期工作造成被动，形成返工浪费，重者给工程造成重大损失或给运营线路留下无穷后患。

鉴于工程地质现象的复杂性和不确定性，按一定间距布设勘探点所揭示地层信息存在局限性；受周边环境条件限制，部分钻孔在详细勘察阶段无法实施；工程施工阶段周期较长（一般为 2~4 年），在此期间，地下水和周边环境会发生较大变化；同时在工程施工中经常会出现一些工程问题。因此，城市轨道交通工程在施工阶段有必要开展勘察工作，对地质资料进行验证、补充或修正。

不良地质作用、地质灾害、特殊性岩土等往往对城市轨道交通工程线位规划、敷设形式、结构设计、工法选择等工程方案产生重大影响，严重时危及工程施工和线路运营的安全。不良地质作用、地质灾害、特殊性岩土等岩土工程问题往往具有复杂性和特殊性，采用常规的勘探手段，在常规的勘探工作量条件下难以查清。因此，城市轨道交通工程线路或场地附近存在对工程设计方案和施工有重大影响的岩土工程问题时应进行专项勘察，提出有针对性的工程措施建议，确保工程规划设计经济、合理，工程施工安全、顺利。

城市轨道交通工程周边存在着大量的地上、地下建（构）筑物、地下管线、人防工程等环境条件，对工程设计方案和工程安全产生重大的影响，同时，轨道交通的敷设形式多采用地下线形式，地下工程的施工容易导致周边环境破坏。因此，城市轨道交通岩土工程勘察应取得工程沿线地形图、管线及地下设施分布图等资料，以便勘察单位在勘察期间确保地下管线和设施的安全，并在勘察成果中分析工程与周边环境的相互影响，提出工程周边环境保护措施的建议。

工程周边环境资料是工程设计、施工的重要依据，地形图及地下管线图往往不能满足周边环境与工程相互影响分析及工程环境保护设计、施工的要求。因此，必要时根据任务要求开展工程周边环境专项调查工作，取得周边环境的详细资料，以便采取环境保护措施，保证环境和城市轨道交通工程建设的安全。

目前，工程周边环境的专项调查工作，是由建设单位单独委托，承担环境调查工作的单位，可以是设计单位、勘察单位或其他单位。

城市轨道交通岩土工程勘察应在收集当地已有勘察资料、建设经验的基础上，针对线路敷设形式以及各类工程的建筑类型、结构形式、施工方法等工程条件开展工作。收集当地已有勘察资料和建设经验是岩土工程勘察的基本要求，充分利用已有勘察资料和建设经验可以达到事半功倍的效果。城市轨道交通工程线路敷设形式多、结构类型多、施工方法复杂；不同类型的工程对岩土工程勘察的要求不同，解决的问题也不同。因此，针对线路敷设形式以及各类工程的建筑类型、结构形式、施工方法等工程条件开展工作是十分有必要的。

二、可行性研究勘察

（一）一般规定

可行性研究勘察应针对城市轨道交通工程线路方案开展工程地质勘查工作，研究线路场地的地质条件，为线路方案比选提供地质依据。可行性研究阶段勘察是城市轨道交通工程建设的一个重要环节。城市轨道交通工程在规划可行性研究阶段，就需要考虑众多的影响和制约因素，如城市发展规划、交通方式、预测客流等，以及地质条件、环境设施、施工难度等。这些因素是确定线路走向、埋深和工法时应重点考虑的内容。

制约线路敷设方式、工期、投资的地质因素主要为不良地质作用、特殊性岩土和线路控制节点的工程地质与水文地质问题。因此，可行性研究勘察应重点研究影响线路方案的不良地质作用、特殊性岩土及关键工程的工程地质条件。

可行性研究勘察应在收集已有地质资料和工程地质调查与测绘的基础上，开展必要的勘探与取样、原位测试、室内试验等工作。由于城市轨道交通工程设计中，一般可行性研究阶段与初步设计阶段之间还有总体设计阶段，在实际工作中，可行性研究阶段的勘察报告还需要满足总体设计阶段的需要。如果仅依靠收集资料来编制可行性研究勘察报告难以满足上述两个阶段的工作需要，因此应进行必要的现场勘探、测试和试验工作。

（二）目的与任务

可行性研究勘察应调查城市轨道交通工程线路场地的岩土工程条件、周边环境条件，研究控制线路方案的主要工程地质问题和重要工程周边环境，为线位、站位、线路敷设形式、施工方法等方案的设计与比选、技术经济论证、工程周边环境保护及编制可行性研究报告提供地质资料。

由于比选线路方案、完善线路走向、确定敷设方式和稳定车站等工作，需要同时考虑对环境的保护和协调，如重点文物单位的保护，既有桥隧、地下设施的协调等，并认识和把握既有地上、地下环境所处的岩土工程背景条件。因此，可行性研究阶段勘察，应从岩土工程角度，提出线路方案与环境保护的建议。

可行性研究勘察应进行下列工作：①收集区域地质、地形、地貌、水文、气象、地震、矿产等资料，借鉴沿线的工程地质条件、水文地质条件、工程周边环境条件和相关工程建设经验。②调查线路沿线的地层岩性、地质构造、地下水埋藏条件等，划分工程地质单元，进行工程地质分区，评价场地稳定性和适宜性。③对控制线路方案的工程周边环境，分析其与线路的相互影响，提出规避、保护的初步建议。④对控制线路方案的不良地质作用、特殊性岩土，了解其类型、成因、范围及发展趋势，分析其对线路的危害，提出规避、防治的初步建议。轨道交通工程为线状工程，不良地质作用、特殊性岩土以及重要的工程周边环境决定了工程线路敷设形式、开挖形式、线路走向等方案的可行性，并影响着工程的造价、工期及施工安全。⑤研究场地的地形、地貌、工程地质、水文地质、工程周边环境等条件，分析路基、高架、地下等工程方案及施工方法的可行性，提出线路比选方案的建议。

（三）勘察要求

可行性研究勘察的资料收集应包括下列内容：①工程所在地的气象、水文以及与工程相关的水利、防洪设施等资料。②区域地质、构造、地震及液化等资料。③沿线地形、地貌、地层岩性、地下水、特殊性岩土、不良地质作用和地质灾害等资料。④沿线古城址及河、湖、沟、坑的历史变迁及工程活动引起的地质变化等资料。⑤影响线路方案的重要建（构）筑物、桥涵、隧道、既有轨道交通设施等工程周边环境的设计与施工资料。

可行性研究阶段勘察所依据的线路方案一般都不稳定和具体，并且各地的场地复杂程度、线路的城市环境条件也不同，所以可行性研究阶段勘探点间距需要根据地质条件和实际灵活掌握。

三、初步勘察

（一）一般规定

初步勘察应在可行性研究勘察的基础上，针对城市轨道交通工程线路敷设形式、各类工程的结构形式、施工方法等开展工作，为初步设计提供地质依据。

初步设计是城市轨道交通工程建设非常重要的设计阶段，初步设计工作往往是在线路总体设计的基础上开展工点设计工作，不同的敷设形式初步设计的内容不同，如初步设计阶段的地下工程一般根据环境及地质条件需完成车站主体及区间的平面布置、埋置深度、开挖方法、支护形式、地下水控制、环境保护、监控量测等的初步方案。初步设计阶段的岩土工程勘察需要满足以上初步设计工作的要求。

初步勘察应对控制线路平面、埋深及施工方法的关键工程或区段进行重点勘察，并结合工程周边环境提出岩土工程防治和风险控制的初步建议。

初步设计过程中，对一些控制性工程，如穿越水体、重要建筑物地段、换乘节点等往往需要对位置、埋深、施工方法进行多种方案的比选，因此，初步勘察需要为控制性节点工程的设计和比选，确定切实可行的工程方案，提供必要的地质资料。

初步勘察工作应根据沿线区域地质和场地工程地质、水文地质、工程周边环境等条件，采用工程地质调查与测绘、勘探与取样、原位测试、室内试验等多种手段相结合的综合勘察方法。

（二）目的与任务

初步勘察应初步查明城市轨道交通工程线路、车站、车辆基地和相关附属设施的工程地质和水文地质条件，分析评价地基基础形式和施工方法的适宜性，预测可能出现的岩土工程问题，提供初步设计所需的岩土参数，提出复杂或特殊地段岩土治理的初步建议。

初步勘察应进行下列一般工作：①收集带地形图的拟建线路平面图、线路纵断面图、施工方法等有关设计文件及可行性研究勘察报告、沿线地下设施分布图。②初步查明沿线地质构造、岩土类型及分布、岩土物理力学性质、地下水埋藏条件，进行工程地质分区。③初步查明特殊性岩土的类型、成因、分布、规模、工程性质，分析其对工程的危害程度。④查明沿线场地不良地质作用的类型、成因、分布、规模，预测其发展趋势，分析其对工程的危害程度。⑤初步查明沿线地表水的水位、流量、水质、河湖淤积物的分布，以及地表水与地下水的补排关系。⑥初步查明地下水水位，地下水类型，补给、径流、排泄条件，历史最高水位，地下水动态和变化规律。⑦对抗震设防烈度大于或等于 6 度的场地，应初步评价场地和地基的地震效应。⑧评价场地稳定性和工程适宜性。⑨初步评价水和土对建筑材料的腐蚀性。⑩对可能采取的地基基础类型、地下工程开挖与支护方案、地下水控制方案进行初步分析评价。⑪季节性冻土地区，应调查场地土的标准冻结深度。⑫对环境风险等级较高的工程周边环境，分析可能出现的工程问题，提出预防措施的建议。

（三）地下工程

城市轨道交通工程初步设计阶段的地下工程主要涉及地下车站、区间隧道，地下车站与区间隧道初步勘察除应符合初步勘察一般工作的规定外，针对地下工程的特点，勘察要求满足包括围岩分级、岩土施工工程分级、地基基础形式、围岩加固形式、有害气体、污染土、支护形式和盾构选型等隧道工程、基坑工程所需要查明和评价的内容。具体包括下列要求：①初步划分车站、区间隧道的围岩分级和岩土施工工程分级。②根据车站、区间隧道的结构形式及埋置深度，结合岩土工程条件，提供初步设计所需的岩土参数，提出地基基础方案的初步建议。③每个水文地质单元选择代表性地段进行水文地质试验，提供水文地质参数，必要时设置地下水位长期观测孔。④初步查明地下有害气体、污染土层的分布、成分，评价其对工程的影响。⑤针对车站、区间隧道的施工方法，结合岩土工程条件，分析基坑支护、围岩支护、盾构设备选型、岩土加固与开挖、地下水控制等可能遇到的岩土工程问题，提出处理措施的初步建议。

地下车站的勘探点宜按结构轮廓线布置，每个车站勘探点数量不宜少于4个，且勘探点间距不宜大于100m。当地质条件复杂时，还需增加钻孔。

地下区间的勘探点应根据场地复杂程度和设计方案布置，并符合下列要求：①勘探点间距宜为100～200m，在地貌、地质单元交接部位、地层变化较大地段以及不良地质作用和特殊性岩土发育地段应加密勘探点。②勘探点宜沿区间线路布置。③每个地下车站或区间取样、原位测试的勘探点数量不应少于勘探点总数的2/3。

勘探孔深度应根据地质条件及设计方案综合确定，并符合下列规定：①控制性勘探孔进入结构底板以下不应小于30m；在结构埋深范围内如遇强风化、全风化岩石地层进入结构底板以下不应小于15m；在结构埋深范围内如遇中等风化、微风化岩石地层宜进入结构底板以下 5~8m。②一般性勘探孔进入结构底板以下不应小于 20m；在结构埋深范围内如遇强风化、全风化岩石地层进入结构底板以下不应小于 10m；在结构埋深范围内如遇中等风化、微风化岩石地层进入结构底板以下不应小于 5m。③遇岩溶和破碎带时，钻孔深度应适当加深。

（四）高架工程

城市轨道交通工程初步设计阶段高架工程主要涉及高架车站、区间桥梁，轨道交通高架结构对沉降控制较为严格，一般采用桩基方案，因此勘察工作的重点是桩基方案的评价和建议。针对高架工程的特点，高架车站与区间工程初步勘察除应符合初步勘察一般工作的规定，还应满足下列要求：①重点查明对高架方案有控制性影响的不良地质体的分布范围，指出工程设计应注意的事项。②采用天然地基时，初步评价墩台基础地基稳定性和承载力，提供地基变形、基础抗倾覆和抗滑移稳定性验算所需的岩土参数。③采用桩基时，初步查明桩基持力层的分布、厚度变化规律，提出桩型及成桩工艺的初步建议，提供桩侧土层摩阻力、桩端土层端阻力初步建议值，并评价桩基施工对工程周边环境的影响。④对跨河桥，还应初步查明河流水文条件，提供冲刷计算所需的颗粒级配等参数。

勘探点间距应根据场地复杂程度和设计方案确定，宜为 80~150m；高架车站勘探点数量不宜少于 3 个；对于已经基本明确桥柱位置和柱跨情况的，初勘点位应尽量结合桥柱、框架柱布设。取样、原位测试的勘探点数量不应少于勘探点总数的 2/3。

勘探孔深度应符合下列规定：①控制性勘探孔深度应满足墩台基础或桩基沉降计算和软弱下卧层验算的要求，一般性勘探孔应满足查明墩台基础或桩基持力层和软弱下卧土层分布的要求。②墩台基础置于无地表水地段时，应穿过最大冻结深度达持力层以下；墩台基础置于地表水水下时，应穿过水流最大冲刷深度达持力层以下。③覆盖层较薄，下伏基岩风化层不厚时，勘探孔应进入微风化地层 3~8m。为确认是基岩而非孤石，应将岩心同当地岩层露头、岩性、层理、节理和产状进行对比分析,综合判断。

(五) 路基、涵洞工程

城市轨道交通路基工程主要包括一般路基、路堤、路堑、支挡结构及其他的线路附属设施。路基工程初步勘察除应符合初步勘察所进行的一般工作,还应符合下列规定:①初步查明各岩土层的岩性、分布情况及物理力学性质,重点查明对路基工程有控制性影响的不稳定岩土体、软弱土层等不良地质体的分布范围。②初步评价路基基底的稳定性,划分岩土施工工程等级,指出路基设计应注意的事项并提出相关建议。③初步查明水文地质条件,评价地下水对路基的影响,提出地下水控制措施的建议。④对高路堤应初步查明软弱土层的分布范围和物理力学性质,提出天然地基的填土允许高度或地基处理建议,对路堤的稳定性进行初步评价;必要时进行取土场勘察。⑤对深路堑,应初步查明岩土体的不利结构面,调查沿线天然边坡、人工边坡的工程地质条件,评价边坡稳定性,提出边坡治理措施的建议。⑥对支挡结构,应初步评价地基稳定性和承载力,提出地基基础形式及地基处理措施的建议。对路堑挡土墙,还应提供墙后岩土体物理力学性质指标。

涵洞工程初步勘察除应符合初步勘察一般工作的规定,还应符合下列规定:①初步查明涵洞场地地貌、地层分布和岩性、地质构造、天然沟床稳定状态、隐伏的基岩倾斜面、不良地质作用和特殊性岩土。②初步查明涵洞地基的水文地质条件,必要时进行水文地质试验,提供水文地质参数。③初步评价涵洞地基稳定性和承载力,提供涵洞设计、施工所需的岩土参数。

路基、涵洞工程勘探点间距应符合下列要求:①每个地貌、地质单元均应布设勘探点,在地貌、地质单元交接部位和地层变化较大地段应加密勘探点。②路基的勘探点间距宜为 100~150m,支挡结构、涵洞应有勘探点控制。③高路堤、深路堑应布设横断面。④取样、原位测试的勘探点数量不应少于路基、涵洞工程勘探点总数的 2/3。

路基、涵洞工程的控制性勘探孔深度应满足稳定性评价、变形计算、软弱下卧层验算的要求;一般性勘探孔宜进入基底以下 5~10m。

四、详细勘察

（一）一般规定

城市轨道交通工程结构、建筑类型多，一般包括：地下车站和地下区间、高架车站和高架区间、地面车站和地面区间以及各类地上地下通道、出入口、风井、施工竖井、车辆段、停车场、变电站及附属设施等。不同工程和结构类型的岩土工程问题不同，设计所需的岩土参数也不同；地下工程的埋深不同，工程风险不同，因此，详细勘察应在初步勘察的基础上，针对城市轨道交通各类工程的特点、建筑类型、结构形式、埋置深度和施工方法等开展工作，满足施工图设计要求。

详细勘察是根据各类工程场地的工程地质、水文地质和工程周边环境等条件，主要采用勘探与取样、原位测试、室内试验，辅以工程地质调查与测绘、工程物探的综合勘察方法。

（二）目的与任务

城市轨道交通工程所遇到的岩土工程问题概括起来主要为各类建筑工程的地基基础问题、隧道围岩稳定问题、天然边坡和人工边坡稳定性问题、周边环境保护问题等，为分析评价和解决好这些岩土工程问题，详细勘察阶段应查明各类工程场地的工程地质和水文地质条件，分析评价地基、围岩及边坡稳定性，预测可能出现的岩土工程问题，提出地基基础、围岩加固与支护、边坡治理、地下水控制、周边环境保护方案建议，提供设计、施工所需的岩土参数。

为使勘察工作的布置和岩土工程的评价具有明确的工程针对性，解决工程设计和施工中的实际问题，详细勘察工作前应收集附有坐标和地形的拟建工程的平面图、纵断面图、荷载、结构类型与特点、施工方法、基础形式及埋深、地下工程埋置深度及上覆土层的厚度、变形控制要求等资料。收集工程有关资料、了解设计要求是十分重要的工作，也是勘察工作的基础。

　　详细勘察应进行下列一般工作：①查明不良地质作用的特征、成因、分布范围、发展趋势和危害程度，提出治理方案的建议。②查明场地范围内岩土层的类型、年代、成因、分布范围、工程特性，分析和评价地基的稳定性、均匀性和承载能力，提出天然地基、地基处理或桩基等地基基础方案的建议，对需进行沉降计算的建（构）筑物、路基等，提供地基变形计算参数。③分析地下工程围岩的稳定性和可挖性，对围岩进行分级和岩土施工工程分级，提出对地下工程有不利影响的工程地质问题及防治措施的建议，提供基坑支护、隧道初期支护和衬砌设计与施工所需的岩土参数。④分析边坡的稳定性，提供边坡稳定性计算参数，提出边坡治理的工程措施建议。城市轨道交通在山区、丘陵地区或穿越临近环境以及开挖会遇到天然边坡和人工边坡问题。⑤查明对工程有影响的地表水体的分布、水位、水深、水质、防渗措施、淤积物分布及地表水与地下水的水力联系等，分析地表水体对工程可能造成的危害。⑥查明地下水的埋藏条件，提供场地的地下水类型、勘察时水位、水质、岩土渗透系数、地下水位变化幅度等水文地质资料，分析地下水对工程的作用，提出地下水控制措施的建议。⑦判定地下水和土对建筑材料的腐蚀性。⑧分析工程周边环境与工程的相互影响，提出环境保护措施的建议。⑨应确定场地类别，对抗震设防烈度大于 6 度的场地，应进行液化判别，提出处理措施的建议。⑩在季节性冻土地区，应提供场地土的标准冻结深度。

（三）地下工程

　　地下车站主体、出入口、风井、通道，地下区间、联络通道等地下工程的详细勘察，除应符合详细勘察一般工作的规定，还应符合下列规定：①查明各岩土层的分布，提供各岩土层的物理力学性质指标及地下工程设计、施工所需的基床系数、静止侧压力系数、热物理指标和电阻率等岩土参数。②查明不良地质作用、特殊性岩土及对工程施工不利的饱和砂层、卵石层、漂石层等地质条件的分布与特征，分析其对工程的危害和影响，提出工程防治措施的建议。③在基岩地区应查明岩石风化程度，岩层层理、片理、节理等软弱结构面的产状及组合形式，断裂构造和破碎带的位置、规模、产状和力学属性，划分岩体结构类型，分析隧道偏压的可能性及危害。④对基坑边坡的稳定性进行评价，分析基坑支护可能出现的岩土工程问题，提出防治措施建议，提供基坑支护设计所需的岩土参数。⑤分析地下水对工程施工的影响，预测基坑和隧道突水、涌砂、流土、管涌的可能性及危害程度。⑥分析地下水对工程结构的作用，对需采取抗浮措施的地下工程，提出抗浮设防水位的建议，提供抗拔桩或抗浮锚杆设计所需的各岩土层的侧摩阻力或锚固力等计算参数，必要时对抗浮设防水位进行专项研究。⑦分析评价工程降水、岩土开挖对工程周边环境的影响，提出周边环境保护措施的建议。⑧对出入口与通道、风井与风道、施工竖井与施工通道、联络通道等附属工程及隧道断面尺寸变化较大区段，应根据工程特点、场地地质条件和工程周边环境条件进行岩土工程分析与评价。出入口、通道、风井、风道、施工竖井等附属工程一般位于路口或穿越道路，工程周边环境复杂，通道与井交接部位受力复杂，经常发生工程事故，安全风险较高。因此应进行单独勘察评价。⑨对地基承载力、地基处理和围岩加固效果，工程结构、工程周边环境、岩土体的变形及地下水位变化等的工程监测提出建议。

　　勘探点平面布置要考虑工程结构特点、场地条件、施工方法、附属结构、特殊部位的要求，符合下列规定：①车站主体勘探点宜沿结构轮廓线布设，结构角点以及出入口与通道、风井与风道、施工竖井与施工通道等附属工程部位应有勘探点控制。②每个车站不应少于 2 条纵剖面和 3 条有代表性的横剖面。车站横剖面一般结合通道、出入口、风井的分布情况布设，数量可根据地质条件复杂程度和设计要求进行调整。③车站采用承重桩时，勘探点的平面布置宜结合承重桩的位置布设。④区间勘探点宜在隧道结构外侧 3~5m 的位置交叉布设。在结构范围内布置钻孔容易导致地下水贯通，给工程施工带来危害。隧道采用单线单洞时，左右线距离大于 3 倍洞径时采用双排孔布置，左右线距离小于 3 倍洞径或隧道采用双线单洞时可交叉布点。⑤在区间隧道洞口、陡坡段、大断面、异形断面、工法变换以及联络通道、渡线、施工竖井等部位应有勘探点控制，并布设剖面。⑥山岭隧道勘探点的布置可执行现行行业标准《铁路工程地质勘查规范》（TB 10012—2019）的有关规定。

钻孔位置和数量应视地质复杂程度而定。洞门附近覆土较厚时，应布设勘探孔；地质复杂、长度大于1000m的隧道，洞身应按不同地貌及地质单元布设勘探孔查明地质条件；主要的地质界线、重要的不良地质、特殊岩土地段、可能产生突泥危害地段等处应有钻孔控制。洞身地段的钻孔宜布置在中线外8~10m；钻探完毕应回填封孔。

　　勘探孔深度应符合下列规定：①控制性勘探孔的深度应满足地基、隧道围岩、基坑边坡稳定性分析、变形计算以及地下水控制的要求。②对车站工程，控制性勘探孔进入结构底板以下不应小于25m或进入结构底板以下中等风化或微风化岩石不应小于5m，一般性勘探孔深度进入结构底板以下不应小于15m或进入结构底板以下中等风化或微风化岩石不应小于3m。③对区间工程，控制性勘探孔进入结构底板以下不应小于3倍隧道直径（宽度）或进入结构底板以下中等风化或微风化岩石不应小于5m，一般性勘探孔进入结构底板以下不应小于2倍隧道直径（宽度）或进入结构底板以下中等风化或微风化岩石不应小于3m。④当采用承重桩、抗拔桩或抗浮锚杆时，勘探孔深度应满足其设计的要求。⑤当预定深度范围内存在软弱土层时，勘探孔应适当加深。

　　城市轨道交通工程设计年限长，为百年大计工程，且工程复杂、施工难度大、变形控制要求高等，必须有一定数量的控制性钻孔，以及取样及原位测试钻孔以取得满足变形计算、稳定性分析、地下水控制等所需的岩土参数，参照现行国家标准《岩土工程勘察规范》（GB 50021—2019）的相关规定，并考虑到车站工程的钻孔数量比较多，且附属设施需要单独布设钻孔，测试、试验数据数量能满足统计分析要求，地下工程控制性勘探孔的数量不应少于勘探点总数的1/3。采取岩土试样及原位测试勘探孔的数量：车站工程不应少于勘探点总数的1/2，区间工程不应少于勘探点总数的2/3。

　　采取岩土试样和进行原位测试应满足岩土工程评价的要求。每个车站或区间工程每一主要土层的原状土试样或原位测试数据不应少于10个（组），且每一地质单元的每一主要土层不应少于6个（组）。

　　原位测试应根据需要和地区经验选取适合的测试手段，每个车站或区间工程的波速测试孔不宜少于 3 个，电阻率测试孔不宜少于 2 个。

室内试验应符合下列规定：①抗剪强度室内试验方法应根据施工方法、施工条件、设计要求等确定。②静止侧压力系数和热物理指标试验数据每一主要土层不宜少于 3 组。③宜在基底以下压缩层范围内采取岩土试样进行回弹再压缩试验，每层试验数据不宜少于 3 组。④对隧道范围内的碎石土和砂土应测定颗粒级配，对粉土应测定黏粒含量。⑤应采取地表水、地下水水试样或地下结构范围内的岩土试样进行腐蚀性试验，地表水每处不应少于 1 组，地下水或每层岩土试样不应少于 2 组。⑥在基岩地区应进行岩块的弹性波波速测试，并应进行岩石的饱和单轴抗压强度试验，必要时还应进行软化试验；对软岩、极软岩可进行天然湿度的单轴抗压强度试验。每个场地每一主要岩层的试验数据不应少于 3 组。

（四）高架工程

高架工程详细勘察包括高架车站、高架区间及其附属工程的勘察，除应符合详细勘察一般工作的规定，还应符合下列规定：①查明场地各岩土层类型、分布、工程特性和变化规律；确定墩台基础与桩基的持力层，提供各岩土层的物理力学性质指标；分析桩基承载性状，结合当地经验提供桩基承载力计算和变形计算参数。②查明溶洞、土洞、人工洞穴、采空区、可液化土层和特殊性岩土的分布与特征，分析其对墩台基础和桩基的危害程度，评价墩台地基和桩基的稳定性，提出防治措施的建议。③采用基岩作为墩台基础或桩基的持力层时，应查明基岩的岩性、构造、岩面变化、风化程度，确定岩石的坚硬程度、完整程度和岩体基本质量等级，判定有无洞穴、临空面、破碎岩体或软弱岩层。④查明水文地质条件，评价地下水对墩台基础及桩基设计和施工的影响；判定地下水和土对建筑材料的腐蚀性。⑤查明场地是否存在产生桩侧负摩阻力的地层，评价负摩阻力对桩基承载力的影响，并提出处理措施的建议。⑥分析桩基施工存在的岩土工程问题，评价成桩的可能性，论证桩基施工对工程周边环境的影响，并提出处理措施的建议。⑦对基桩的完整性和承载力提出检测的建议。

勘探点的平面布设应符合下列规定：①高架车站勘探点应沿结构轮廓线和柱网布设，勘探点间距宜为 15~35m。当桩端持力层起伏较大、地层分布复杂时，应加密勘探点。②高架区间勘探点应逐墩布设，地质条件简单时可适当减少勘探点。地质条件复杂或跨度较大时，可根据需要增加勘探点。

高架区间勘探点间距取决于高架桥柱距，目前各城市地铁高架桥的柱距一般采用 30m，跨既有铁路、公路线路采用大跨度的柱距一般为 50m。城市轨道交通工程高架桥对变形要求较高，一般条件下每柱均应布设勘探点；对地质条件复杂且跨度较大的高架桥，一个柱下可以布置 2~4 个勘探点。

勘探孔深度应符合下列规定：①墩台基础的控制性勘探孔应满足沉降计算和下卧层验算要求。②墩台基础的一般性勘探孔应达到基底以下 10~15m 或墩台基础底面宽度的 2~3 倍；在基岩地段，当风化层不厚或为硬质岩时，应进入基底以下中等风化岩石地层 2~3m。③桩基的控制性勘探孔深度应满足沉降计算和下卧层验算要求，应穿透桩端平面以下压缩层厚度；对嵌岩桩，控制性勘探孔应达到预计桩端平面以下 3~5 倍桩身设计直径，并穿过溶洞、破碎带，进入稳定地层。④桩基的一般性勘探孔深度应达到预计桩端平面以下 3~5 倍桩身设计直径，且不应小于 3m，对大直径桩，不应小于 5m。嵌岩桩一般性勘探孔应达到预计桩端平面以下 1~3 倍桩身设计直径。⑤当预定深度范围内存在软弱土层时，勘探孔应适当加深。高架工程控制性勘探孔的数量不应少于勘探点总数的 1/3。取样及原位测试孔的数量不应少于勘探点总数的 1/2。原位测试应根据需要和地区经验选取适合的测试手段，每个车站或区间工程的波速测试孔不宜少于 3 个。

室内试验应符合下列规定：①当需估算基桩的侧阻力、端阻力和验算下卧层强度时，宜进行三轴剪切试验或无侧限抗压强度试验，三轴剪切试验受力条件应模拟工程实际情况。②对于需要进行沉降计算的桩基工程，应进行压缩试验，试验最大压力应大于自重压力与附加压力之和。③桩端持力层为基岩时，应采取岩样进行饱和单轴抗压强度试验，必要时应进行软化试验；对软岩和极软岩，可进行天然湿度的单轴抗压强度试验；对无法取样的破碎和极破碎岩石，应进行原位测试。

（五）路基、涵洞工程

路基、涵洞工程勘察包括路基工程、涵洞工程、支挡结构及其附属工程的勘察。路基、涵洞工程勘察，除应符合详细勘察一般工作的规定，还应符合下列规定。

一般路基详细勘察应包括下列内容：①查明地层结构、岩土性质、岩层产状、风化程度及水文地质特征；分段划分岩土施工工程等级；评价路基基底的稳定性。②应采取岩土试样进行物理力学试验，采取水试样进行水质分析。

高路堤详细勘察应包括下列内容：①查明基底地层结构、岩土性质、覆盖层与基岩接触面的形态；查明不利倾向的软弱夹层，并评价其稳定性。②调查地下水活动对基底稳定性的影响。③地质条件复杂的地段应布置横剖面。④应采取岩土试样进行物理力学试验，提供验算地基强度及变形的岩土参数。⑤分析基底和斜坡稳定性，提出路基和斜坡加固方案的建议。

高路堤的基底稳定、变形等是路堤勘察的重点工作。既有调查表明，路堤病害绝大多数是由于路堤基底有软弱夹层或对地下水没处理好，其次是填料不合要求、夯实不紧密而引起的。为此需要查明基底有无软弱夹层及地下水出露范围和埋藏情况。在填方边坡高及工程地质条件较差地段岩土工程问题较多，设置路基横断面查清地质条件是非常必要的。勘探深度视地层情况与路堤高度而定。

深路堑详细勘察应包括下列内容：①查明场地的地形、地貌、不良地质作用和特殊地质问题；调查沿线天然边坡、人工边坡的工程地质条件；分析边坡工程对周边环境产生的不利影响。路堑受地形、地貌、地质、水文地质、气候等条件影响较大，且边坡又较高，容易出现边坡病害。为了稳固路堑边坡及地基，避免工程病害出现，勘察工作需按本条基本要求详细查明岩土工程条件，并针对不同情况提出相应的处理措施。②土质边坡应查明土层厚度、地层结构、成因类型、密实程度及下伏基岩面形态和坡度。③岩质边坡应查明岩层性质、厚度、成因、节理、裂隙、断层、软弱夹层的分布、风化破碎程度；主要结构面的类型、产状及填充物。④查明影响深度范围的含水层、地下水埋藏条件、地下水动态，评价地下水对路堑边坡及结构稳定性的影响，需要时应提供路堑结构抗浮设计的建议。⑤建议路堑边坡坡度，分析评价路堑边坡的稳定性，提供边坡稳定性计算参数，提出路堑边坡治理措施的建议。⑥调查雨期、暴雨量、汇水范围和雨水对坡面、坡脚的冲刷及对坡体稳定性的影响。

挡土墙及其他支挡建筑物是确保路堑等边坡稳固的重要措施。当路堑边坡稳固条件较差，需要设置支挡构筑物时，勘察工作可在详勘阶段结合深路堑工程勘察同时进行。支挡结构详细勘察应包括下列内容：①查明支挡地段地形、地貌、不良地质作用和特殊性岩土、地层结构及岩土性质，评价支挡结构地基稳定性和承载力，提供支挡结构设计所需的岩土参数，提出支挡形式和地基基础方案的建议。②查明支挡地段水文地质条件，评价地下水对支挡结构的影响，提出处理措施的建议。

涵洞详细勘察应符合下列规定：①查明地形、地貌、地层、岩性、天然沟床稳定状态、隐伏的基岩斜坡、不良地质作用和特殊性岩土。②查明涵洞场地的水文地质条件，必要时进行水文地质试验，提供水文地质参数。③应采取勘探、测试和试验等方法综合确定地基承载力，提供涵洞设计所需的岩土参数。④调查雨期、雨量等气象条件及涵洞附近的汇水面积。

路基、涵洞工程勘探点的平面布置应符合下列规定：①高路堤、深路堑应根据基底和边坡的特征，结合工程处理措施，确定代表性工程地质断面的位置和数量。每个断面的勘探点不宜少于 3 个，地质条件简单时不宜少于 2 个。②深路堑工程遇有软弱夹层或不利结构面时，勘探点应适当加密。③支挡结构的勘探点不宜少于 3 个。④涵洞的勘探点不宜少于 2 个。

路基、涵洞工程控制性勘探孔的数量不应少于勘探点总数的 1/3，取样及原位测试孔数量应根据地层结构、土的均匀性和设计要求确定，不少于勘探点总数的 1/2。

路基、涵洞工程勘探孔深度应满足下列要求：①控制性勘探孔深度应满足地基、边坡稳定性分析以及地基变形计算的要求。②路基的一般性勘探孔深度不应小于 5m，高路堤不应小于 8m。③路堑的一般性勘探孔深度应能探明软弱层厚度及软弱结构面产状，且穿过潜在滑动面并深入稳定地层内 2~3m，满足支护设计要求；在地下水发育地段，根据排水工程需要适当加深。④支挡结构的一般性勘探孔深度应达到基底以下不小于 5m。⑤遇软弱土层时，勘探孔应适当加深。

（六）地面车站、车辆基地

车辆基地的详细勘察包括站场股道、出入线、各类房屋建筑及其附属设施的勘察。车辆基地的各类房屋建筑一般包括停车列检库、物资总库、洗车库、办公楼、培训中心等，附属设施一般包括变电站、门卫室、供水井、地下管线、道路等。

车辆基地可根据不同建筑类型分别进行勘察，同时考虑场地挖填方对勘察的要求。车辆基地一般占地范围较大，多为近郊、不适合开发的土地，甚至为垃圾场，一般地形起伏大，需要考虑挖填方等场地平整的要求。目前场地平整和股道路基设计时需要勘察单位提供场地的地质横断面图。在填土变化较大时需要提供填土厚度等值线图以及不良土层平面分布图等。

车辆基地一般需要提供如下图纸、文件：①为进行软基处理，勘察报告提供车辆段场坪范围内软土平面分布图；软土顶面、底面等高线图；液化砂层分区图；中等风化岩面等高线图。②为满足填方需要，勘察报告提供填料组别。③车辆基地勘察完毕，还应进行专门的工程地质断面填图，断面线间距 25~30m，断面的水平比例为 1∶200，竖直比例为 1∶200。

第五节 其他工程场地岩土工程勘察

一、管道工程

管道工程是指长距离输油、气管道线路及其大型穿、跨越工程。长距离输油、气管道主要或优先采用地下埋设方式，管道上覆土厚 1.0~1.2m；自然条件比较特殊的地区，经过技术论证，亦可采用土堤埋设、地上敷设和水下敷设等方式。

管道工程勘察阶段的划分应与设计阶段相适应。输油、气管道工程可分选线勘察、初步勘察和详细勘察 3 个阶段。对岩土工程条件简单或有工程经验的地区，可适当简化勘察阶段。一般大型管道工程和大型穿越、跨越工程可分为选线勘察、初步勘察和详细勘察 3 个阶段；中型工程可分为选线勘察和详细勘察两个阶段；对于小型线路工程和小型穿、跨越工程一般不分阶段，一次达到详勘要求。

（一）管道工程选线勘察

选线勘察主要是收集和分析已有资料，对线路主要的控制点（如大中型河流穿、跨越点）进行踏勘调查，一般不进行勘探工作。对大型管道工程和大型穿越、跨越工程，选线勘察是一个重要的也是十分必要的勘察阶段。以往有些单位在选线工作中，由于对地质工作不重视，没有工程地质专业人员参加，甚至不进行选线勘察，事后发现选定的线路方案有不少岩土工程问题。例如沿线的滑坡、泥石流等不良地质作用较多，不易整治；如果整治，则耗费很大，增加工程投资；如不加以整治，则后患无穷。在这种情况下，有时不得不重新组织选线。

选线勘察应通过收集资料、测绘与调查，掌握各方案的主要岩土工程问题，对拟选穿、跨越河段的稳定性和适宜性做出评价，提出各方案的比选推荐建议，并应符合下列要求：①调查沿线地形地貌、地质构造、地层岩性、水文地质等条件，推荐线路、越岭方案。②调查各方案通过地区的特殊性岩土和不良地质作用，评价其对修建管道的危害程度。③调查控制线路方案河流的河床和岸坡的稳定程度，提出穿、跨越方案比选的建议。④调查沿线水库的分布情况，包括近期规划和远期规划、水库水位、回水浸没和坍岸的范围及其对线路方案的影响。⑤调查沿线矿产、文物的分布概况。⑥调查沿线地震动参数或抗震设防烈度。

管道遇有河流、湖泊、冲沟等地形、地物障碍时，必须跨越或穿越通过。

根据国内外的经验，一般是穿越较跨越好。但是管道线路经过的地区，各种自然条件不尽相同，有时因为河床不稳，要求穿越管线埋藏很深；有时沟深坡陡，管线敷设的工程量很大；有时水深流急施工穿越工程特别困难；有时对河流经常疏浚或渠道经常扩挖，影响穿越管道的安全。在这些情况下，采用跨越比穿越好。因此，应根据具体情况因地制宜地选用穿越或跨越。

河流的穿、跨越点选得是否合理，是设计、施工和管理的关键问题。所以，在确定穿、跨越点以前，应进行必要的选址勘察工作。通过认真的调查研究，比选出最佳的穿、跨越方案。既要照顾到整个线路走向的合理性，又要考虑到岩土工程条件的适宜性。从岩土工程的角度，穿越和跨越河流的位置应选择河段顺直、河床与岸坡稳定、水流平缓、河床断面大致对称、河床岩土构成比较单一、两岸有足够施工场地等有利河段。宜避开下列河段：①河道异常弯曲，主流不固定，经常改道。②河床由粉细砂组成，冲淤变幅大。③岸坡岩土松软，不良地质作用发育，对工程稳定性有直接影响或潜在威胁。④断层河谷或发震断裂。

（二）管道工程初步勘察

初步勘察，主要是在选线勘察的基础上，进一步收集资料、现场踏勘，进行工程地质测绘和调查，对拟选线路方案的岩土工程条件做出初步评价，并推荐最优线路方案；对穿、跨越工程尚应评价河床及岸坡的稳定性，提出穿、跨越方案的建议。

初步勘察应主要包括下列内容：①划分沿线的地貌单元。②初步查明管道埋设深度内岩土的成因、类型、厚度和工程特性。③调查对管道有影响的断裂的性质和分布。④调查沿线各种不良地质作用的分布、性质、发展趋势及其对管道的影响。⑤调查沿线井、泉的分布和地下水位情况。⑥调查沿线矿藏分布及开采和采空情况。⑦初步查明拟穿、跨越河流的洪水淹没范围，评价岸坡稳定性。

这一阶段的工作主要是进行测绘和调查，尽量利用天然和人工露头，一般不进行勘探和试验工作，只在地质条件复杂、露头条件不好的地段才进行简单的勘探工作。因为在初步勘察时，可能有几个比选方案，如果每一个方案都进行较为详细的勘察工作，那样工作量太大。所以，在确定工作内容时，要求初步查明管道埋设深度内的地层岩性、厚度和成因，要求把岩土的基本性质查清楚，如有无流沙、软土和对工程有影响的不良地质作用。

管道通过河流、冲沟等地段的穿、跨越工程的初勘工作，以收集资料、踏勘、调查为主，必要时进行物探工作。山区河流、河床的第四系覆盖层厚度变化大，单纯用钻探手段难以控制，可采用电法或地震勘探，以了解基岩埋藏深度。对于地质条件复杂的大中型河流，除地面调查和物探工作，还需进行少量的钻探工作，每个穿、跨越方案宜布设勘探点 1~3 个。对于勘探线上的勘探点间距，考虑到本阶段对河床地层的研究仅是初步的，山区河流同平原河流的河床沉积差异性很大，即使是同一条河流，上游与下游也有较大的差别。因此，勘探点间距应根据具体情况确定，以能初步查明河床地质条件为原则。至于勘探孔的深度，可以与详勘阶段的要求相同。

（三）管道工程详细勘察

详细勘察应查明沿线的岩土工程条件和水、土对金属管道的腐蚀性，应分段评价岩土工程条件，提出岩土工程设计所需要的岩土特性参数和设计、施工方案的建议；对穿越工程尚应论述河床和岸坡的稳定性，提出护岸措施的建议。穿、跨越地段的勘察应符合下列规定：①穿越地段查明地层结构、土的颗粒组成和特性；查明河床冲刷和稳定程度；评价岸坡稳定性，提出护坡建议。②跨越地段的勘探工作按架空线路工程的有关规定执行。

详细勘察勘探点的布设，应满足下列要求：①对管道线路工程，勘探点间距视地质条件复杂程度而定，宜为 200~1000m，包括地质点及原位测试点，并根据地形、地质条件复杂程度适当增减；勘探孔深度宜为管道埋设深度以下 1~3m。②对管道穿越工程，勘探点布设在穿越管道的中线上，偏离中线不大于 3m，勘探点间距宜为 30~100m，并不少于 3 个；当采用沟埋敷设方式穿越时，勘探孔深度宜钻至河床最大冲刷深度以下 3~5m；当采用顶管或定向钻方式穿越时，勘探孔深度根据设计要求确定。管道穿越工程详勘阶段的勘探点间距规定"宜为 30~100m",范围较大。这是考虑到山区河流与平原河流的差异大。对山区河流而言,30m 的间距有时还难以控制地层的变化;对平原河流,100m 的间距甚至再增大一些也可以满足要求。因此,当基岩面起伏大或岩性变化大时,勘探点的间距应适当加密,或采用物探方法,以控制地层变化。按现用设备,当采用定向钻方式穿越时,钻探点应偏离中心线 15m。③抗震设防烈度等于或大于 6 度地区的管道工程,勘察工作满足查明场地和地基的地震效应的要求。

二、架空线路工程

大型架空线路工程,主要是高压架空线路工程,包括 220kV 及其以上的高压架空送电线路、大型架空索道等,其他架空线路工程也可参照执行。

大型架空线路工程可分初步设计勘察和施工图设计勘察两个阶段,小型架空线路可合并勘察阶段。

(一) 初步设计勘察

初步设计勘察查明沿线岩土工程条件和跨越主要河流地段的岸坡稳定性,选择最优线路方案。初步设计勘察应符合下列要求:①调查沿线地形地貌、地质构造、地层岩性和特殊性岩土的分布、地下水及不良地质作用,并分段进行分析评价。②调查沿线矿藏分布、开发计划与开采情况;线路宜避开可采矿层;对已开采区,对采空区的稳定性进行评价。③对大跨越地段,查明工程地质条件,进行岩土工程评价,推荐最优跨越方案。

初步设计勘察应以收集和利用航测资料为主。大跨越地段应做详细的调查或工程地质测绘,必要时,辅以少量的勘探、测试工作。为了能选择地质地貌条件较好、路径短、安全、经济、交通便利、施工方便的线路路径方案,可按不同地质、地貌情况分段提出勘察报告。

调查和测绘工作,重点是调查研究路径方案跨河地段的岩土工程条件和沿线的不良地质作用,对各路径方案沿线地貌、地层岩性、特殊性岩土分布、地下水情况也应了解,以便正确划分地貌、地质地段,结合有关文献资料归纳整理提出岩土工程勘察报告。对特殊设计的大跨越地段和主要塔基，应做详细的调查研究，当已有资料不能满足要求时，应进行适量的勘探测试工作。

（二）施工图设计勘察

施工图设计勘察阶段，应提出塔位明细表，论述塔位的岩土条件和稳定性，并提出设计参数和基础方案以及工程措施等建议。施工图设计勘察应符合下列要求：①平原地区查明塔基土层的分布、埋藏条件、物理力学性质、水文地质条件及环境水对混凝土和金属材料的腐蚀性。②线路经过丘陵和山区，围绕塔基稳定性并以此为重点进行勘察工作；主要是查明塔基及其附近是否有滑坡、崩塌、倒石堆、冲沟、岩溶和人工洞穴等不良地质作用及其对塔基稳定性的影响，提出防治措施建议。③大跨越地段查明跨越河段的地形地貌、塔基范围内地层岩性、风化破碎程度、软弱夹层及其物理力学性质；查明对塔基有影响的不良地质作用，并提出防治措施建议。④对特殊设计的塔基和大跨越塔基，当抗震设防烈度等于或大于 6 度时，勘察工作满足查明场地和地基的地震效应的要求。

施工图设计勘察阶段，是在已经选定的线路下进行杆塔定位，结合塔位进行工程地质调查、勘探和测试，提出合理的地基基础和地基处理方案、施工方法的建议等。各地段的具体要求如下：①对架空线路工程的转角塔、耐张塔、终端塔、大跨越塔等重要塔基和地质条件复杂地段，逐个进行塔基勘探。对简单地段的直线塔基勘探点间距可酌情放宽；直线塔基地段宜每 3~4 个塔基布设一个勘探点。②对跨越地段杆塔位置的选择，应与有关专业共同确定；对于岸边和河中立塔，尚需根据水文调查资料（包括百年一遇洪水、淹没范围、岸边与河床冲刷以及河床演变等），结合塔位工程地质条件，对杆塔地基的稳定性做出评价。③跨越河流或湖沼，宜选择在跨距较短、岩土工程条件较好的地点布设杆塔。对跨越塔，宜布设在两岸地势较高、岸边稳定、地基土质坚实、地下水埋藏较深处；在湖沼地区立塔，则宜将塔位布设在湖沼沉积层较薄处，并需着重考虑杆塔地基环境水对基础的腐蚀性。④深度根据杆塔受力性质和地质条件确定。根据国内已建和在建的 500kV 送电线路工程勘察方案的总结，结合土质条件、塔的基础类型、基础埋深和荷重大小以及塔基受力的特点，按有关理论计算结果，勘探孔深度一般为基础埋置深度下 0.5~2.0 倍基础底面宽度。

三、废弃物处理工程

这里所说的废弃物处理工程是指工业废渣堆场、核废料处理场、垃圾填埋场等固体废弃物处理工程。废弃物包括矿山尾矿、火力发电厂灰渣、氧化铝厂赤泥、核废料等工业废渣（料）以及城市固体垃圾等各种废弃物。

（一）一般规定

1. 应着重查明的内容

废弃物处理工程的岩土工程勘察，应着重查明下列内容：①地形地貌特征和气象水文条件。②地质构造、岩土分布和不良地质作用。③岩土的物理力学性质。④水文地质条件、岩土和废弃物的渗透性。⑤场地、地基和边坡的稳定性。⑥污染物的运移、对水源和岩土的污染和对环境的影响。⑦筑坝材料和防渗覆盖用黏土的调查。⑧全新活动断裂、场地地基和堆积体的地震效应。

2. 废弃物处理工程勘察的范围

废弃物处理工程勘察的范围，应包括堆填场（库区）、初期坝、相关的管线、隧洞等构筑物和建筑物，以及邻近相关地段，并应进行地方建筑材料的勘察。由于废弃物的种类、地形条件、环境保护要求等各不相同，工程建设运行过程有较大差别，勘察范围应根据任务要求和工程具体情况确定。

3. 勘察阶段的划分及各阶段的主要任务

废弃物处理工程的勘察应配合工程建设分阶段进行。不同的行业由于情况不同，各工程的规模不同，要求也不同，所以在具体勘察时应根据具体情况确定勘察的阶段划分。一般情况下，废弃物处理工程的勘察，可分为可行性研究勘察、初步勘察和详细勘察。废渣材料加高坝不属于一般意义勘察，而属于专门要求的详细勘察。

可行性研究勘察应主要采用踏勘调查，必要时辅以少量勘探工作，对拟选场地的稳定性和适宜性做出初步评价。

对布置、场地的稳定性、废弃物对环境的影响等进行初步评价，并提出建议。

详细勘察应采用勘探、原位测试和室内试验等手段进行，地质条件复杂地段应进行工程地质测绘，获取工程设计所需的参数，提出设计施工和监测工作的建议，并对不稳定地段和环境影响进行评价，提出治理建议。

废弃物处理工程勘察前，除收集与一般场地勘察要求相同的地形图、地质图、工程总平面图等资料，还应收集下列专门性技术资料：①废弃物的成分、粒度、物理性质和化学性质，废弃物的日处理量、输送和排放方式。②堆场或填埋场的总容量、有效容量和使用年限。③山谷型堆填场的流域面积、降水量、径流量、多年一遇洪峰流量。④初期坝的坝长和坝顶标高，加高坝的最终坝顶标高。⑤活动断裂和抗震设防烈度。⑥邻近的水源地保护带、水源开采情况和环境保护要求。

废弃物处理工程的工程地质测绘应包括场地的全部范围及其邻近有关地段，其比例尺，初步勘察宜为 1：2000～1：5000，详细勘察的复杂地段不应小于 1：1000，除应按一般工程地质测绘的要求执行，还应着重调查下列内容：①地貌形态、地形条件和居民区的分布。②洪水、滑坡、泥石流、岩溶、断裂等与场地稳定性有关的不良地质作用，滑坡和泥石流还可挤占库区，减小有效库容。③有价值的自然景观、文物和矿产的分布，矿产的开采和采空情况。有价值的自然景观包括有科学意义，需要保护的特殊地貌、地层剖面、化石群等。文物和矿产常有重要的文化价值和经济价值，应进行调查，并由专业部门评估，对废弃物处理工程建设的可行性有重要影响。④与渗漏有关的水文地质问题，是建造防渗帷幕、截污坝、截水墙等工程的主要依据，测绘和勘探时应着重查明。⑤在可溶岩分布区，应着重查明岩溶发育条件，溶洞、土洞、塌陷的分布，岩溶水的通道和流向，岩溶造成地下水和渗出液的渗漏，岩溶对工程稳定性的影响。⑥初期坝的筑坝材料及防渗和覆盖用黏土材料的费用对工程的投资影响较大，勘察时包括材料的产地、储量、性能指标、开采和运输条件。可行性勘察时应确定产地，初步勘察时应基本完成。

（二）工业废渣堆场

工业废渣堆场详细勘察时，勘探测试工作量和技术要求应根据工程实际情况和有关行业标准的要求确定，以满足查明情况和分析评价要求为准并符合下列规定：①勘探线宜平行于堆填场、坝、隧洞、管线等构筑物的轴线布置，勘探点间距应根据地质条件复杂程度确定。②对初期坝，勘探孔的深度应能满足分析稳定、变形和渗漏的要求。③与稳定、渗漏有关的关键性地段，应加密加深勘探孔或专门布置勘探工作。④可采用有效的物探方法辅助钻探和井探。

废渣材料加高坝的勘察，应采用勘探、原位测试和室内试验的方法进行，并着重查明下列内容：①已有堆积体的成分、颗粒组成、密实程度、堆积规律。②堆积材料的工程特性和化学性质。③堆积体内浸润线位置及其变化规律。④已运行坝体的稳定性，继续堆积至设计高度的适宜性和稳定性。⑤废渣堆积坝在地震作用下的稳定性和废渣材料的地震液化可能性。⑥加高坝运行可能产生的环境影响。

废渣材料加高坝的勘察，可按堆积规模垂直坝轴线布设不少于3条勘探线，勘探点间距在堆场内可适当增大；一般勘探孔深度应进入自然地面以下一定深度，控制性勘探孔深度应能查明可能存在的软弱层。

工业废渣堆场的岩土工程分析评价应重点对不良地质的作用、稳定性等进行岩土工程分析评价，并提出防治措施的建议。具体包括下列内容：①洪水、滑坡、泥石流、岩溶、断裂等不良地质作用对工程的影响。②坝基、坝肩和库岸的稳定性，地震对稳定性的影响。③坝址和库区的渗漏及建库对环境的影响。④对地方建筑材料的质量、储量、开采和运输条件，进行技术经济分析。⑤对废渣加高坝的勘察，应分析评价现状和达到最终高度时的稳定性，提出堆积方式和应采取措施的建议。⑥提出边坡稳定、地下水位、库区渗漏等方面监测工作的建议。

（三）垃圾填埋场

垃圾填埋场勘察前收集资料时，除了收集与一般场地勘察要求相同的地形图、地质图、工程总平面图等资料，还应收集一般废弃物处理工程专门性技术资料和下列内容：①垃圾的种类、成分和主要特性以及填埋的卫生要求。②填埋方式和填埋程序以及防渗衬层和封盖层的结构，渗出液集排系统的布置。③防渗衬层、封盖层和渗出液集排系统对地基和废弃物的容许变形要求。④截污坝、污水池、排水井、输液输气管道和其他相关构筑物情况。

废弃物的堆积方式和工程性质不同于天然土，按其性质可分为似土废弃物和非土废弃物。似土废弃物如尾矿、赤泥、灰渣等，类似于砂土、粉土、黏性土，其颗粒组成、物理性质、强度、变形、渗透和动力性质，可用土工试验方法测试。非土废弃物如生活垃圾，取样测试都较困难，应针对具体情况，专门考虑。有些力学参数也可通过现场监测，用反分析方法确定。垃圾填埋场的勘探测试，除应遵守工业废渣堆场的规定，还应符合下列要求：①需进行变形分析的地段，其勘探深度满足变形分析的要求。②岩土和似土废弃物的测试，可按一般土的有关规定执行，非土废弃物的测试，根据其种类和特性采用合适的方法，并可根据现场监测资料，用反分析方法获取设计参数。③测定垃圾渗出液的化学成分，必要时进行专门试验，研究污染物的运移规律。

力学稳定和化学污染是废弃物处理工程评价两大主要问题，垃圾填埋场勘察报告的岩土工程分析评价除应满足工业废渣堆场的有关规定，还应包括下列内容：①工程场地的整体稳定性以及废弃物堆积体的变形和稳定性。②地基和废弃物变形，导致防渗衬层、封盖层及其他设施失效的可能性。如土石坝的差异沉降可引起坝身裂缝；废弃物和地基土的过量变形，可造成封盖和底部密封系统开裂等。③坝基、坝肩、库区和其他有关部位的渗漏。④预测水位变化及其影响。⑤污染物的运移及其对水源、农业、岩土和生态环境的影响。⑥提出保证稳定、减少变形、防止渗漏和保护环境措施的建议。⑦提出筑坝材料、防渗和覆盖用黏土等相关事项的建议。⑧提出有关稳定、变形、水位、渗漏、水土和渗出液化学性质监测工作的建议。

第五章 岩土工程施工

第一节 灌注桩的施工

一、泥浆护壁钻孔灌注桩成孔施工

(一) 桩孔施工的一般规定

下述桩孔施工的有关规定采用了行业标准《建筑桩基技术规范》(JGJ 94—2008) 中的相关部分。

①本规定适用于回转、冲击、冲抓、螺旋钻、潜水钻、沉管成孔、钻孔扩底、人工挖孔等桩孔施工,不包括爆扩灌注桩。

②在建筑物旧址或杂填土区域施工时,应先用钎探或其他方法,探明桩位处的地下情况。有浅埋旧基础、大石块、废铁等障碍物时,应先挖除或采取其他处理措施。

③回转钻机钻架天车滑轮槽缘、回转器中心和桩孔中心三者应在同一铅垂线上,以保证钻孔垂直度,回转器中心同桩孔中心位置偏差不得大于20mm。

④冲击或冲抓钻机钻架天车滑轮槽缘的铅直线应对准桩孔中心,其偏差不得大于20mm。

⑤桩孔施工应尽量一次完成不间断，不得无故中途停钻，施工中，各岗位操作人员必须认真履行岗位职责，详细交代钻进情况及下一班应注意的事项。

⑥桩孔施工到设计深度后，应会同有关部门对孔深、孔径、孔的垂直度、孔位以及其他情况进行检查，确认符合设计要求后，应填写终孔验收单。

⑦桩孔竣工、搬移钻机后，必须保护好孔口，防止人员或杂物不慎掉落孔内。

（二）桩孔质量标准和检测方法

1. 桩孔质量标准

桩孔质量标准如下：①桩孔直径的超径系数（充盈系数）不宜大于1.3，不得小于1.0，孔深达到设计要求。②孔底沉渣或虚土允许厚度。当桩以摩擦力为主时不得大于100mm，桩以端承力为主时不得大于50mm，桩以抗拔、抗水平力为主时不得大于200mm，沉管成孔的灌注桩不得有沉渣。③斜桩倾斜度的偏差，不得大于倾斜角（桩身轴线与铅垂线间的夹角）正切值的15%。

2. 检测方法

桩孔质量检测方法如下：①孔深一般采用校正钻杆和钻具的方法检测或用标准测绳测锤测定。②孔径和孔形一般采用与设计同尺寸的球形孔径检查器，用钢丝绳吊放孔内，如上下顺畅，则孔径符合设计要求。必要时，可用专门测量孔径的井径仪（例如，伞形孔径仪）测定。③桩位一般用经纬仪、水准仪测定。④桩孔垂直度可在钻杆内下入钻孔测斜仪测定。测斜仪的上下端应加导正环。进行测量时，钻杆下部应连接钻头，上部钢丝绳应拉直，使钻杆柱的轴线与桩孔中心线保持一致。⑤孔底沉渣一般采用标准测绳测锤、电阻率法、声波法测量。各种检测仪器和器具应正确操作使用，妥善保管，并定期检修标定。

（三）清孔

清孔的目的是彻底清除孔底沉淀的钻渣和替换孔内浓泥浆，保证灌注混凝土的质量和桩承载力。

1. 清孔的一般规定

①清孔是通过循环冲洗液，携带孔底沉渣，使之符合规定要求。干作业施工的桩孔，不得用冲洗液清除孔底虚土，应采用专门的掏土工具或加碎石夯实的办法进行处理。

②桩孔终孔后应立即清孔，以免沉渣增多而增加清孔工作量和清孔难度。

③清孔过程中应随时观测孔底沉渣厚度和冲洗液含渣量，当冲洗液含渣量小于4%时，孔底沉渣符合规定即可停止清孔，并应保持孔内水头高度，防止发生塌孔事故。

④清孔结束，应在2h内开始灌注混凝土，并应在灌注混凝土前探测孔底沉渣厚度，若超出规定应重新清孔。

⑤沉渣厚度的测量因所用的钻头不同而采用不同的测量方法。a. 用平底钻头、冲击钻头、冲抓锥施工的桩孔，沉渣厚度以钻头或冲抓锥底部所到达的孔底平面为测量起点。b. 用锥底形的钻头施工，孔底为圆锥体形，沉渣厚度以圆锥体形的中点标高（作为桩底设计标高）为测量起点。c. 沉渣厚度应使用圆锥形测锤测定，锤底直径为130~150mm，高度为180~200mm，可用钢板焊制，中间灌钢砂配重，也可用圆钢加工制作，其质量视所系绳索种类、测探深度和泥浆相对密度等确定，一般为 3~5kg。测绳以通用的水文测绳为宜。

2. 清孔的方法

（1）压风机清孔（亦称抽浆清孔）

压风机清孔，是用压缩空气抽吸出含钻渣的泥浆而达到清孔的目的。由风管将压缩空气输入排泥（渣）管，使泥浆形成密度较小的泥浆空气混合物，在管外液柱压力下沿排泥管向外排出泥浆和孔底沉渣，同时用水泵向孔内注水，保持水位不变直至喷出清水或沉渣厚度达到设计要求。

①压风机清孔适用于孔壁稳定、孔深较大的各种直径的桩孔。②压风机清孔的主要设备机具包括空气压缩机（简称空压机）、出水管、送风管、气水混合器等。压风机的主要技术参数一般风量为 6~9m²/min，风压 0.7MPa，出

水管直径一般不宜小于 108mm，送风管直径可为 10~25mm。设备机具的规格型号应根据孔深、孔径等进行合理选择。管路系统的连接必须密封良好，无漏气、漏水现象。③出浆管的下入深度应以出浆管底距沉渣面 300~400mm 为宜，出浆管底端宜加工成齿状。风管的下入深度一般以混合器至水位高度与孔深之比为 0.55~0.65 为宜。④开始送风时，应先向孔内供水，停止清孔时，应先关气后断水，以防止水头损失塌孔。⑤送风量应从小到大，风压应稍大于孔底水头压力。当孔底沉渣较厚、块度较大或沉淀密实时，可适当加大送风量，并摇动出浆管，以利排渣。⑥随孔底沉渣不断减少，出浆管应适时跟进以保持出浆管底口与沉渣的距离为 300~400mm。

（2）换浆清孔

换浆清孔是利用正、反循环回转钻机，在钻孔完成后不停钻、不进尺，继续循环清渣，直至达到清孔的质量要求。

①正循环泥浆清孔

a. 正循环泥浆清孔一般适用于淤泥层、砂土层、基岩施工的桩孔，孔径不宜大于 800mm。

b. 清孔时，先将钻头提离孔底 80~100mm，输入相对密度为 1.05~1.08 的新泥浆进行循环。把桩孔内悬浮大量钻渣的泥浆替换出来，并清洗孔底。若孔底沉渣物粒径较大，正循环泥浆清孔难以将其携带上来，或长时间清孔，孔底沉渣厚度仍超过规定要求时，应改换清孔方式。

c. 清孔时，孔内泥浆上返流速不应小于 0.25m/s，返回孔内泥浆相对密度不应大于 1.08。

②泵吸反循环清孔

a. 泵吸反循环清孔一般适用于 φ600mm 以上的桩孔，且孔底沉淀物的块度小于钻杆内径。

b. 泵吸反循环钻进施工的桩孔，在钻进到达孔深位置后，停止回转钻具并将钻头提离孔底 50~80mm，持续进行泵吸反循环，直到符合清孔的有关规定要求。

c. 清孔时，送入孔内的冲洗液不得少于砂石泵的排量，防止冲洗液补给量不足，孔内水位下降导致塌孔。砂石泵出水阀的开口应根据清孔情况适时调整。以免泵吸量过大吸塌孔壁。返回孔内冲洗液的相对密度不应大于1.05。

（3）掏渣清孔

干钻（无循环液）施工的桩孔，不得用循环液清除孔底虚土，应采用掏渣筒、抓（斗）锥清孔或向孔底投入碎石夯实的办法使虚土密实，达到清孔目的和设计要求。

二、泥浆护壁钻孔灌注桩成桩施工

（一）钢筋笼的制作及吊放

1. 钢筋笼制作的一般规定

（1）钢筋笼制作要求

①钢筋笼主筋直径不宜小于16mm，截面配筋率控制在0.35%～0.5%，钢筋笼长度不应小于14倍桩径。

②钢筋的种类、钢号及规格应符合设计要求。对钢筋的材质有疑问时，应进行物理力学性能或化学成分的分析试验。

③制作前应除锈、整直，用于螺旋筋的盘筋不需整直。主筋应尽量用整根钢筋。焊接用的钢材，须进行可焊性和焊接质量的检验。

④为了便于运输和下笼，当钢筋笼全长超过10m时宜分段制作。分段后的主筋接头应互相错开，保证同一截面内的接头数目不多于主筋总根数的50%。两个接头的间距应大于50cm。接头可采用搭接、帮条或坡口焊接，也可采用绑扎加点焊。但要保证连接处能承受钢筋笼的自重。

⑤钢筋笼制作的允许偏差应符合下列规定。

a. 主筋间距±10mm；

b. 箍筋间距±20mm；

c. 钢筋笼直径±10mm；

d. 钢筋笼长度±100mm。

⑥主筋的混凝土保护层厚度不应小于30mm，水下灌注混凝土桩保护层厚

度不应小于 50mm。保护层的允许偏差应符合下列规定。

　　a. 水下灌注混凝土成桩±20mm；

　　b. 干孔灌注混凝土成桩±10mm。

　　⑦每节钢筋笼的保护层垫块不得少于两组，垫块可用混凝土制作，也可用钢筋或钢管等材料制作。垫块混凝土标号不应低于桩身混凝土标号。垫块应固定在主筋上，靠孔壁的一面应是圆弧形，以减少吊放钢筋笼时的阻力，避免钢筋笼剐撞孔壁。

　　（2）钢筋笼的焊接要求

　　①主筋的焊接不得在同一横断面上。应错开焊接。主筋的焊接长度，应为主筋直径的 10~15 倍。

　　②加劲筋的焊接长度应为加劲筋直径的 8~10 倍。加劲筋主筋的焊接应采用点焊。

　　③螺旋筋与主筋可用细铁丝绑扎，并间隔点焊固定。

　　（3）加强措施

　　钢筋笼直径较大或较长时，为防止在吊放或运输中变形，应采取加强措施。

　　（4）校直

　　为保证钢筋笼的圆度和直度，制作钢筋笼的主筋必须校直。

　　（5）其他要求

　　主筋为高碳钢材质时，不宜采用焊接方法，以免焊接高温影响主筋强度。箍筋宜用细铁丝与主筋绑扎。

　　2. 钢筋笼的制作

　　制作钢筋笼的主要设备和工具有电焊机、钢筋切割机、钢筋圈制作台、支撑架等。

　　钢筋笼制作程序：①根据设计计算箍筋用料长度、主筋分段长度。将所需钢筋校直后用切割机成批切好备用。由于切断待焊的箍筋、主筋、螺旋筋的规格尺寸不尽相同，应注意分别摆放，防止用错。②在钢筋圈制作台上制作箍筋并按要求焊接。③将支撑架按 2~3m 的间距摆放在同一水平面的同一直线上，然后将配好定长的主筋平直地摆放在支撑架上。④将箍筋按设计要求套入主筋（也可将主筋套入箍筋内），且保持与主筋垂直，进行点焊或绑扎。⑤箍筋与主筋焊好或绑扎好后，将螺旋筋按规定间距绕于其上，用细铁丝绑扎并间隔点焊固定。⑥焊接或绑扎钢筋笼保护层垫块。保护层厚度一般以 6~8cm 为宜。钢筋混凝土预制垫块或焊接钢筋"耳朵"，钢筋"耳朵"的直径不小于10mm，长度不小于15cm，高度不小于8cm，焊在主筋外侧。⑦将制作好的钢筋笼稳固地放置在平整的地面上，防止变形。

对制作好的钢筋笼应按图纸尺寸和焊接质量要求进行检查，不合格者，应予返工。

钢筋笼制作可用钢筋弯弧机、钢筋笼机械模板、钢筋笼滚焊机等。

3. 钢筋笼的吊放

钢筋笼的吊放应设 2~4 个位置恰当的起吊点。钢筋笼直径大于 1300mm，长度大于 6m 时，可采取措施对起吊点予以加固，以保证钢筋笼起吊不变形。

吊放钢筋笼入孔时，应对准孔位轻放、慢放。钢筋笼入孔后应徐徐下放，不得左右旋转。若遇阻碍应停止下放，查明原因进行处理。严禁高起猛落、碰撞和强行下放。

钢筋笼过长时宜分节吊放，孔口焊接。分节长度应按孔深、起吊高度和孔口焊接时间合理选定。孔口焊接时，上下主筋位置应对正，保持钢筋笼上下轴线一致。

钢筋笼全部入孔后，应按设计要求检查安放位置并做好记录。符合要求后，可将主筋点焊于孔口护筒上或用铁丝牢固绑扎于孔口，以使钢筋笼定位，防止钢筋笼因自重下落或灌注混凝土时往上窜动造成错位。

桩身混凝土灌注完毕达到初凝后，即可解除钢筋笼的固定措施，以使钢筋笼在混凝土收缩时不影响固结力。

采用正循环或压风机清孔时，钢筋笼入孔宜在清孔之前进行。若采用泵吸反循环清孔，钢筋笼入孔一般在清孔后进行。若钢筋笼入孔后未能及时灌注混凝土，停隔时间较长，致使孔内沉渣超过规定要求，应在钢筋笼定位可靠后重新清孔。

（二） 混凝土的配制与灌注

1. 混凝土配制与灌注的一般要求

桩身混凝土在 28d 龄期后应达到下列要求：①抗压强度达到设计标号强度。②凝固密实，胶结良好，不得有蜂窝、空洞、裂隙、离析、夹层、夹泥渣等不良固结现象。③水泥砂浆与钢筋黏结良好，不得有脱黏露筋现象。④有特殊要求时，混凝土或钢筋混凝土的其他性能指标符合设计要求。⑤桩身混凝土容重为 23~24kN/m³。

混凝土的配制应满足下列要求：①混凝土的配合比符合设计强度要求。②混凝土坍落度：水下灌注为 16~22cm，干作业灌注为 8~10cm，沉管成孔灌注为 6~8cm。③混凝土具有良好的和易性，初凝时间以满足灌注时间需要为原则，一般控制在 4h 以内。④混凝土应具有良好的黏结性和保水性。

水下混凝土灌注采用导管灌注法。灌注作业应连续紧凑，中途不得中断，使灌注工作在初次灌入的混凝土仍具塑性的时间内完成。灌注中严禁将导管拔出混凝土面，以免出现断桩事故。

实际灌入的混凝土量不得少于设计桩身直径的理论体积，灌注充盈系数，不得小于 1.0，一般也不宜大于 1.3。灌注充盈系数可通过下列公式进行计算检查：灌注充盈系数 = 实际灌入的混凝土体积（m³）/按设计桩径计算的体积（m³），必须认真完整地填写混凝土灌注施工记录，并按要求绘制有关图表，作为检查工程质量的原始依据。

2. 混凝土配制材料

（1） 水泥

①水泥是混凝土的胶结料，一般采用硅酸盐水泥、普通硅酸盐水泥（简称普通水泥）。有特殊需要时，可使用高强矿渣硅酸盐水泥（简称矿渣水泥）、火山灰质硅酸盐水泥（简称火山灰水泥）、抗硫酸盐水泥、油井水泥、地勘水泥等特种水泥。

②选用水泥标号时，应以能达到要求的混凝土标号并尽量减少混凝土的收缩和节约水泥为原则。在不使用外加剂、高强振捣、特殊养护等特殊措施

时，选用的水泥标号应为混凝土标号的 1.5~2 倍，且不宜低于 425#。

③水泥应符合现行水泥标准的规定要求，必须有制造厂的试验报告单、质量检验单、出厂证等文件，并按其品种、标号和试验编号等进行检查验收。工地领用水泥时必须进行核对，避免差错。

④袋装水泥在储运时应妥善保管，注意防雨、防潮，堆放在距离地面一定高度的堆架上。堆放高度不宜超过 12 袋。不同标号品种、厂家和出厂日期的水泥应分别堆放，以便分别使用和按出厂日期的先后顺序使用。

⑤已受潮的水泥，或不同标号、品种混杂的水泥，不得用于配制钻孔桩混凝土，也不得在一根桩内，使用不同标号品种和厂家的水泥配制桩身混凝土。

（2）粗骨料

①粗骨料宜选用坚硬卵砾石和碎石，其规格应符合要求，不得使用曾受矿化水，特别是酸水侵蚀过的石灰岩碎石。水下混凝土应优先采用符合要求的碎石作粗骨料。

②石料中泥土杂物含量超过规定时，应过筛并用水冲洗以除去泥土杂物；若混入煤、煤渣、白灰、碎砖或煅烧过的石块等难以筛选的杂物，则禁止使用。

③石粒一般采用粒径为 20~40mm，最大粒径不得大于导管内径的 1/8~1/6 和钢筋最小净距的 1/3，用于素混凝土的石料粒径不宜大于 50mm，最大粒径不得大于导管内径的 1/5~1/4。

④石粒的级配应保证混凝土具有良好的和易性。石粒规格不符合级配要求时，可试验掺加另一种规格的石粒。

⑤每批石粒进场，应有检验报告单以检查石粒是否符合要求。现场石料应堆放于干净之处，不使泥土杂物混入。

（3）细骨料

①细骨料应选用级配合理、质地坚硬、颗粒洁净的天然中、粗河砂。

②每批砂料进场应有检验报告单，以检查砂料是否符合要求。如砂中泥土杂物含量超过要求时，可过筛并用水冲洗后用。

（4）拌和用水

拌制混凝土用水应符合下列规定：①水中不含有影响水泥正常凝结硬化的有害杂质，不得含有油脂、糖类及游离酸等。②污水、pH 值小于 4 的酸性水和含硫酸根量超过水重 1% 的水均不得使用。③钢筋混凝土灌注桩不得用海水拌制混凝土。④拌制混凝土前，应对拌和用水进行水质分析检验。并进行拌和试验，使用供饮用的自来水或清洁的天然水作拌和用水，可免做试验。

（5）外掺剂

混凝土中掺入适量外掺剂，能改善混凝土的工艺性能，加速工程进度及节约水泥用量。混凝土中掺入的外掺剂，必须先经过试验，以确定外掺剂使用种类、掺入量和掺入程序。外掺剂试验及现场使用，应有专人负责掌握，精确称量，做好记录。常用外掺剂有速凝剂、缓凝剂、减水剂和早强剂。

①减水剂对水泥颗粒起扩散作用，使水泥凝聚体中的水释放出来，使水泥得以充分水化，减少用水量。常用减水剂有纸浆废液（掺量为水泥质量的 0.2%~0.3%）和木质素磺酸钙（0.2%~0.3%）。

②早强剂是提高混凝土早期强度的试剂。常用早强剂有氯化钙（素混凝土掺量 2%）和三乙醇胺复合剂（氯化钠 0.33%+三乙醇胺复合剂 0.05%+亚硝酸钠 0.5%~1.0%）。

③加气剂能减少用水量，提高抗冻能力，适用于浇筑配筋较密的构件。常用加气剂有松香加气剂（松香酸钠 0.007%~0.01%）和铝粉加气剂（0.05%~8%）。

④速凝剂有加快凝结速度的作用，用于喷射混凝土及地下堵漏工程，常用的有 711 速凝剂（掺量 2.5%~3.5%）和红星Ⅰ型速凝剂（2.5%~4.0%）。

⑤缓凝剂具有延缓凝结时间的作用。高温季节、泵送混凝土及某些施工操作需用缓凝剂，常用的有糖蜜缓凝剂（温度 25~35℃ 时，掺量 0.1%~0.3%）。

⑥防冻剂为亚硝酸钠和硫酸钠复合剂（-3~-10℃ 时，亚硝酸钠 2%~8%，硫酸钠 3%）。

3. 混凝土拌制

现场拌制混凝土时，材料的配合误差应符合下列规定：①按质量计，水泥和干燥状态的外掺剂，容许误差不得超过2%。②按质量计，砂、石料，容许误差不得超过5%。③视砂石的含水率调整水量，以保证混凝土的实际水灰比符合要求。④按质量计，水、外掺剂的水溶液，容许误差不得超过2%。

混凝土应采用机械搅拌，并搅拌至各种组成材料混合均匀、颜色一致。搅拌时间计算，从全部材料装入搅拌机开始搅拌起，至机内混凝土变黏为止。

首批混凝土出料时应进行坍落度测定，检验混凝土配比。至灌注中期和后期，按灌注的不同部位，进行混凝土坍落度测定，检查混凝土配比的变化情况，并填入"水下混凝土灌注记录表"。

拌制好的混凝土应以最短距离运至待灌注的桩孔并尽快灌注。运送容器应无漏浆、不吸水、无泥土杂物和严重锈蚀。

搅拌机工作完毕应立即冲洗干净，擦净各运转部件的混凝土积物，添加润滑油，按要求做好检修保养。运送混凝土的容器应冲洗清除黏附的混凝土残渣。

4. 混凝土灌注

混凝土灌注分干孔灌注和水下灌注。干孔灌注一般可直接由孔口倾倒，通过混凝土自重捣实，必要时也可利用捣振工具捣实。水下灌注，则通过灌注导管连续灌入混凝土成桩。

灌注导管技术性能应符合下列要求：①每节导管平直，其长度偏差不得超过管长的10%。②导管连接部位内径偏差不大于2mm；内壁光滑平整。③法兰盘螺眼分布均匀，每个螺眼至导管中心距离相等。④将单节导管连接为导管柱，其轴线偏差不得超过0.1%。⑤橡胶圈或胶皮垫密封性能可靠，保证在水下作业时导管内不渗漏。橡胶密封圈的直径为4~6mm，胶皮垫的厚度以3~5mm为宜。⑥导管顶部应设置漏斗和储料斗（槽）。漏斗设置的高度，适应操作的需要，并在灌注到最后阶段时，满足对导管内混凝土柱高度的需要，保证上部桩身的灌注质量。混凝土柱的高度，一般在桩顶低于桩孔中的水位时，应比该水位至少高出2.0m，在桩顶高于桩孔中的水位时，比桩顶至少高出 2.0m。

新投入使用的灌注导管应先在地面进行连接组拼，检查导管柱是否弯曲、连接是否可靠，丈量核对导管柱的实际长度；进行压力充水试验，检查导管的密封性。充水试验的压力，以不小于 0.5MPa 为宜。

隔水（栓）塞在混凝土开始灌注时起隔水作用，减少初灌混凝土被稀释的量，隔水塞置于漏斗与导管之间。隔水（栓）塞可采用硬栓（木制的或混凝土预制的）、软栓（麻袋内装麻刀、锯屑等）、球栓或带有方向装置的板栓（夹胶皮）等各种形式。

导管吊放入孔，应将橡胶圈或胶皮垫安放周正、严密，确保密封良好，导管在桩孔内的位置应保持居中，防止导管跑管、撞坏钢筋笼并损坏导管，导管底部距孔底高度不宜超过 500mm。

各项准备工作完成后，即可运输混凝土并开始灌注，但应注意下列事项：①隔水（栓）塞用 8 号铁丝悬挂于导管内水面以上 50~300mm 处。②配制 0.2~0.3m 水泥砂浆，灌入隔水（栓）塞以上的导管内，以便剪断铁丝后隔水（栓）塞在导管内下行顺畅，不被卡住。③配制满足初灌量需要的首批混凝土，运送至漏斗和储料斗（槽）内储存。严禁初存量不足。

灌注应连续不断地进行。每斗混凝土的灌注间隔时间应尽量缩短。提升拆卸导管所耗时间应严格限制，一般不超过 15min。各岗位人员应密切配合，齐心协力，不得中断灌注作业。混凝土的灌注速度，一般可控制在 10~12m/h。

混凝土运到灌注孔口时，应进行检查，如有泌水离析或坍落度不符合要求的现象，应在不提高水灰比的原则下重新拌和；重新拌和后仍不能达到要求，严禁灌入孔内。

后续的混凝土应徐徐灌入，防止在导管内攒成高压气囊，将导管连接处胶垫挤出，而使导管漏水；或将空气压入混凝土内，增大混凝土含气量，影响混凝土强度。

灌注中应经常用测锤探测混凝土面的上升高度，并适时提升拆卸导管，保持导管的合理埋深。探测次数一般不宜少于所使用的导管节数，并应在每次提升导管前，探测一次管内外混凝土面高度。特别情况下（局部严重超径、缩径、漏失层位，灌注量特别大的桩孔等）应增加探测次数，同时观察返水情况，以正确分析和判定孔内情况。每次探测数据和拆除的导管长度应填入"混凝土配制灌注记录表"并在现场绘制"管外混凝土高度—灌注量""管内混凝土高度—灌注量"和灌注导管提升曲线。

拆除的导管应用清水冲洗干净，取下密封圈垫，放置妥当。灌注接近桩顶部位时，漏斗及导管的高度应按《建筑桩基技术规范》的规定执行。应控制最后一次混凝土灌入量，使灌注的桩顶标高比设计标高增加约 0.3m。

深入桩顶以下的护筒，可在混凝土灌注完毕后，给予提起。在提起过程中，要防止提起过快过猛，造成填土杂物或淤泥侵入混凝土，影响桩身质量。

灌注结束后，各岗位人员必须按职责要求整理冲洗现场，清除设备、工具上的混凝土积物。

在灌注过程中，应经常观察孔内情况。出现故障时，应及时分析和正确判断发生故障的原因，制定处理故障措施。

三、后注浆桩施工

（一）概述

1. 工作过程

后注浆桩施工是指在钻孔、冲孔和挖孔灌注桩成桩后，通过预埋在桩身的注浆管利用压力作用，将能固化的浆液（如纯水泥浆、水泥砂浆、加外掺剂及掺和料的水泥浆、超细水泥浆、化学浆液等），经桩侧或桩端的预留压力注浆装置均匀地注入地层，压力浆液对桩周或桩端附近的桩周土层起到渗透、填充、置换、劈裂、压密及固结或多种形式的组合等不同作用，改变其物理力学性能及桩与岩、土之间的边界条件，从而提高桩的承载力以及减少桩基的沉降量。

2. 后注浆桩优缺点

优点：①大幅提高桩的承载力，技术经济效益显著。其极限荷载为同条件的普通灌注桩的 1.2~2.5 倍。②压力注浆时可测试注浆量、注浆压力和桩顶上抬量等参数，既能进行压浆桩的质量管理，又能预估单桩承载力。③施工方法灵活，注浆设备简单。

缺点：①施工要求严格，否则会造成注浆管被堵、被包裹，地面冒浆和地下窜浆等现象。②已完成的相应灌注桩的成孔和成桩质量对后注浆工艺的效果影响较大。③压力注浆必须在桩身混凝土强度达到一定值后方可进行，故延长施工周期。但当施工场地桩数较多时，可采取合适的施工流水顺序以缩短工期。

3. 后注浆桩技术分类

按桩端预留压力注浆装置的形式分类，包括：①预留压力注浆室；②预留承压包；③预留注浆空腔；④预留注浆通道。

按注浆管埋设方法分类，包括：①桩身预埋管注浆法。此法是在沉放钢筋笼的同时，将固定在钢筋笼上的注浆管一起放入孔内；或在钢筋笼沉放入孔中后，将注浆管单独插入孔底；或在钢筋笼沉放入孔中后，将注浆管随特殊注浆装置沉放入孔底。按注浆管埋设在桩身断面中的位置可分为桩身中心预埋管法和桩侧预埋管法。②钻孔埋管注浆法。此类方法往往在处理桩的质量事故以满足设计承载力要求时采用，成桩后，在桩身中心钻孔，并深入桩端持力层一定深度（一般为 1 倍桩径以上），然后放入注浆管，进行桩端压力注浆。③桩外侧钻孔埋管注浆法。此类方法往往在桩身质量无问题，但需提高承载力，以满足设计要求时采用。成桩后，沿桩侧周围相距 0.2~0.5m 进行钻孔，成孔后放入注浆管，进行桩端压力注浆。

按注浆工艺分类，包括：①闭式注浆。将预制的弹性良好的腔体（又称承压包、预承包、注浆胶囊等）或压力注浆室随钢筋笼放入孔底。成桩后，在压力作用下，把浆液注入腔体内；随注浆压力和注浆量的增加，弹性腔体逐渐膨胀、扩张，在桩端土层中形成浆泡，浆泡逐渐扩大，压密沉渣和桩端土体，并用浆体取代（置换）部分桩端土层；在压密的同时，桩端土体及沉渣排出部分孔隙水；再进一步增加注浆压力和注浆量，水泥浆土体扩大头逐渐形成，压密区范围也逐渐增大，直至达到设计要求。②开式注浆。把浆液通过注浆管（单、双或多根），经桩端的预留注浆空腔、预留注浆通道、预留特殊的注浆装置等，直接注入桩端土、岩体中，浆液与桩端沉渣和周围土体呈混合状态，呈现出渗透、填充、置换、劈裂等效应，在桩端显示出复合地基的效果。

以上两种工艺对提高单桩承载力均有显著的效果，但闭式注浆的效果更好。从施工的难易程度而言，开式注浆工艺简单，闭式注浆工艺复杂。

4. 适用条件

桩端压力注浆桩适应性较好，几乎可适用于各种土层及强、中风化岩层；既能在水位以上施工，也能在有地下水的情况下施工。

（二）后注浆桩提高桩承载力的机理

在细粒土中注浆时，如果浆液压力超过劈裂压力，则土体产生水力劈裂，实现劈裂注浆，单一介质土体被网状结石分割加筋成复合土体；它能有效地传递和分担荷载，从而提高桩端阻力。

在粗粒土的桩端持力层中注浆时，浆液主要通过渗透、挤密、填充及固结作用，大幅度地提高持力层扰动面及持力层的强度和变形模量，并形成扩大头，增大桩端受力面积，提高桩端阻力。

在非渗透性中等以上风化基岩的桩端持力层中注浆时，在注浆压力不够大的情况下，因受围岩的约束，压力浆液只能渗透填充到沉渣孔隙中，形成浆泡，挤压周围沉渣颗粒，使沉渣间的泥浆充填物产生脱水、固结；在注浆压力足够大的情况下，会发生劈裂注浆及挤密现象。

桩端压力注浆使桩上抬而产生反向摩擦阻力，相当于"预应力"的作用，提高桩侧摩擦阻力。

（三）后注浆桩施工设备和机具

后注浆桩施工可分为地面注浆装置和地下注浆装置两部分。地面注浆装置由高压注浆泵、浆液拌和机、贮浆桶、地面管路系统及观测仪表等组成；地下注浆装置由竖向导浆管、注浆管及桩端压力注浆装置等组成。

1. 后压浆设备

后压浆设备的性能如何，直接影响后压浆的成败，在施工中，后压浆设备常选用如下性能的设备。

①灰浆搅拌机：搅拌桶容量一般选用 400～900L，额定功率 11kW，搅拌机的出口要加滤网，以防止水泥、纸等杂物进入注浆管。

②高压注浆管：采用内置钢丝网的胶质高压管，注浆管的额定压力不低于 6MPa。

③高压注浆泵：额定功率 30kW，注浆压力为 3.9～7.8MPa，排量为 118～320L/min。

2. 地下注浆装置

（1）桩端压浆装置

桩端压浆装置为灌浆腔时，灌浆腔同钢筋笼底部焊接在一起，一同下入孔中，在灌浆腔下设过程中安装灌浆管，灌浆管自灌浆腔引出地面以上。在对灌浆腔同钢筋笼焊接及下设过程中，要保护好胶囊，以免损坏，灌浆管口要进行保护，以防在浇筑混凝土过程中及后续时间内掉入杂物。

桩端压浆装置为花管时，压浆管用 1 英寸的钢管，管底部超出钢筋笼底端 300mm，在压浆管底部 500mm 长度范围内每间隔 100mm 沿灌浆管四周钻 4 个孔径为 6mm 的灌浆孔眼，在下放压浆管之前，先用生胶带和条带状橡皮内胎包住孔眼，压浆管连接好后，绑扎在钢筋笼螺旋筋内侧上，随钢筋笼下放，压浆管与压浆管之间采用丝扣连接，连接时丝扣处需用防水胶带缠绕。

常用的桩端灌浆腔制作方法如下。

压力灌浆腔制作方法一：用汽车内胎，切去内圈后上下各黏结一块胶板，形成一个鼓状的弹性橡胶囊，其中胶囊的一个平面上开两个 $\varphi45mm$ 的孔，另外加工一个直径小于桩径 50～100mm 的圆形钢板，钢板上也打两个与胶囊同直径的孔，然后用螺帽和带丝扣的灌浆管把钢板、胶囊连成一个整体，就制成了一个压力灌浆腔，腔中充填碎石料。

压力灌浆腔制作方法二：加工两块圆形钢板，直径小于桩径 50~100mm，钢板上面均布 $\varphi10mm$ 的小孔，钢板周边有裙边，两钢板之间设 3 根短柱支撑，其中一块钢板上焊有 $\varphi45mm$ 的灌浆管，把两块钢板叠放在一起，周边包有胶囊，形成一个桩底压力灌浆腔。

（2）桩侧压浆装置

①桩侧压浆装置为花管时，常用花管外径 63.5mm，孔眼直径 8mm，间距 100mm，灌浆管外径 26.75mm 钢管，底节长 2.0m，其他均为 1.0m 平接头连接，止浆塞由橡胶加工成为圆柱形，起止浆作用。

②桩侧压浆装置为压浆环时，压浆管用 1 英寸的钢管作为注浆管，压浆环为 1.2 英寸优质塑料管。下钢筋笼前在钢筋笼上设置 4 道压浆管及带有止回流装置的压浆环。注浆管及压浆环分别用绑丝绑在钢筋笼的外侧，在下放钢筋笼进行孔口焊接时焊接注浆管。

③压浆管顶部采用丝堵头封住管口，以防止浇筑过程中或在等待注浆时管内进入杂物。

3. 对后注浆装置的设置要求

①后注浆导管应采用钢管，且应与钢筋笼加劲筋绑扎固定或焊接。②桩端后注浆导管及注浆阀数量宜根据桩径大小设置。对于直径不大于 1200mm 的桩，宜沿钢筋笼圆周对称设置 2 根；对于直径大于 1200mm 而不大于 2500mm 的桩，宜对称设置 3 根。③对于桩长超过 15m 且承载力增幅要求较高者，宜采用桩端桩侧复式注浆。桩侧后注浆管阀设置数量应综合地层情况、桩长和承载力增幅要求等因素确定，可在离桩底 5~15m 以上、桩顶 8m 以下，每隔 6~12m 设置一道桩侧注浆阀，当有粗粒土时，宜将注浆阀设置于粗粒土层下部，对于干作业成孔灌注桩宜设于粗粒土层中部。④对于非通长配筋桩，下部应有不少于 2 根与注浆管等长的主筋组成的钢筋笼通底。⑤钢筋笼应沉放至底部，不得悬吊，下笼受阻时不得撞笼、墩笼、扭笼等。

第二节　混凝土预制桩与钢桩施工

一、混凝土预制桩与钢桩制作

（一）混凝土预制桩的制作

①混凝土预制桩可在施工现场预制，预制场地必须平整、坚实。

②制桩模板宜采用钢模板，模板应具有足够刚度，并平整、尺寸准确。

③钢筋骨架的主筋连接宜采用对焊和电弧焊，当钢筋直径不小于20mm时，宜采用机械接头连接。主筋接头配置在同一截面内的数量，应符合下列规定：a. 当采用对焊或电弧焊时，对于受拉钢筋，不得超过50%；b. 相邻两根主筋接头截面的距离大于35dg（dg为钢筋直径），并不小于500mm；c. 必须符合现行《钢筋焊接及验收规程》和《钢筋机械连接技术规程》的规定。

④确定桩的单节长度时应符合下列规定：a. 满足桩架的有效高度、制作场地条件、运输与装卸能力；b. 避免在桩尖接近或处于硬持力层位置处接桩。

⑤灌注混凝土预制桩时，宜从桩顶开始，并应防止另一端的砂浆积聚过多。

⑥锤击预制桩的骨料粒径宜为5~40mm。

⑦锤击预制桩，应在强度与龄期均达到要求后，方可锤击。

⑧重叠法制作预制桩时，应符合下列规定：a. 桩与邻桩及底模之间的接触面不得粘连；b. 上层桩或邻桩的浇筑，必须在下层桩或邻桩的混凝土达设计强度的30%以上时，方可进行；c. 桩的重叠层数不应超过4层。

⑨混凝土预制桩的表面应平整、密实，制作允许偏差应符合《建筑桩基技术规范》的规定。

⑩未作规定的预应力混凝土桩的其他要求及离心混凝土强度等级评定方法，应符合《先张法预应力混凝土管桩》《先张法预应力混凝土薄壁管桩》《预应力混凝土空心方桩》的规定。

(二) 钢桩的制作

①制作钢桩的材料应符合设计要求，并应有出厂合格证和试验报告。②现场制作钢桩应有平整的场地及挡风防雨措施。

二、混凝土预制桩与钢桩的起吊、运输和堆放

(一) 实心桩吊运应符合的规定

混凝土实心桩的吊运应符合下列规定：①混凝土设计强度达到70%及以上方可起吊，达到100%方可运输；②桩起吊时采取相应措施，保证安全平稳，保护桩身质量；③水平运输时，做到桩身平稳放置，严禁在场地上直接拖拉桩体。

(二) 空心桩吊运应符合的规定

预应力混凝土空心桩的吊运应符合下列规定：①出厂前进行出厂检查，其规格、批号、制作日期符合所属的验收批号内容；②在吊运过程中轻吊轻放，避免剧烈碰撞；③单节桩可采用专用吊钩勾住桩两端内壁直接进行水平起吊；④运至施工现场时应进行检查验收，严禁使用质量不合格及在吊运过程中产生裂缝的桩。

(三) 空心桩堆放应符合的规定

预应力混凝土空心桩的堆放应符合下列规定：①堆放场地平整坚实，最下层与地面接触的垫木有足够的宽度和高度。堆放时桩应稳固，不得滚动。②按不同规格、长度及施工流水顺序分别堆放。③当场地条件许可时，宜单层堆放；当叠层堆放时，外径为 500~600mm 的桩不宜超过 4 层，外径为 300~400mm 的桩不宜超过 5 层。④叠层堆放桩时，应在垂直于桩长度方向的地面上设置 2 道垫木，垫木应分别位于距桩端 0.2 倍桩长处；底层最外缘的桩应在垫木处用木楔塞紧。⑤垫木宜选用耐压的长木枋或枕木，不得使用有

棱角的金属构件。

（四）取桩应符合的规定

取桩应符合下列规定：①当桩叠层堆放超过 2 层时，采用吊机取桩，严禁拖拉取桩；②三点支撑自行式打桩机不应拖拉取桩。

（五）钢桩的运输与堆放应符合的规定

钢桩的运输与堆放应符合下列规定：①堆放场地应平整、坚实、排水通畅；②桩的两端有适当保护措施，钢管桩设保护圈；③搬运时防止桩体撞击而造成桩端、桩体损坏或弯曲；④钢桩按规格、材质分别堆放，堆放层数：$\varphi 900mm$ 的钢桩，不宜大于 3 层；$\varphi 600mm$ 的钢桩，不宜大于 4 层；$\varphi 400mm$ 的钢桩，不宜大于 5 层；H 形钢桩不宜大于 6 层。支点设置合理，钢桩的两侧采用木楔塞住。

三、混凝土预制桩与钢桩的接桩

接桩可采用焊接、法兰连接或机械快速连接（螺纹式、啮合式）。

（一）对接桩材料的要求

焊接接桩：钢板宜采用低碳钢，焊条宜采用 E43；并应符合《建筑钢结构焊接技术规程》要求。接头宜采用探伤检测，同一工程检测量不得少于 3 个接头。

法兰接桩：钢板和螺栓宜采用低碳钢。

（二）采用焊接接桩的要求

采用焊接接桩除应符合现行行业标准《建筑钢结构焊接技术规程》的有关规定，还应符合下列规定：①下节桩段的桩头宜高出地面 0.5m。②下节桩的桩头处宜设导向箍。接桩时上下节桩段应保持顺直，错位偏差不宜大于 2mm。接桩就位纠偏时，不得采用大锤横向敲打。③桩对接前，上下端板表面应采用铁刷子清刷干净,坡口处应刷至露出金属光泽。④焊接宜在桩四周对称进行,待上下桩节固定后拆除导向箍再分层施焊;焊接层数不得少于 2 层,第一层焊完后必须把焊渣清理干净,方可进行第二层焊接,焊缝应连续、饱满。⑤焊好后的桩接头自然冷却后方可继续锤击,自然冷却时间不宜少于 8min;严禁采用水冷却或焊好即施打。⑥雨天焊接时,应采取可靠的防雨措施。⑦焊接接头的质量检查,对于同一工程探伤抽样检验不得少于 3 个接头。

(三) 采用机械快速螺纹接桩的操作与质量规定

采用机械快速螺纹接桩的操作与质量规定如下:①安装前应检查桩两端制作的尺寸偏差及连接件,无受损后方可起吊施工,其下节桩端宜高出地面 0.8m。②接桩时,卸下上下节桩两端的保护装置后,应清理接头残物,涂上润滑脂。③应采用专用接头锥度对中,对准上下节桩进行旋紧连接。④可采用专用链条式扳手进行旋紧(臂长 1m,卡紧后人工旋紧再用铁锤敲击板臂),锁紧后两端板尚应有 1~2mm 的间隙。

(四) 采用机械啮合接头接桩的操作与质量规定

采用机械啮合接头接桩的操作与质量规定如下:①将上下接头板清理干净,用扳手将已涂抹沥青涂料的连接销逐根旋入上节桩Ⅰ型端头板的螺栓孔内,并用钢模板调整好连接销的方位。②剔除下节桩Ⅱ型端头板连接槽内泡沫塑料保护块,在连接槽内注入沥青涂料,并在端头板面周边抹上宽度 20mm、厚度 3mm 的沥青涂料;当地基土、地下水含中等以上腐蚀介质时,桩端板板面应满涂沥青涂料。③将上节桩吊起,使连接销与Ⅱ型端头板上各连接口对准,随即将连接销插入连接槽内。④加压使上下节桩的桩头板接触,接桩完成。

(五) 钢桩的焊接

钢桩的焊接规定如下:①必须清除桩端部的浮锈、油污等脏物,保持干燥;下节桩顶经锤击后变形的部分应割除。②上下节桩焊接时应校正垂直度,对口的间隙宜为 2~3mm。③焊丝（自动焊）或焊条应烘干。④焊接应对称进行。⑤应采用多层焊，钢管桩各层焊缝的接头应错开，焊渣应清除。⑥当气温低于 0℃ 或雨雪天无可靠措施确保焊接质量时，不得焊接。⑦每个接头焊接完毕，应冷却 1min 后方可锤击。⑧焊接质量应符合《钢结构工程施工质量验收规范》和《建筑钢结构焊接技术规程》的规定，每个接头除应按《建筑桩基技术规范》规定进行外观检查，还应按接头总数的 5% 进行超声或 2% 进行 X 射线拍片检查，对于同一工程，探伤抽样检验不得少于 3 个接头。⑨H 形钢桩或其他异形薄壁钢桩，接头处应加连接板，可按等强度设置。

四、混凝土预制桩与钢桩的施工

（一）锤击沉桩

锤击沉桩也称打入桩，是靠打桩机的桩锤下落到桩顶产生的冲击能而将桩沉入土中的一种沉桩方法。该法施工速度快，机械化程度高，适用范围广，是预制钢筋混凝土桩最常用的沉桩方法。但施工时有噪声和振动，对施工场所、施工时间有所限制。

1. 打桩机具

打桩用的机具主要包括桩锤、桩架及动力装置三部分。

（1）桩锤

桩锤是打桩的主要机具，其作用是对桩施加冲击力，将桩打入土中。主要有落锤、单动汽锤和双动汽锤、柴油锤、液压锤。

落锤一般由生铁铸成，质量为 0.5~1.5t，构造简单，使用方便，提升高度可随意调整，一般用卷扬机拉升施打。但打桩速度慢（6~20 次/min），效率低，适于在黏土和含砾石较多的土中施工。

汽锤是利用蒸汽或压缩空气的压力将桩锤上举，然后下落冲击桩顶沉桩，根据其工作情况又可分为单动式汽锤与双动式汽锤。单动式汽锤的冲击体在上升时耗用动力，下降靠自重，打桩速度较落锤快（60~80 次/min），锤质量为 1.5~15t，适于各类桩在各类土层中施工。双动式汽锤的冲击体升降均耗用动力，冲击力更大、频率更快（100~120 次/min），锤质量为 0.6~6t，还可用于打钢板桩、水下桩、斜桩和拔桩。

柴油锤本身附有桩架、动力设备，易搬运转移，不需外部能源，应用较为广泛。但施工中有噪声、污染和振动等影响，在城市中施工受到一定的限制。

液压锤是一种新型打桩设备，它的冲击缸体通过液压油提升与降落，每一击能获得更大的贯入度。液压锤不排出任何废气、无噪声、冲击频率高，并适合水下打桩，是理想的冲击式打桩设备，但构造复杂、造价高。

（2）桩架

桩架是吊桩就位，悬吊桩锤，要求其具有较好的稳定性、机动性和灵活性，保证锤击落点准确，并可调整垂直度。

常用桩架基本有两种形式，一种是沿轨道行走移动的多功能桩架；另一种是装在履带式底盘上自由行走的桩架。

（3）动力装置

打桩机构的动力装置及辅助设备主要根据选定的桩锤种类而定。落锤以电源为动力，需配置电动卷扬机等设备；汽锤以高压饱和蒸汽为驱动力，配置蒸汽锅炉等设备；液压锤以压缩空气为动力源，需配置空气压缩机等设备；柴油锤以柴油为能源，桩锤本身有燃烧室，不需外部动力设备。

2. 打桩施工工艺

打桩前做好下列准备工作：处理架空高压线和地下障碍物，场地应平整，排水应畅通，并满足打桩所需的地面承载力；设置供电、供水系统；安装打桩机等。施工前还应做好定位放线。桩基轴线的定位点及水准点，应设置在不受打桩影响的区域，水准点设置不少于两个，在施工过程中可据此检查桩位的偏差以及桩的入土深度。

（1）打桩顺序

由于锤击沉桩是挤土法成孔，桩入土后对周围土体产生挤压作用。一方面先打入的桩会受到后打入桩的推挤而发生水平位移或上拔；另一方面由于土被挤紧使后打入的桩不易达到设计深度或造成土体隆起。特别是在群桩打入施工时，这些现象更为突出。为了保证打桩工程质量，防止周围建筑物受土体挤压的影响，打桩前应根据场地的土质，桩的密集程度，桩的规格、长短和桩架的移动方便等因素来正确选择打桩顺序。

当桩较密集（桩中心距小于或等于4倍桩边长或桩径）时，应由中间向两侧对称施打或由中间向四周施打。这样，打桩时土体由中间向两侧或四周均匀挤压，易于保证施工质量。当桩数较多时，也可分区段施打。

当桩较稀疏（桩中心距大于4倍桩边长或桩径）时，可采用上述两种打桩顺序，也可采用由一侧向另一侧单一方向施打的方式（即逐排施打），或由两侧同时向中间施打。

当桩规格、埋深、长度不同时，宜按"先大后小，先深后浅，先长后短"的原则进行施打，以免打桩时因土的挤压而使邻桩移位或上拔。在实际施工过程中，不仅要考虑打桩顺序，还要考虑桩架的移动是否方便。在打完桩后，当桩顶标高高于桩架底面高度时，桩架不能向前移动到下一个桩位继续打桩，只能后退打桩；当桩顶标高低于桩架底面高度时，则桩架可以向前移动来打桩。

（2）打桩程序

吊桩：按既定的打桩顺序，先将桩架移动至设计所定的桩位处并用缆风绳等稳定，然后将桩运至桩架下，一般利用桩架附设的起重钩借桩机上的卷扬机吊桩就位，或配一台履带式起重机送桩就位，并用桩架上夹具或落下桩锤借桩帽固定位置。桩提升为直立状态后，对准桩位中心，缓缓放下插入土中，桩插入时垂直度偏差不得超过0.5%。

插桩：桩就位后，在桩顶安上桩帽，然后放下桩锤轻轻压住桩帽。桩锤、桩帽和桩身中心线应在同一垂直线上。在桩的自重和锤重的压力下，桩便会沉入一定深度，等桩下沉达到稳定状态后，再一次复查其平面位置和垂直度，若有偏差应及时纠正，必要时要拔出重打，校核桩的垂直度可采用垂直角，即用两个方向（互成90°）的经纬仪使导架保持垂直。校正符合要求后，即可进行打桩。为了防止击碎桩顶，应在混凝土桩的桩顶和桩帽之间、桩锤与桩帽之间放上硬木、麻袋等弹性衬垫作缓冲层。

打桩：桩锤连续施打，使桩均匀下沉。重锤低击，获得的动量大，桩锤对桩顶的冲击小，其回弹也小，桩头不易损坏，大部分能量都用来克服桩周边土壤的摩阻力而使桩下沉。正因为桩锤落距小、频率高，对于较密实的土层，如砂土或黏土也能容易穿过，所以一般在工程中采用重锤低击。而轻锤高击所获得的动量小，冲击力大，其回弹也大，桩头易损坏，大部分能量被桩身吸收，桩不易打入，且轻锤高击所产生的应力，还会促使距桩顶 1/3 桩长范围内的薄弱处产生水平裂缝，甚至使桩身断裂。在实际工程中一般不采用轻锤高击。

接桩：当设计的桩较长时，由于打桩机高度有限或预制、运输等因素，只能采用分段预制、分段打入的方法，需在桩打入过程中将桩接长。接长预制钢筋混凝土桩的方法有焊接法和浆锚法，目前以焊接法应用最多。接桩时，一般在距离地面 1m 左右进行，上、下节桩的中心线偏差不得大于 10mm，节点弯曲矢高不得大于 0.1% 的两节桩长。在焊接后应使焊缝在自然条件下冷却 10min 后再继续沉桩。

送桩：如桩顶标高低于自然土面，则需用送桩管将桩送入土中。桩与送桩管的纵轴线应在同一直线上，拔出送桩管后，桩孔应及时回填或加盖。

截桩头：如桩底到达了设计深度，而配桩长度大于桩顶设计标高时需要截去桩头。截桩头宜用锯桩器截割，或用手锤人工凿除混凝土，钢筋用气割割齐。严禁用大锤横向敲击或强行扳拉截桩。

3. 打桩控制

（1）对桩打入时的要求

①桩帽或送桩帽与桩周围的间隙应为 5~10mm。

②锤与桩帽、桩帽与桩之间应加设硬木、麻袋、草垫等弹性衬垫。

③桩锤、桩帽或送桩帽应和桩身在同一中心线上。

④桩插入时的垂直度偏差不得超过 0.5%。

⑤对于密集桩群，自中间向两个方向或四周对称施打。

⑥当一侧毗邻建筑物时，由毗邻建筑物处向另一方向施打。

⑦根据基础的设计标高，宜先深后浅。

⑧根据桩的规格，宜先大后小、先长后短。

（2）桩终止锤击的控制要求

①当桩端位于一般土层时，应以控制桩端设计标高为主，贯入度为辅。

②桩端达到坚硬、硬塑的黏性土、中密以上粉土、砂土、碎石类土及风化岩时，应以贯入度控制为主，桩端标高为辅。

③贯入度已达到设计要求而桩端标高未达到时，应继续锤击 3 阵，并按每阵 10 击的贯入度不大于设计规定的数值确认，必要时，施工控制贯入度应通过试验确定。

④当遇到贯入度剧变，桩身突然发生倾斜、位移或有严重回弹，桩顶或桩身出现严重裂缝、破碎等情况时，应暂停打桩，并分析原因，采取相应措施。

⑤预应力混凝土管桩的总锤击数及最后 1.0m 沉桩锤击数应根据当地工程经验确定。

（3）采用射水法沉桩时的要求

①射水法沉桩宜用于砂土和碎石土。

②沉桩至最后 1~2m 时，应停止射水，并采用锤击至规定标高。

（4）施打大面积密集桩群时采取的辅助措施

①对预钻孔沉桩，预钻孔孔径可比桩径（或方桩对角线）小 50~100mm，深度可根据桩距和土的密实度、渗透性确定，宜为桩长的 1/3~1/2；施工时应随钻随打；桩架宜具备钻孔锤击双重性能。

②应设置袋装砂井或塑料排水板。袋装砂井直径宜为 70~80mm，间距宜为 1.0~1.5m，深度宜为 10~12m；塑料排水板的深度、间距与袋装砂井相同。

③应设置隔离板桩或地下连续墙。

④可开挖地面防震沟，并可与其他措施结合使用。防震沟沟宽可取 0.5~0.8m，深度按土质情况决定。

⑤应限制打桩速率。

⑥沉桩结束后，应普遍实施一次复打。

⑦沉桩过程中应加强邻近建筑物、地下管线等的观测、监护。

⑧施工现场应配备桩身垂直度观测仪器（长条水准尺或经纬仪）和观测人员，随时测量桩身的垂直度。

（5）锤击沉桩送桩要求

①送桩深度不宜大于 2.0m。

②当桩顶打至接近地面需要送桩时，应测出桩的垂直度并检查桩顶质量，合格后及时送桩。

③送桩时的最后贯入度应参考相同条件下不送桩时的最后贯入度并修正。

④送桩后遗留的桩孔应立即回填或覆盖。

⑤当送桩深度超过 2.0m 且不大于 6.0m 时，打桩机应为三点支撑履带自行式或步履式柴油打桩机；桩帽和桩锤之间应用竖纹硬木或盘圆层叠的钢丝绳作"锤垫"，其厚度宜取 150~200mm。

（6）送桩器及衬垫设置要求

①送桩器宜做成圆筒形，并应有足够的强度、刚度和耐打性。送桩器长度应满足送桩深度的要求，弯曲度不得大于 1/1000。

②送桩器上下两端面应平整，且与送桩器中心轴线相垂直。

③送桩器下端面应开孔，使空心桩内腔与外界连通。

④送桩器应与桩匹配。套筒式送桩器下端的套筒深度宜取 250~350mm，套管内径应比桩外径大 20~30mm，插销式送桩器下端的插销长度宜取 200~300mm，插销外径应比（管）桩内径小 20~30mm。对于腔内存有余浆的管桩，不宜采用插销式送桩器。

⑤送桩作业时，送桩器与桩头之间应设置 1~2 层麻袋或硬纸板等衬垫。内填弹性衬垫压实后的厚度不宜小于 60mm。

（二）静压沉桩法

1. 概述

静压沉桩法施工是通过静力压桩机以压桩机自重及桩架上的配重作反力将预制桩压入土中的一种沉桩工艺。早在 20 世纪 50 年代初，我国沿海地区就开始采用静压沉桩法。到 80 年代，随着压桩机械的发展和环保意识的增强此法得到了进一步推广。至 90 年代，压桩机实现了系列化，且最大压桩力为 10000kN 的压桩机已问世，它既能施压预制方桩，也能施压预应力管桩。适用的建筑物已不仅是多层和中高层，也可以是 20 层及以上的高层建筑及大型构筑物。

静压沉桩法即借助专用桩架自重和配重或结构物自重，通过压梁或压柱将整个桩架自重和配重形成结构物反力，以卷扬机滑轮组或电动油泵液压方式施加在桩顶或桩身上，当施加的静压力与桩的入土阻力达到动态平衡时，桩在自重和静压力作用下逐渐压入地基土中。

静压沉桩法具有无噪声、无振动、无冲击力、施工应力小等特点，可减少打桩振动对地基和邻近建筑物的影响，桩顶不易损坏、不易产生偏心沉桩、沉桩精度较高、节省制桩材料和降低工程成本，且能在沉桩施工中测定沉桩阻力为设计施工提供参数，并预估和验证桩的承载能力。但由于专用桩架设备的高度和压桩能力受到一定限制，较难压入 30m 以上的长桩。当地基持力层起伏较大或地基中存在中间硬夹层时，桩的入土深度较难调节。对长桩可通过接桩，分节压入。此外，对地基的挤土影响仍然存在，需视不同工程情况采取措施减少公害。

静压沉桩法适用条件通常为高压缩性黏土层或砂性较轻的软黏土地基。当桩需贯穿有一定厚度的砂性土中间夹层时，必须根据桩机的压桩力与终压力及土层的性状、厚度、密度、组合变化特点与上下土层的力学指标，桩型、桩的构造、强度、桩截面规格大小与布桩形式，地下水位高低，以及终压前的稳压时间与稳压次数等综合考虑其适用性。桩径及桩长：桩径为 300 ~ 600mm；桩长最大为 65m。

2. 静压沉桩机理及特点

压桩开始阶段，桩尖"刺入"土体中，原状土的初始应力状态受到破坏，造成桩尖下的土体压缩变形，土体对桩尖产生相应阻力，随着桩贯入压力的逐渐增大，桩尖土体所受应力超过其抗剪强度时，土体发生急剧变形而达到极限破坏，土体产生塑性流动（黏性土）或挤密侧移和下拖（砂土），桩沉入土体以后，桩身与桩周土体之间产生摩阻力。随后的贯入首先要克服桩侧摩阻力，桩身受到因挤压而产生的桩周摩阻力和桩尖阻力的抵抗，当桩顶的静压力大于抵抗阻力时，桩将继续"刺入"下沉，反之停止下沉。桩的贯入使土体产生了剧烈变形，改变了原有土体的性质，在挤压作用下，桩周一定范围内出现土的重塑区，土的黏聚力被破坏，土中超孔隙水压力增大，土的抗剪强度降低，桩侧摩阻力明显减小，从而可用较小的压力将桩压入较深的土层中去。压桩结束后，超孔隙水压力消散，土体重新固结，土的抗剪强度及侧摩擦力逐步恢复，从而使工程桩获得较大的承载力。

传统预制桩的沉桩方式主要有锤击法和振动法，然而沉桩施工中常会出现一些问题，如对环境的噪声污染及油烟污染、钢筋混凝土桩头破损或断桩等，静压沉桩法克服了这些缺点。静压沉桩法的发展是为了解决沉桩在城市建设中引起的一系列问题，它在许多方面具有独特的优势，主要体现在以下几个方面。

（1）公害低

静压沉桩法无噪声、无振动、无油污飞溅，居民密集居住区和振动敏感区域非常适合应用。如上海、广州等大城市地基施工将普遍推广应用静压沉桩法施工工艺，传统的锤击打桩将全面淡出中心城区。

（2）成桩质量好

首先，静压桩桩身可在工厂预制，周期短，且施工前的准备期也可缩短，桩身质量有保障；其次，静压桩压入施工时不像锤击桩施工那样在桩身产生动应力，桩头和桩身不会受损，减小了对桩的破坏力，从而可以降低对桩身的强度等级要求，节约钢材和水泥；再次，压桩过程中压桩阻力能自始至终地显示和记录，可定量观测整个沉桩过程，预估单桩承载力；最后，静压桩可以很好地适用于某些特殊地质条件（如岩溶地区、上软下硬或软硬突变地层），而打入式预制桩等一般不适用于这些地区。

（3）桩入土深度便于调整

静压桩送桩深度要比打入式桩深，接桩方便，避免了高空作业，桩长不像沉管灌注桩那样受施工机械的限制，在深厚软土地区使用，有较大的优势。

3. 静力压桩设备

静压沉桩法按加压方法可分为压桩机施工法、锚桩反压施工法和利用结构物自重压入施工法等，这里介绍压桩机施工法。

（1）压桩机按压桩位置可分为中压式和前压式

中压式压桩机的夹桩机构设在压桩机中心，施压时要求桩位周围有 4m 以上的空间。前压式压桩机的夹桩机构设在桩机前端，可施压距邻近建筑物 0.6~1.2m 处的桩，但因是偏置压桩，压桩力一般只能达到该桩机最大压桩力的 60%。

（2）压桩机按压桩方式可分为顶压式和箍压式

顶压式是指通过压梁将整个压桩机自重和配重施加在桩顶上，把桩逐渐压入土中。箍压式是指压桩时，开动液压泵，通过抱箍千斤顶将桩箍紧，并借助于压桩千斤顶将整个压桩机的自重和配重施加在桩顶上，把桩逐渐压入土中。

（3）静力压桩机的选择

静力压桩机的选择应综合考虑桩的规格（断面和长度）、穿越土层的特性、桩端土的特性、单桩极限承载力及布桩密度等因素。合理利用静力压桩机的途径有经验法、现场试压桩法及静力计算公式预估法等。箍桩式静力压桩机结构紧凑、操作简便、工作重心低、移动平稳、转场方便、施工效率高，已逐渐取代顶压式静压桩机，成为建筑工程首选的桩工机械之一。

（4）桩的类型

用于静压桩施工的钢筋混凝土预制桩有 RC 方桩、PC 管桩和 PHC 管桩。

4. 静压沉桩法施工

（1）沉桩施工准备工作

①选择沉桩机具设备，进行改装、返修、保养，并准备运输。

②现场制桩或订购构件、加工件的验收，并办好托运。

③组织现场作业班组的劳动力，按计划工种、人数、需用工日配备齐全，并准备进场。

④进入施工现场的运输道路的拓宽、加固、平整和验收。

⑤清除现场妨碍施工的高空、地面和地下障碍物。

⑥整平打桩范围内场地，周围布置好排水系统，修建现场临时道路和预制桩堆放场地。

⑦邻近原有建筑物和地下管，认真细致地查清结构和基础情况，并研究采取适当的隔振、减振、防挤、监测和预加固等措施。

⑧布置测量控制网、水准基点的数量应不少于 2 个，并设在打桩影响范围之外。

⑨根据施工总平面图，设置施工临时设施，接通供水、电、气管线，并分别通过试运转且运转正常。

（2）桩的沉设程序

一般采取分段压入、逐段接长的方法，其程序如下。

①桩尖就位、对中、调直，对于 YZY 型压桩机，通过启动纵向和横向行走油缸，将桩尖对准桩位；开动压桩油缸将桩压入土中 1m 左右后停止压桩，调整桩在两个方向的垂直度。第一节桩是否垂直，是保证桩身质量的关键。

②压桩。通过夹持油缸将桩夹紧，然后使压桩油缸压桩。在压桩过程中要认真记录桩入土深度和压力表读数的关系，以判断桩的质量及承载力。

③接桩。桩的单节长度应根据设备条件和施工工艺确定。当桩贯穿的土层中夹有薄层砂土时，确定单节桩的长度时应避免桩端停在砂土层中进行接桩。当下一节桩压到露出地面 0.8~1.0m 时，便可接上一节桩。桩身接头不宜超过 2 个的规定很难执行，目前已有大量桩身接头为 3~4 个的成功经验。接头主要采用焊接法接桩或硫黄胶泥锚固接头；当桩很长时，应在地面以下第 1 个接头处采用焊接形式。

④送桩或截桩。如果桩顶接近地面，而压桩力尚未达到规定值，可以送桩。如果桩顶高出地面一段距离，而压桩力已达到规定值时则要截桩，以便压桩机移位。

静压送桩的质量控制应符合下列规定：a. 测量桩的垂直度并检查桩头质量，合格后方可送桩，压、送作业连续进行；b. 送桩应采用专制钢质送桩器，不得将工程桩用作送桩器；c. 当场地上多数桩的有效桩长 L 小于或等于

15m 或桩端持力层为风化软质岩，可能需要复压时，送桩深度不宜超过1.5m；d. 除满足 a~c 的规定外，当桩的垂直度偏差小于 1%，且桩的有效桩长大于 15m 时，静压桩送桩深度不宜超过 8m；e. 送桩的最大压桩力不宜超过桩身允许抱压压桩力的 1.1 倍。

⑤压桩结束。当压力表读数达到预先规定值时，便可停止压桩。

（3）终止压桩的控制原则

静压沉桩法时，终止压桩的控制原则与压桩机大小、桩型、桩长、桩周土灵敏性、桩端土特性、布桩密度、复压次数以及单桩竖向设计极限承载力（为单桩竖向承载力设计值的 1.6~1.65 倍）等因素有关。各地的控制原则各异。广东地区的终压控制条件如下。

①对于摩擦桩，按照设计桩长进行控制。但在正式施工前，应先按设计桩长试压几根桩，待停置 24h 后，用与桩的设计极限承载力相等的终压力进行复压，如果桩在复压时几乎不动，即可进行全面施工，否则，应修正设计桩长。

②对于端承摩擦桩或摩擦端承桩，按终压力值进行控制。a. 对于桩长大于 21m 的端承摩擦桩，终压力值一般取桩的设计极限承载力。当桩周土为黏性土且灵敏度较高时，终压力可按设计极限承载力的 0.8~0.9 倍取值。b. 当桩长小于 21m 而大于 14m 时，终压力按设计极限承载力的 1.1~1.4 倍取值。c. 当桩长小于 14m 时，终压力按设计极限承载力的 1.4~1.6 倍取值，或设计极限承载力取终压力值的 0.6~0.7 倍，其中对于小于 8m 的超短桩，按 0.6 倍取值。

③超载施工时，一般不提倡满载连续复压法，但在必要时可以进行复压，复压的次数不宜超过 2 次，且每次稳压时间不宜超过 10s。

（4）压桩施工注意事项

①压桩施工前应对现场的土层地质情况了解清楚，做到心中有数；同时应做好设备的检查工作，保证使用可靠，以免中途间断压桩。

②压桩过程中，应随时注意桩保持轴心受压，若有偏移，要及时调整。

③接桩时应保证上、下节桩的轴线一致，并尽可能地缩短接桩时间。

④测量压力的仪表应注意保养、及时检修和定期标定，以减少测量误差。

⑤压桩机行驶道路的地基应有足够的承载力，必要时需进行处理。

5. 辅助沉桩法

随着桩基工程的发展，为适应多种工程环境和复杂的地基条件，发展了新的辅助沉桩法，如预钻孔辅助沉桩法、冲水辅助沉桩法、振动辅助沉桩法、掘削辅助沉桩法、爆破辅助沉桩法以及多种辅助沉桩法组合而成的混合辅助沉桩法。其中预钻孔辅助沉桩法、冲水辅助沉桩法、振动辅助沉桩法是最常用的。

（1）预钻孔辅助沉桩

采用本工艺能大幅减少沉桩区及其附近土体变形和超静孔隙水压力，减少对桩区邻近建筑物的危害，还有利于减小沉桩施工中的噪声和振动影响，并可减少地基后期的土体固结沉降量以及相应的负摩阻力。尤其当地基浅层中存在硬夹层时，能提高桩的穿透能力和沉桩效率。施工费增大 10% ~ 20%。但当在浅层为透水性的砂土层地基中施工时，容易使浅层砂土松弛，则一般不宜采用。预钻孔辅助沉桩法主要用于软土层的地基，可分为全钻孔和局部钻孔沉桩法两类。

①预钻孔辅助沉桩法：可分为预钻孔锤击沉桩法、预钻孔静压沉桩法、预钻孔振动沉桩法等。

②预钻孔锤击沉桩法：常用于黏性土地基，桩长可达 50m 以上，桩径为 450 ~ 800mm，桩的承载力较高的长桩基础。本方法适应地基土层软硬变化的能力强，能控制打桩应力打入精度高，桩单节长度大可减少接头，施工设备简单，操作简便，功效高。但预钻孔施工设备较复杂。采用预钻孔锤击沉桩法可显著减小地基变形的影响和减小噪声及振动等公害的影响。

③预钻孔静压沉桩法：常用于软黏土地基，桩长为 30m 左右，桩径为 400 ~ 450mm，桩的承载能力不太大的中长桩基础。当在预钻孔深度范围内，地基中存在浅层硬土层时，应用本方法有显著的优越性。不仅可减小地基变位的影响程度，且可提高沉桩设备的静压能力。本法预钻孔施工设备较复杂，对场地要求较高，施工费用较高，适宜在城市建设中应用于摩擦桩基础。

预钻孔振动沉桩法：常用于黏性土地基中，为减少地基浅层变位和振动公害影响，提高桩的贯入能力，常与振动沉桩法同时使用。本方法噪声较低、无烟火及溅油等公害问题，但仍存在振动公害。桩的承载能力受设备能力限制，常用于持力层较浅的摩擦支承桩基础。有时为了提高桩的贯入能力可采用预钻孔振动静压沉桩法，可使桩较深进入持力层，以提高桩的承载能力。

（2）冲水辅助沉桩

冲水辅助沉桩是为减少沉桩阻力，避免下沉困难，提高桩的贯入能力，采用压力喷射水辅助锤击、振动、静压等沉桩法进行的施工。冲水辅助沉桩的基本原理是在桩尖处设置冲射管喷出高压水，冲刷桩尖处的土体以破坏土的结构，并使一部分土沿桩上涌，从而减小了桩尖处的土体阻力和桩表面与地基土体间的摩擦阻力，使桩在自重以及锤击、振动、静压等作用下沉入土中。停止射水后，经过一段时间桩周松动的土又会逐渐固结紧密，使桩的承载力逐渐获得恢复。为了加强沉桩效果，也可用压缩空气和压力水同时冲刷土层，由于与压缩空气混合的泥浆容量降低，能以较快的速度冲向地面，并使土体对桩的阻力大为减小，从而加速了桩的下沉。

冲水沉桩的施工程序：吊装就位、下沉桩、开动水泵，随着桩的下沉下放射水并不断上下抽动以冲击土体避免喷嘴堵塞。如桩发生偏斜即通过开关调正射水量和压力，使桩恢复到正常位置。当桩下沉至设计标高附近时，停止冲水，改用锤击、振动或静压下沉。

冲水辅助沉桩也可分为冲水锤击沉桩法、冲水振动沉桩法、冲水静压沉桩法。当采用冲水振动沉桩法时，振动锤的必要振幅可以减小 1/3。射水沉桩还可分为内冲内排、内冲外排、外冲外排、外冲内排、内外冲内排等施工方法。按射水管的数量有单管式、双管式和多管式。

（3）振动辅助沉桩

振动辅助沉桩法可增大桩下沉贯穿硬土层的能力，提高工效，与锤击、静压、掘削等沉桩工艺组合能充分发挥沉桩设备的潜力。虽然工费有所增加，但能显著加快施工速度和提高沉桩工效。振动辅助沉桩法常用于软土地基以及存在硬夹层和硬持力层地基的桩基工程。可分为振动锤击沉桩法、振动静压沉桩法和振动掘削沉桩法。

振动锤击沉桩法用于浅层为较厚的软弱黏性土，深层为硬土层的地基。

如采用先振动插桩初沉至硬土层，然后连续锤击下沉至设计标高的施工方法。振动锤可直接安置在锤击沉桩的桩架上，也可另行安置在专业桩架上。前者施工简便，可在场地面积受限制时使用；后者施工操作管理较复杂，要求有较宽阔的施工场地。

振动静压沉桩法用于浅层有硬夹层或硬持力层的地基，为弥补静压沉桩设备的沉桩能力不足，可使桩下沉过程中顺利穿透浅层硬夹层或进入硬持力层足够深度，避免发生滞桩现象。振动施工设备通常安置于静压沉桩的桩架上，振动锤常设置在顶压式压桩架的压梁下端与桩帽之间。当桩静压下沉至浅层硬夹层或硬持力层时，同时启动振动锤辅助将桩静压下沉穿透硬夹层或达到桩的设计标高。此方法施工设备简单，能有效地提高静压沉桩设备的能力，常用于软土地基的摩擦支承桩基础中。

振动掘削沉桩法用于较硬的黏性土和松砂土地基，可提高振动沉桩设备的沉桩贯入能力，减少噪声、振动、地基变位等公害，使桩顺利下沉进入持力层达到设计标高。振动锤通常均直接安置在桩顶上，在桩依靠自重下沉过程中，同时在空心桩中采用长螺旋钻连续排土或冲击铲、磨盘钻、短螺旋钻、铲斗等取土钻提升排土的掘削排土使桩下沉，当桩下沉至硬土层时，启动振动锤使桩继续下沉至设计标高。有时也可采用掘削振动静压沉桩施工法。当持力层起伏变化较大时，对桩的长度易于调节，能显著减小噪声、振动、地基变位等公害影响，并提高工效，但施工工艺较复杂。一般应用于水上、陆上、平台上要求承载能力较高的大直径空心钢筋混凝土桩、钢桩、组合桩的直桩基础。

第三节　顶管法、微型隧道法与导向钻进法

一、顶管法

（一）概述

顶管施工就是借助于主顶油缸及管道间中继站（中继间）等的推力，把工具管或掘进机从工作坑内穿过土层一直推到接收坑内吊起，与此同时，也

就把紧随工具管或掘进机后的管道埋设在两坑之间，这是一种非开挖的铺设地下管道的施工方法。

我国的顶管施工最早始于 1953 年的北京，后来上海也在 1956 年开始顶管试验。但均为手掘式顶管，设备比较简陋。在 1964 年前后，上海一些单位已进行了大口径机械式顶管的各种试验。当时，口径在 2m 的钢筋混凝土管的一次推进距离可达 120m，同时，也开了使用中继间的先河。1984 年前后，我国的北京、上海、南京等地先后开始引进国外先进的机械式顶管设备。1986年，上海穿越黄浦江输水钢质管道，应用计算机控制、激光导向等先进技术，单向顶进距离 1120m，顶进轴线精度：左右小于 ±150mm，上下小于 ±50mm。1981 年浙江镇海穿越甬江管道，直径 2.6m，单向顶进 581m，采用 5 只中继环，上下左右偏差小于 10mm。从而，使我国的顶管技术上了一个新台阶。随之也引进了一些顶管理论、施工技术和管理经验。随后，诸如土压平衡理论、泥水平衡理论、管接口形式和制管新技术都风行起来。

1. 顶管分类

顶管施工的分类方法很多，而且每一种分类方法都只是从某一个侧面强调某一方面，不能也无法概全，所以，每一种分类方法都有其局限性。下面我们介绍几种使用最为普遍的分类方法。

按所顶管子口径的大小可分为大口径（$\varphi 2000mm$ 以上）、中口径（$\varphi 1200 \sim \varphi 1800mm$）、小口径（$\varphi 500 \sim \varphi 1000mm$）和微型顶管（$\varphi 75 \sim \varphi 400mm$）四种。

以推进管前工具管或掘进机的作业形式可分为：①手掘式。推进管前只有一个钢制的带刃口的管子，具有挖土保护和纠偏功能的被称为工具管，人在工具管内挖土。②挤压式。工具管内的土被挤进来再做处理。③机械顶管。在推进管前的钢制壳体内有机械。为了稳定挖掘面，这类顶管往往需要采用降水、注浆或采用气压等辅助施工手段。该类顶管又可分为：泥水式、泥浆式、土压式和岩石式。

以推进管的管材可分为钢筋混凝土管顶管、钢管顶管以及其他管材的顶管。

按顶进管子轨迹的曲直，可分为直线顶管和曲线顶管。曲线顶管技术相当复杂，是顶管施工的难点之一。

按工作坑和接收坑之间距离的长短，可分为普通顶管和长距离顶管。而长距离顶管是随顶管技术不断发展而发展的。过去把100m左右的顶管就称为长距离顶管。随着注浆减摩技术水平的提高和设备的不断改进，现在通常把一次顶进300m以上距离的顶管才称为长距离顶管。

2. 顶管方法施工的优缺点

优点：①可以应用于任何地层，最合适地层为稳定的粒状和黏土地层。②无须明挖土方，对地面影响小。③设备少、工序简单、工期短、造价低、速度快、精度高。④适用于中型管道（1.5~2m）施工。⑤大直径、超长顶进。⑥可穿越公路、铁路、河流、地面建筑物进行地下管道施工。⑦可以在很深的地下铺设管道。

缺点：①施工人员需要大量的培训和知识储备。②高成本。③任何对管线和钻进角的调整耗资都非常昂贵。

顶管施工有它独特的优点，但也有其局限性。下面比较顶管施工和开槽埋管以及盾构施工的优缺点。

与开槽埋管相比较的优点：①开挖部分只有工作坑和接收坑，土方开挖量少，而且安全，对交通影响小。②在管道顶进过程中，只挖去管道断面的土，比开槽施工挖土量少许多。③施工作业人员比开槽埋管少。④建设公害少，文明施工程度比开槽施工高。⑤工期比开槽埋管短。⑥在覆土深度大的情况下比开槽埋管经济。

但是，它与开槽埋管相比较，也有以下不足之处：①曲率半径小而且多种曲线组合在一起时，施工非常困难。②在软土层中易发生偏差，而且纠正这种偏差又比较困难，管道容易产生不均匀下沉。③推进过程中如果遇到障碍物时处理这些障碍物非常困难。④在覆土浅的条件下显得不那么经济。

与盾构施工相比较的优点：①推进完后不需要进行衬砌，节省材料，同时也可缩短工期。②工作坑和接收坑占用面积小，公害少。③挖掘断面小，渣土处理量少。④作业人员少。⑤造价比盾构施工低。⑥与盾构相比，地面沉降小。

与盾构施工相比较的缺点：①超长距离顶进比较困难，曲率半径变化大时施工也比较困难。②大口径，如45000mm以上的顶管几乎不太可能进行施工。③在转折多的复杂条件下施工，工作坑和接收坑都会增加。

顶管法是地下管道铺设常用的方法，是一种不开挖或者少开挖的管道埋设施工技术。

顶管法施工就是在工作坑内借助于顶进设备产生的顶力，克服管道与周围土壤的摩擦力，将管道按设计的坡度顶入土中，并将土方运走。一节管完成顶入土层之后，再下第二节管子继续顶进。其原理是借助于主顶油缸及管道间、中继间等推力，把工具管或掘进机从工作坑内穿过土层一直推进到接收坑内吊起。管道紧随工具管或掘进机后，埋设在两坑之间。

无论是何种形式的顶管，在施工过程中都要保证地面无沉降和隆起。关键要保证顶进面土压力与掘进机头保持动平衡。它有两方面的基本内容：第一，顶管掘进机在顶进过程中与它所处土层的地下水压力和土压力处于一种平衡状态；第二，它的排土量与掘进机推进所占去的土体积也处于一种平衡状态。只有同时满足以上两个条件，才是真正的土压平衡。

从理论上讲，掘进机在顶进过程中，其顶进面的压力如果小于掘进机所处土层的主动土压力时，地面就会产生沉降；反之，如果在掘进机顶进过程中，其顶进面的压力大于掘进机所处土层的被动土压力时，地面就会产生隆起。并且，上述施工过程的沉降是一个逐渐演变过程，尤其是在黏性土中，要达到最终的沉降所经历的时间会比较长。然而，隆起却是一个立即会反映出来的迅速变化的过程。隆起的最高点是沿土体的滑裂面上升，最终反映到距掘进机前方一定距离的地面上。裂缝自最高点呈放射状延伸。如果把土压力控制在主动土压力和被动土压力之间，就能达到土压平衡。

从实际操作来看，在覆土比较厚时，从主动土压力到被动土压力这一变化范围比较大，再加上理论计算与实际之间有一定误差，所以必须进一步限定控制土压力的范围。一般常把控制土压力 P 设置在静止土压力正负20kPa范围之内。

目前，在顶管施工中最为流行的平衡理论有 3 种：气压平衡、泥水平衡和土压平衡理论。

①气压平衡理论：所谓气压平衡，又有全气压平衡和局部气压平衡之分。全气压平衡使用最早，是在所顶进的管道中及挖掘面上都充满一定压力的空气，以空气的压力来平衡地下水的压力。而局部气压平衡则往往只有掘进机的土仓内充以一定压力的空气，达到平衡地下水压力和疏干挖掘面土体中地下水的作用。

②泥水平衡理论：所谓泥水平衡理论，是以含有一定量黏土且具有一定相对密度的泥浆水充满掘进机的泥水舱，并对它施加一定的压力，以平衡地下水压力和土压力的一种顶管施工理论。按照该理论，泥浆水在挖掘面上能形成泥膜，以防止地下水的渗透，然后再加上一定的压力就可平衡地下水压力，同时，也可以平衡土压力。该理论用于顶管施工始于20世纪50年代末期。

③土压平衡理论：所谓土压平衡理论就是以掘进机土舱内泥土的压力来平衡掘进机所处土层的土压力和地下水压力的顶管理论。

（二）顶管设备

顶管施工设备由顶进设备（液压站、液压缸）、掘进机（工具管）、中继环、注浆设备、起吊装置（行车、汽车吊）、工程管、平台（导轨、后背、激光经纬仪、顶铁）、排土设备（拉土车、泥水循环系统）等组成。

主要介绍土压式和泥水式两种类型顶管的设备。

1. 土压平衡式顶管机

该方法是通过机头前方的刀盘切削土体并搅拌，同时由螺旋输土机输出挖掘的土体的一种顶管方法。在土压机头的前方面板上装有压力感应装置，操作者通过控制螺旋输土机的出土量以及顶速来控制顶进面压力，和前方土体静止土压力保持一致即可防止地面沉降和隆起。

土压平衡式顶管机从刀盘可分为单刀盘和多刀盘两种。

（1）单刀盘式

DK式土压平衡顶管掘进机又称为泥土加压式掘进机，国内则称为辐条式刀盘掘进机或加泥式掘进机。

该机型在国内已成系列，最小的外径 $\varphi440mm$，适用于 $\varphi200mm$ 口径混凝土管；最大的外径 $\varphi3540mm$，适用于 $\varphi3000mm$ 口径混凝土管。在该机型的施工条件中，有中砂也有淤泥质黏土，有穿越各种管线也有穿越河川和建筑物，都取得了相当大的成功，累计施工长度已达数千米以上。

掘进机有两个显著的特点：第一，该机刀盘呈辐条式，没有面板，其开口率达 100%；第二，该机刀盘的后面设有多根搅拌棒。以上两点，就是该掘进机成功的关键所在。

由于它没有面板，开口率在 100%，所以，土仓内的土压力就是挖掘面上的土压力，所测压力准确。刀盘切削下来的土被刀盘后面的搅拌棒在土仓中不断搅拌，就会把切削下来的"生"土，搅拌成"熟"土。而这种"熟"土既具有较好的塑性和流动性，又具有较好的止水性。如果"生"土中缺少具有塑性和流动性及止水性所必需的黏土成分，如在沙砾石层或卵石层中顶进，这时，就可以通过设置在刀排前面和中心刀上的注浆孔，直接向挖掘面上注入泥浆，然后，把这些泥浆与沙砾或卵石进行充分搅拌，同样可使之具有较好的塑性、流动性和止水性。还有，在砂砾石中施工时，刀盘上的扭矩会比黏性土中增加许多。这时，如果加入一定量的黏土，刀盘扭矩就会有较大的下降。

（2）多刀盘式

多刀盘土压平衡顶管掘进机是把通常的全断面切削刀盘改成四个独立的切削搅拌刀盘，所以它只能用于软土层中的顶管，尤其适用于软黏土层的顶管。如果在泥土仓中注入一定量的黏土，它也能用于砂层的顶管。

通常单刀盘土压平衡顶管掘进机的质量为它所排开土体积质量的 0.5～0.7 倍，而多刀盘土压平衡顶管掘进机的质量只有它所排开土体积质量的 0.35～0.40 倍。正因为这样，所以多刀盘土压平衡顶管掘进机即使在极容易液化的土中施工，也不会因掘进机过重而使方向失控，产生走低现象。另外，由于该机采用了四把切削搅拌刀盘对称布置，只要把它们的左右两把刀盘按相反方向旋转，就可以使刀盘间的扭矩得以平衡，从而不会如同大刀盘在初始顶进中那样产生顺时针或逆时针方向的偏转。

此外，还有输土车、螺旋输送机、皮带输送机等辅助设备。

2. 泥水平衡顶管机

在顶管施工的分类中，我们把用水力切削泥土、虽然采用机械切削泥土却采用水力输送弃土，以及利用泥水压力来平衡地下水压力和土压力的这类顶管形式都称为泥水式顶管施工。

从有无平衡的角度出发，又可以把它们细分为具有泥水平衡功能和不具有泥水平衡功能两类。如常用的网格式水力切割土体的，是属于没有泥水平衡功能的一类。即使它采用了局部气压——向泥土仓内加上一定压力的空气，也只能属于气压平衡。

在泥水式顶管施工中，要使挖掘面上保持稳定，就必须在泥水仓中充满一定压力的泥水，泥水在挖掘面上可以形成一层不透水的泥膜，它可以阻止泥水向挖掘面里面渗透。同时，该泥水本身又有一定的压力，因此，它就可以用来平衡地下水压力和土压力，这就是泥水平衡式顶管最基本的原理。

泥水式顶管施工有以下优点：①适用的土质范围比较广，如在地下水压力很高以及变化范围较大的条件下，它也能适用。②可有效地保持挖掘面的稳定，对顶管周围的土体扰动比较小。因此，采用泥水式顶管，特别是采用泥水平衡式顶管施工引起的地面沉降也比较小。③与其他类型顶管比较，泥水顶管施工时的总推力比较小，尤其是在黏土层表现得更为突出。所以，它适宜于长距离顶管。④工作坑内的作业环境比较好，作业也比较安全。由于它采用泥水管道输送弃土，不存在吊土、搬运土方等容易发生危险的作业。它可以在大气常压下作业，也不存在采用气压顶管带来的各种问题及危及作业人员健康等问题。⑤由于泥水输送弃土的作业是连续不断地进行，所以它作业时的进度比较快。在黏土层中，由于其渗透系数极小，无论采用的是泥水还是清水，在较短的时间内，都不会产生不良状况，这时在顶进中应考虑以土压力作为基础。在较硬的黏土层中，土层相当稳定，这时，即使采用清水而不用泥水，也不会造成挖掘面失稳现象。然而，在较软的黏土层中，泥水压力大于其主动土压力，从理论上讲是可以防止挖掘面失稳的。但实际上，即使在静止土压力的范围内，顶进停止时间过长时，也会使挖掘面失稳，从而导致地面下陷，这时，我们应把泥水压力适当提高些。

（三）顶管施工

1. 施工前的准备

对于非开挖施工之一的顶管施工法来说，施工前的场地勘察具有非常重要的意义，它是工程施工设计、确定施工工艺和选择施工设备的主要依据。顶管法施工前的勘察主要了解地层地质情况、施工现场地形、地下水情况、地下管线的分布、可能出现的地下障碍物以及考虑在施工过程中对挖掘出的土渣堆放和清运等工作。

2. 水平钻顶管施工法

水平钻顶管施工法适用于地下水位以上的小口径管道顶进作业。主要采用水平螺旋钻具或硬质合金钻具，在油压力下回转钻进，切削土层或挤压土体成孔，然后将管子逐节顶入土层中。采用水平螺旋钻具施工工序如下：①安装钻机，先将导向架和导轨按照设计安装于工作井内，严格检查其方向和高度。然后，在导轨上边安放其他部件。②安装首节管子，管内装有螺旋钻具。③启动电动机，边回转边顶进。④螺旋钻具输出管外的土由土斗接满后，用吊车吊出工作井运走。⑤顶完一节管子，卸开夹持器，螺旋钻具法兰盘，加接螺旋输土器（钻杆），同时加接外管。整个管道依照上述方法，循环工作，直至结束。⑥螺旋钻孔顶管施工还有一种方法，就是先用钻具成孔，然后将管子一节节顶入。这种方法只适用于土层密实、钻孔时能形成稳定孔壁的土层中顶进施工。

3. 逐步扩孔顶管施工法

采用逐步扩孔顶管施工法时，先挖好工作井和接收井，再将水平钻机安装于工作井，使钻机钻进方向和设计顶进方向一致。开动钻机在两井之间钻出一个小径通孔，从孔中穿过一根钢丝绳，钢丝绳的一端系在接收井内的卷扬机上，另一端系于从工作井插入的扩孔器上，扩孔器在卷扬机的往复拖动下，把原小径通孔逐步扩大到所需要的直径，再将欲铺设的管子牵引入洞完成管道施工。这种逐步扩孔顶管施工方法只适应于黏性土、塑性指数较高、不会坍塌的地层。在这种方法的施工中，用于扩孔的扩孔器可以是螺旋钻具、筒形钻具、锥形扩孔器、刮刀扩孔器。这种施工方法的优点是：管道施工精度高，所需动力较小。

4. 钢筋混凝土管及钢管顶管施工法

钢筋混凝土管的顶进与其他管材的顶进方法相同，且混凝土管及钢管的口径可大可小。一个问题是在顶进过程中混凝土管强度低、易损坏，从而影响顶进距离，顶进时须加以保护。另一个问题是管与管间的连接和密封，应严格按照国家有关规范和规定执行。一般的做法是，在两管接口处加衬垫，施工完成后，再用混凝土加封口。钢管的顶进方法同混凝土管，只是其连接和密封均靠焊接，焊接时要均布焊点防止管节歪斜。

二、微型隧道法

（一）微型隧道施工法设备系统

1. 机械掘进系统

机械掘进系统是将由安装于钻进机内的电力或者液压马达驱动的切割头安装在微型隧道掘进机表面组成的。切割头适用于各种土层条件，并且已经成功应用于岩石中。一些工程实例声称它们可以使用非限制抗压强度达到200MPa来钻进岩石。并且，掘进机配置有节点可控单元，带有可控顶管和激光控制靶。微型隧道可以独立计算平衡地层压力和静水压力。可以通过计算平衡泥浆压力或者压缩空气来控制地下水保持在原始地层高度。

2. 动力或顶管系统

如前述，微型隧道施工是顶管的过程。微型隧道和钻铤的动力系统由顶管框架和驱动轴组成。为微型隧道特殊设计的顶管单元能够提供压缩设计和高推进能力。根据工程长度和驱动轴直径以及需要克服的土体阻力的不同，推进力可以达到1000~10000kN。动力系统为操作人员提供两组数据：①动力系统施加于推进系统上的总压力或者水力压力。②管道穿透地层的穿透速率。

3. 钻渣移除系统

微型隧道钻渣移除系统可以分为泥浆排渣运输系统和螺旋除渣系统。

在泥浆系统的帮助下，操作系统可以提高地层控制精度，减少由于钻机面对的不同钻进角度而带来的误差。在泥浆系统中，废渣与钻井液混合流入位于钻进机的切割刀头之后的腔室中。废渣流经位于主管道内部的钻进液排出管最终通过隔离系统排出。因为钻井液腔室压力与地下水压力此消彼长。所以钻井液流速和腔室压力的检测与控制至关重要。

螺旋除渣系统利用安装于主管道中的独立封闭套管进行排渣。废渣首先被螺旋钻进到驱动轴中，收集在料车中，然后卷扬到靠近驱动轴的表面存储装置。一般会在废渣中加水来加速废渣移动。但是，螺旋除渣系统的一大优点是移动废渣不需要达到其抽稠度。

当钻进复杂地层时，仔细的地质勘查、钻进机器的选择、参数设置以及操作是最核心的内容。设计相应的补救措施和快速的弥补方法也至关重要，诸如如何应对钻井液漏失、地层坍塌或者钻进卡钻等事故的发生。

4. 导向系统

多数导向系统的核心是激光导向。激光可以提供校准评估信息，帮助钻进机器（盾构机）不偏离管道线路。位于钻进机器头部的激光束从驱动轴到靶标之间必须是无障碍通道。激光导向必须有顶管坑支持，这样才能避免任何由驱动系统所产生的力导致的运动对激光导向产生的影响。用于接收激光信号的靶标可以是主动系统，也可以是被动系统。被动系统包括安装于可控钻头上用于接受激光光束的目标网格。靶标由安装在钻头中的可视闭路电视显示。然后，这些信息被传输回在钻进设备中的显示屏上。控制员可以根据这些信息对钻进路线做出必要的可控调整。主动系统在靶标上含有感光元件，可以将激光信息转化为数码数据。这些数据传送回显示屏，为控制员提供数码可读信息，帮助激光光束击中靶标。被动系统和主动系统都是应用广泛和可靠的导向系统。

5. 控制系统

所有的微型隧道都依靠远程控制系统，允许操作员坐在靠近驱动轴的舒适安全的操作室中。操作员可以直接观察检测驱动轴的运行情况。如果由于空间限制不能设置靠近驱动轴的操作室，那么操作员可以通过闭路电视显示器观察驱动轴的活动。控制室一般尺寸是 2.5m×6.7m。但是，控制室可以根据实际空间来调节大小。操作员的水平对于控制系统至关重要。他们需要观察工人的操作情况与现场的其他情况。其他需要观察的信息有掘进机器的角度和线路、切割钻头的扭矩、顶管的推进力、操作导向压力、泥浆流动速度、泥浆系统压力和顶管前进速度等。

控制系统现有人工操作控制系统和自动操作控制系统两种方式。人工操作控制系统需要操作员监视一切信息。自动操作控制系统由电脑监控，根据设置的时间间隔来提供各种参数。自动操作控制系统还会进行自动纠正。人工操作控制系统和自动操作控制系统相结合的方式也是可行的。

6. 管道润滑系统

管道润滑系统由混合池和必要的泵压设备组成，用于从靠近驱动轴的混合池向润滑剂连接点传送润滑剂。管道润滑不是强制要求的，但是一般对于长管道铺设都推荐使用。润滑剂是由膨润土或者聚合物材料构成。对于直径小于1m的非进人的管道，大多数的润滑剂连接点是在掘进机的盾牌上。对于直径大于1m的要求人员进入的管道，润滑剂连接点可以选择在管道内部。这些润滑剂连接点是可以插入和随着副线的完成而减少的。润滑剂的使用可以减少顶管的推进力。

（二）微型隧道在施工中的主要应用领域

微型隧道的主要应用领域在于铺设重力排水管道，其他形式的管道也可以采用此方法，但应用比例还不大；在某些施工条件下，微型隧道可能是在交叉路口铺设排污管道的有效方法。

在研究用于新管道铺设远程控制微型隧道掘进机的同时，人们还开发了用于旧的污水管道在线更换的微型隧道掘进机，使旧管道的破碎、挖掘和更换铺设在同一施工过程中一次完成。

三、导向钻进法

（一）概述

大多数导向钻进采用冲洗液辅助破碎，钻头通常带有一个斜面，因此当钻杆不停地回转时则钻出一个直孔，而当钻头朝着某个方向给进而不回转时，钻孔发生偏斜。导向钻头内带有一个探头或发射器，探头也可以固定在钻头后面。当钻孔向前推进时，发射器发射出来的信号被地表接收器所接收和追踪，因此可以监视方向、深度和其他参数。

成孔方式有两种：干式和湿式。干式钻具由挤压钻头、探头室和冲击锤组成，靠冲击挤压成孔，不排土。湿式钻具由射流钻头和探头室组成，以高压水射流切割土层，有时以顶驱式冲击动力头来破碎大块卵石和硬地层。两种成孔方式均以斜面钻头来控制钻孔方向。若同时给进和回转钻杆，斜面失去方向性，实现保直钻进；若只给进而不回转，作用于斜面的反力使钻头改变方向，实现造斜。钻头轨迹的监视，一般由手持式地表探测器和孔底探头来实现，地表探测器接收显示位于钻头后面探头发出的信号（深度、顶角、工具面向角等参数），供操作人员掌握孔内情况，以便随时进行调整。

（二）钻机锚固

钻机在安装期间发生事故的情况非常多，甚至和钻进期间发生事故的概率相当，尤其是对地下管线的损坏。在钻机锚固时，要防止将锚杆打在地下管线上，同时，合理的钻机锚固是顺利完成钻孔的前提，钻机的锚固能力反映了钻机在给进和回拉施工时利用其本身功率的能力。

（三）钻头的选择依据

①在淤泥质黏土中施工，一般采用较大的钻头，以适应变向的要求。

②在干燥软黏土中施工，采用中等尺寸钻头一般效果最佳（土层干燥，可较快地实现方向控制）。

③在硬黏土中，较小的钻头效果比较理想，但在施工中要保证钻头比探头外筒尺寸大 12mm 以上。

④在钙质土层中，钻头向前推进十分困难，所以，较小直径的钻头效果最佳。

⑤在粗粒砂层，中等尺寸狗腿度的钻头使用效果最佳。在这类地层中，一般采用耐磨性能好的硬质合金钻头来克服钻头的严重磨损。另外，钻机的锚固和冲洗液质量是施工成败的关键。

⑥对于砂质淤泥，中等到大尺寸钻头效果较好。在较软土层中，采用 10°狗腿度钻头以加强其控制能力。

⑦对于致密砂层，小尺寸锥形钻头效果最好，但要确保钻头尺寸大于探头筒的尺寸。一方面，在这种土层中，向前推进较难，可较快地实现控向。另一方面，钻机锚固是钻孔成功的关键。

⑧在砾石层中施工，镶焊小尺寸硬质合金的钻头使用效果较佳。

⑨对于固结的岩层，使用孔内动力钻具钻进效果最佳。

（四）导向孔施工

导向孔施工步骤主要为：探头装入探头盒内；导向钻头连接到钻杆上；转动钻杆，测试探头发射是否正常；回转钻进 2m 左右；开始按设计轨迹施工；导向孔完成。

导向钻头前端为 15°造斜面。该造斜面的作用是在钻具不回转钻进时，造斜面对钻头有一个偏斜力，使钻头向着斜面的反方向偏斜；钻具在回转顶进时，由于斜面在旋转中斜面的方向不断改变，斜面周向各方向受力均等，使钻头沿其轴向的原有趋势直线前进。

导向孔施工多采用手提式地表导航仪来确定钻头所在的空间位置。导向仪器由探头、地表接收器和同步显示器组成。探头放置在钻头附近的钻具内。接收器接收并显示探测数据，同步显示器置于钻机旁，同步显示接收器探测的数据，供操作人员掌握孔内情况，以便随时调整。

钻进时应特别注意纠偏过度，即偏向原来方向的反方向，这种情况一旦发生将给施工带来不必要的麻烦，会大大影响施工的进度和加大施工的工作量。为了避免这种情况的发生，钻进少量进尺后便进行测量，检验调整钻头方向。

（五）扩孔施工

扩孔是将导向孔孔径扩大至所铺设的管径以上，以减小铺管时的阻力。当先导孔钻至靶区时就需用一个扩孔器来扩大钻孔。一般的经验是将钻孔扩大到成品管尺寸的 1.2~1.5 倍，扩孔器的拉力或推力一般要求为每毫米孔径 175.1N。根据成品管和钻机的规格，可采用多级扩孔。

扩孔时将扩孔钻头连接在钻杆后端，然后由钻机旋转回拉扩孔。随着扩孔的进行，在扩孔钻头后面的单动器上不断加接钻杆，直到扩至与钻机同一侧的工作场地，即完成了这级孔眼的扩孔，如此反复，通过采用不同直径的扩孔钻头扩孔，直至达到设计的扩孔孔径。对于回拉力较大的钻机，扩孔时可以采用阶梯形扩孔钻头，一次完成扩孔施工，甚至有时可以同时完成扩孔施工和铺管施工。

第四节　气动夯管锤、振动法铺设管道及其他 非开挖施工技术

一、气动夯管锤施工技术

（一）概述

①地层适用范围广。夯管锤铺管几乎适应除岩层以外的所有地层。

②铺管精度较高。气动夯管锤铺管属不可控向铺管，但由于其以冲击方式将管道夯入地层，在管端无土楔形成，且在遇障碍物时，可将其击碎穿越，所以具有较好的目标准确性。

③对地表的影响较小。夯管锤由于是将钢管开口夯入地层，除了钢管管

壁部分需排挤土体，切削下来的土心全部进入管内，因此即使钢管铺设深度很浅，地表也不会产生隆起或沉降现象。

④夯管锤铺管适合较短长度的管道铺设，为保证铺管精度，在实际施工中，可铺管长度按钢管直径（mm）除以 10 就得到夯进长度（mm）。

⑤对铺管材料的要求。夯管锤铺管要求管道材料必须是钢管，若要铺设其他材料的管道，可铺设钢套管，再将工作管道穿入套管内。

⑥投资和施工成本低。施工条件要求简单，施工进度快，材料消耗少，施工成本较低。

⑦工作坑要求低，通常只需很小施工深度，无须进行很复杂的深基坑支护作业。

⑧穿越河流时，无须在施工中清理管内土体，无渗水现象，确保施工人员安全。

（二）施工设备及配套机具

气动夯管锤非开挖铺设地下管线施工主要设备除气动夯管锤，还需配置一些其他设备、机具。

1. 主机

主机指的是气动夯管锤铺管系统中的锤体部分，是由它产生强大冲击力将钢管夯入地层中。

2. 动力系统

气动夯管锤以压缩空气为主，同时压缩空气又是排除土心的动力。气源主要通过空气压缩机和驱动气动夯管锤的空压机获得，压力为 0.5~0.7MPa，排气量根据不同型号夯管锤的耗气量而定。

3. 注油与管路系统

注油器用于向压缩空气中注油，润滑夯管锤中的运动零件，注油器设计成注油量可调，其调节范围一般为 0.005~0.052L/min。夯管锤通过管路系统与气源连接，而注油器位于管路的中间，利用压缩空气将润滑油连续不断地带入夯管锤中。

4. 连接固定系统

连接固定系统由夯管头、出土器、调节锥套和张紧器组成。夯管头用于防止钢管端部因承受巨大的冲击力扩张而损害。出土器用于排出在夯管过程中进入钢管内又从钢管的另一端挤出的土体。调节锥套用于调节钢管直径、出土器直径和夯管锤直径间的相配关系。夯管锤通过调节锥套、出土器和夯管头与钢管连接，并用张紧器将它们紧固在一起。因为调节锥套、出土器和夯管头传递着巨大的冲击力，设计中应对它们的强度连接可靠性进行综合考虑。

5. 注浆系统

注浆系统主要由储浆罐、注浆头、注浆管、传压管和控制阀等组成，其特点在于用压缩空气作动力，可持续向地层的钢管内外两侧注浆，用来减少夯入地层的阻力。

6. 清土系统

清土系统包括封盖和清土球，封盖用于防止钢管内的压缩空气从管端泄漏，清土球在钢管内相当于一个活塞，在空气或水压力作用下在钢管内不断前进，从而将管内的土体从钢管另一端推出。

7. 辅助土具

专门设计在夯管过程中用于支撑夯管锤和保证夯管目标准确度的钢支架等。

（三）气动夯管锤铺管工艺

1. 地层可夯性

（1）夯管铺管破土机理

摩擦阻力和黏聚力砂土层中，当砂层含一定量的水时，在夯管锤震动载荷作用下易液化，从而大大降低摩擦阻力。黏聚力的大小与黏土颗粒间的黏结力有关。相同含水量的土，黏结力越大，则与钢管间的黏聚力也越大。因砂土的黏结力很小，所以它与钢管间的黏聚力也较小。黏性土层中，因为干性土颗粒间的结构一旦受到破坏，就很难在短时间内形成，尽管它的黏结力较大，但与管间的黏聚力却较小。相反，对于潮湿土，主要表现为黏聚力。

管端阻力。管端阻力按管鞋对土层的作用形式可分为切削阻力和挤压阻力。在正常情况下，这个力主要是切削阻力，但当管内土心与管内壁的摩擦力足够大到土心不能在管内滑动时，这个力就主要表现为挤压阻力。

（2）土的性质对地层可夯性的影响

土的基本性质主要包括土的种类、相对密度、容重、含水量、密实度、饱和度等，其中土的种类、含水量和密实度对土的可夯性影响最大。

土的种类随着土颗粒的增大，管鞋切削地层的阻力也就加大，地层可夯性就变差；相反，土颗粒越细，地层可夯性越好。一般来说，碎石土除松散的卵石、圆砾外，大部分为不可夯地层，其他土构成的地层均为可夯性地层，随着土颗粒由粗变细，可夯性变好。

土的含水量。土的含水量反映了土的干湿程度。含水量越大，说明土越湿；含水量越小，说明土越干。在实际施工中所遇到土的含水量的变化幅度非常大，砂土可在 $10\% \sim 40\%$ 变化，黏土可在 $20\% \sim 100\%$，有时甚至可在百分之几百之间变化。土的含水量越大，土越潮湿，在震动载荷作用下液化程度越好，故可夯性越好。

土的密实度。土的密实度由孔隙比来描述。对于一般土来说，孔隙比不表示孔隙的大小，只表示孔隙总体积的变化。孔隙比与孔隙体积变化成正比，所以孔隙比可反映土的密实程度。一般黏性土的孔隙比在 $0.4 \sim 1.2$，砂性土的孔隙比在 $0.5 \sim 1.0$，而淤泥的孔隙比可高达 1.5 以上。土越密实，土颗粒就越接近，土粒间的吸引力（即土的黏结力）就越大，因而切削阻力就越大；同时，土越密实，可压缩性就越差。两方面原因都使夯管时的管端阻力增大，所以土的密实度越大，可夯性越差。

（3）地层可夯性分级

从夯管锤铺管破土机理的分析中，我们知道地层可夯性主要和地层土的种类和性质有关。为了定量地说明地层可夯性，根据地层土的种类和性质，并参考标贯实验数据，对地层进行初步的可夯性分级。

2. 气动夯管锤铺管施工过程

（1）现场勘察

现场的勘察资料是进行工程设计的重要依据，也是决定工程难易程度，计算工程造价的重要因素，因此必须高度重视现场勘察工作，勘察资料必须精确、可靠。现场勘察包括地表勘察和地下勘察两部分。地表勘察的主要目的是确定穿越铺管路线；地下勘察包括原有地下管线的勘察和地层的勘察。

（2）施工设计

根据工程要求和工程勘察结果进行施工设计。施工设计包括施工组织设计、工程预算和施工图设计等。各个管线工程部门对施工设计都有不同的要求和规定。但进行夯管锤铺管工程施工设计时必须考虑以下几点。

确定夯管锤铺管可行性。根据工程勘察情况、工程质量要求、地层情况和以往施工经验，决定该项工程是否可用夯管锤铺管技术进行施工。

确定铺管路线和深度一般步骤是先根据地表勘察情况确定穿越铺管的路线，然后根据地下勘察情况确定铺管深度。但有时在确定路线下的一定深度范围内没有铺管空间，需重新进行工程勘察以确定最佳的铺管路线和铺管深度。

预测铺管精度。因为夯管锤铺管属非控向铺管，管道到达目标坑时的偏差受管道长度、直径、地层情况、施工经验等多方面因素的影响，预测并控制好铺管精度是工程成败的关键。

确定是否注浆。一般地层较干、铺管长度较长、直径较大时，应考虑注浆润滑。确定注浆后必须预置注浆管。

（3）测量放样

根据施工设计和工程勘察结果，在施工现场地表规划出管道中心线、下管坑位置、目标坑位置和地表设备的停放位置。放样以后需经过复核，在工程有关各方没有异议后即可进行下一步施工。

（4）钢管准备及机型选择

①对钢管特性的要求。所用钢管可以是纵向或螺旋式焊管、无缝钢管，也可以是平滑或带聚乙烯护层的钢管。按照管径和夯进长度正确选择钢管壁

厚，以使传来的冲击力能克服尖端阻力和管壁摩擦力，同时不损伤钢管。

②钢管壁厚与管径及夯进长度的关系。夯管锤铺管所用的钢管在壁厚上有一定的要求，当所采用的钢管壁厚度小于要求的最小壁厚时，需增加钢管端部和接缝处强度，以防止钢管端部和接缝处被打裂。

③钢管前端切削护环的作用。钢管在夯入地层之前在管头必须焊制一切削护环，其基本作用如下：a. 增加钢管横截面的强度，以利于击碎较大的障碍物；b. 套在钢管前的切削护环通过内外凸出于管壁的结构部分减小管壁与土壤的摩擦；c. 保护有表面涂层钢管的涂层。切削护环的构成在极大程度上影响了夯进目标的准确性。

④切削护环是在工厂预制的，施工时只需将它焊制在钢管前端，以防夯进中脱落即可。这个切削护环可以在每次施工时被重复使用。在现场，也可用扁钢焊接加工一个切削护环。但需注意，扁钢应完全包围住钢管并进行全焊接，护环边缘应打磨成向内倾斜的切形，以避免更大的尖端阻力。

⑤机型选择。夯管工程中正确选用夯管锤非常重要。选择夯管锤时应综合考虑所穿地层、铺管长度和铺管直径 3 个因素。当地层可夯性级别低时，可选用较小直径的夯管锤铺设较大直径或较长距离的管道；地层可夯性级别高时，必须选用较大直径的夯管锤铺设较小直径或较短距离的管道。实际工程中以平均铺管速度 2~5m/h 的标准选用夯管锤，能比较理想地降低铺管成本。

（5）工作坑的构筑

工作坑包括下管坑和目标坑。正式施工前应按照施工设计要求开挖工作坑。一般下管坑底长度为：管段长度+夯管锤长度+1m，坑底宽为：管径+1m。目标坑可挖成正方形，边长为：管径+1m。

（6）夯管锤和钢管的安装与调整定位

以上各项工作准备好以后即可进行机械安装。先在下管坑内安装导轨（短距离穿越铺管可以不用导轨），调整好导轨的位置，然后将钢管置于导轨上。

第一节被夯进的钢管方向决定了整个工程的目标准确性，所以应极为小心谨慎地调节定位，并给这项工作以充裕的时间。工字形和槽形钢架作为导轨的效果很理想。为给钢管焊接留出适当的空间，导轨应离开钢管开始进土的位置约 1m。为保证导轨的稳定，应将其固定在用低标号混凝土铺设的基础上，固定前一定要调准方向及期望的倾斜度。在某些情况或某些特定的土质条件下，也可以将钢架设置在卵石或砾石中。特别对长距离夯进多节钢管时更应如此。

（7）夯管

启动空压机，开启送风阀，夯管锤即开始工作，徐徐将管道夯入地层。在第一根管段进入地层以前，夯管锤工作时钢管容易在导轨上来回窜动，应利用送风阀控制工作风量，使钢管平稳地进入地层。第一段钢管对后续钢管起导向作用，其偏差对铺管精度影响极大。

一般在第一段钢管进入地层 3 倍管径长度时，要对钢管的偏差进行监测，如发现偏差过大时应及时调整，并在继续夯入一段后重复测量和调整一次，直至符合要求。钢管进入地层 3~4m 后逐渐加大风量至正常工作风量。第一段管夯管结束后，从钢管上卸下夯管锤和出土器等，待接上下一段管后装上夯管锤继续夯管工作，直至将全部管道夯入地层为止。

（8）下管、焊接

当前一段管不能到达目标坑时，还需下入下一管段。将夯管锤和出土器等从钢管端部卸下并沿着导轨移到下管坑的后部，将下一管段置于导轨上，并调到与前一管段成一直线。管段间一般采用手工电弧焊接，焊缝要求焊牢焊透，管壁太薄时焊缝处应用筋板加强，提供足够的强度来承受夯管时的冲击力。要求防腐的管道，焊缝还须进行防腐处理。采用注浆措施的，还须加接注浆用管。

（9）清土与恢复场地

夯管到达目的工作坑后，须将钢管内的存土清除。清土的方法有多种，通常用以下几种不同的方法进行排土：①利用水压将土石整体一次排出；②利用气压将土石整体一次排出；③利用螺旋钻机、吸泥机、水压喷枪和冲洗车或人力（管道端面可行人时）排土。

上述的第①和第②种方法是极为经济的排土方法。在现场最常用的方法是压气排土。其具体做法是：将管的一端掏空 0.5~1.0m 深，置清土球（密封塞）于管内，用封盖封住管段，向管内注入适量的水，然后连接送风管道，送入压缩空气，管内土心即在空气压力作用下排出管外。用此方法必须注意的是，清土球和封盖应具有良好的密封性，注水有助于提高清土球的封气性能。排土过程一般应由专业人员来完成。禁止非操作人员在工作坑附近逗留，以防因土心的迅速排出对靠近的物品和人员造成损害。

螺旋钻排土和人工清土用于较大直径管道。

（四）气动夯管锤的铺管精度问题

从夯管锤铺管的技术特点来看，尽管它的铺管精度比不出土水平顶管和水平螺旋钻铺管精度高，但它仍属非控向铺管技术，如何预测其铺管精度并事先采取措施预防其偏斜是夯管锤铺管工程中的技术难点。

夯管锤铺管精度与所穿越地层、铺管长度、直径、焊缝数量和施工经验有关。一般来说，地层太软或软硬不均、一次性穿越距离过长、管径太小、焊缝数量多或施工经验不足都会造成铺管偏差过大。

垂直向下偏差可通过导轨上扬一定角度来补偿，当穿越距离长或地层软时上扬角度大些，穿越距离短或地层硬时上扬角度小些。通过补偿可大大提高铺管精度。

综合影响系数与地层软硬程度、焊缝数量和施工经验（如导轨安装质量）等多种因素有关，如要提高铺管精度，除不断积累施工经验外，尽量增加每段管的长度也非常重要，尤其要注意的是第一段管的精度。

此外，导向钻进可与夯管相结合，即利用导向孔钻机先打一导向孔并扩孔，然后再沿着这个孔夯管进行工作，这可作为提高夯管锤铺管精度最彻底的方法。

（五）气动夯管锤铺管的注浆润滑

在多数地层中，通过注浆润滑可以大大减少地层与钢管间的摩擦系数，减小钢管进入地层中的阻力，因而注浆润滑是提高夯管成功率的一个极其重要的环节。

注浆的目的就是使润滑浆液在钢管的内外周形成一个比较完整的浆套，使土体与钢管之间的干摩擦转为湿润摩擦，并使湿润摩擦在夯管过程中一直保持。地层情况多种多样，如何保证润滑浆液不渗透到地层中是技术的关键。这个问题主要由采用不同的浆液材料和处理剂来解决。目前常用的铺管注浆材料有两类：一类是以膨润土为主，适用于砂土层中注浆润滑；另一类则是人工合成的高分子造浆材料，主要适合于黏性土层中注浆润滑。

二、振动法铺设管道技术

（一）振动铺管设备

将振动锤设于被铺设的钢管上部与管刚性连接，形成一个振动体系，当启动振动锤时，锤内两组对称的偏心块通过齿轮控制做相反方向但同步的回转运动，转动时产生的惯性离心力的垂直分力相互抵消，水平分力大小相等、方向相同、相互叠加，从而产生忽前忽后周期性的激振力，使沉管沿管轴线方向产生振动，当管的振动频率与周围土的自振频率一致时，土体发生共振，土中的结合水释放出来成为自由水，颗粒间黏结力急剧下降，呈现液化状态，土体对管表面的摩阻力、端阻力均大幅降低（一般减少到 $1/8 \sim 1/10$）；同时，由锤头和砧子相撞产生冲击力，由于冲击力使沉管有很高的振动速度，在管上产生很大的冲击力（为激振力的几倍）并作用于锥形的端部，钢管较容易被挤入土中预定深度。

一般要求滑轮组能提供一定的静载。钢管之间采用焊接连接，接管长度可达 8m。调节弹簧的弹力取决于钢管贯入的阻力、冲击频率等，施工时可以利用滑轮组来调整弹力。

振动冲击机构由激振器和附加冲击机构组成，在滑轮组作用下沿导向滑道移动，贯入土中时土的反作用力由滑道前部的锚桩承担，第一节管的前部装锥形帽，电机由专门的控制台来调节。铺管按下面工序进行：①将锥形帽装于第一节管的头部；②连接第一节管与振动冲击机构；③振动冲击机构工作；④打开升降机并沉管；⑤振动冲击机构退回到起始位置；⑥安装并焊接下一节管子。

如果贯入阻力较大，贯入速度降到 0.06m/min 时，应该换管径小一号的钢管，"伸缩"铺管，这种方法可以保证铺管长度达 70m 时仍有很高的贯入速度。铺管时要严格保证第一节管子的挤入方向正确。通过铺管实践，证明该设备在铺设钢管时具有很高的效率。该设备还可根据钢管贯入土中的阻力自动调整振动冲击机构中的压紧弹簧，使贯入时的静载与冲击规程能更有效地配合。

振动冲击设备 yBr-51 也是专门的非开挖铺管设备。当用振动冲击挤土时，应该在管的底部焊锥形帽，并将带锥形帽的第一节管子通过冲击和静压联合作用打入土中；当用振动冲击顶管时，第一节管子不设锥形帽，而是在管的内部设振动冲击式抽筒，当钢管的开口端贯入土中一定深度后，用振动锤将抽筒贯入钢管内的土中，然后用钢绳将抽筒取出到卸土管中，利用振动器将土从抽筒中振动取出。

（二）用于管内取土的振动冲击抓斗

振动冲击抓斗是一个微型工具，它能够从直径 1020mm 和 1420mm 顶管中取土。该抓斗可以沿着顶管的内壁自行移动到孔底，贯入挤入顶管内的土中。抓斗的移动和贯入靠振动冲击机构产生的冲击力，该冲击力通过振动器的外壳传到与其刚性连接的集土管上。

yBB-1 型振动冲击机构可相对其外管移动，外管上有砧子和凸起，而振动冲击机构（即所谓的冲击器）则在贯入方向上传递冲击脉冲力。为了降低卸土时对吊钩的动力作用，可以采用弹簧减振器。使用 yBB-1 型抓斗可以在顶管中循环取土，而顶管油缸可正常工作。打水平孔时的工作程序如下：①yBB-1 型抓斗在冲击力和弹簧反力的共同作用下，沿着顶管自动移动到孔底；②在振动冲击作用下集土管被贯入土中并装满土；③利用钢绳或作用在相反方向上的振动将抓斗拉出；④将抓斗提到垂直状态，在振动冲击状态下卸土。

为了降低 yBB-1 型抓斗提出时的拉力，应该在抓斗被拉紧时，振动器向后冲击。yBB-1 型抓斗可以在许多类型的土质条件下使用。清除 1m 长管的土约需 10min，其中在孔底工作 2~3min。该抓斗工作时完全没有手工劳动，提高了生产率，安全也有了保证，而且整个过程也容易机械化。

振动法铺管时不使用冲洗液，可以不排土、干作业成孔，容易实现非开挖施工过程的机械化。无论是完全挤土，还是部分挤土（顶管），虽然其使用的直径较小，但在施工速度上占有优势，所以这是一种值得推广的非开挖施工方法。

三、非开挖铺设管线的其他施工技术

（一）水平定向钻进法

用可导向的小直径回转钻头从地表以 10°～15° 的角度钻入，形成直径 90mm 的先导孔。在钻进过程中，因钻杆与孔壁的摩阻力很大，给施工带来困难，可采用套洗钻进。即将直径为 125mm 的套洗钻杆（其前有套洗钻头）套在导向钻杆柱上进行套洗钻进。导向孔钻进和套洗钻进交替进行，至另一侧目标点。随后，拆下导向钻杆和套洗钻头，并换上一个大口径的回转扩孔钻头进行回拉扩孔。扩孔时，泥浆用于排屑并维护孔壁的稳定。

根据所铺管道的直径大小，可进行一次扩孔或多次扩孔。最后一次扩孔时，新管连接在扩孔钻头后的旋转接头上，一边扩孔一边将管道拉入孔内。钻孔轨迹的监测和调控是水平定向钻进最重要的技术环节，目前一般采用随钻测量的方法来确定钻孔的顶角、方位角和工具面向角，采用弯接头来控制钻进方向。

优点：①施工速度快；②可控制方向，施工精度高。

缺点：①在非黏性土和卵砾石层中施工较困难；②对场地必须勘查清楚。

水平定向钻进原则上适用于各种地层，可广泛用于跨越公路、铁路、机场跑道、大河等障碍物铺设压力管道。适用管径 300~1500mm，施工长度 100~1500m，适用管材为钢管、塑料管。

（二）油压夯管锤法

油压夯管锤是以油压动力设备替代空气压缩机，体积小、重量轻、动力消耗小，施工中大幅降低燃油消耗，且油压动力设备造价低于空压机价格，设备投资小。油压动力站工作噪声低，并因压力油为闭式循环，对外无任何污染。油压夯管锤冲击能量转化效率高，其能量恢复系数可达 60%~70%，远远大于风动潜孔锤，锤内所有零件浸于油液中，润滑性好、磨损轻、工作运行可靠、使用寿命长。

应用范围：除含有大直径卵砾石土层外，几乎所有土层中均可使用，无论是含小粒径卵砾石的土层，还是含有地下水的土层，如软泥、黄土、黏土、砂土等地层均可使用。吉林大学建设工程学院研制的 UH-3000 油压夯管锤，夯管速度一般在 5~20m/h，夯管直径 200~800mm，穷管长度 10~50m。

（三）冲击矛法

施工时，冲击矛（气动或液动）从工作坑出发，通过冲击排土形成管道孔，新管一般随冲击矛拉入管道孔内。也可先成孔后随着矛的后退将管线拉入，或边扩孔边将管线拉入。冲击矛法要求覆土厚度大于矛体外径的 10 倍。

本方法的缺点：①土质不均或遇障碍易偏离方向；②不可控制方向，精度有限；③不适用于硬土层或含大的卵砾石层及含水地层。

冲击矛法主要用于各类管线的分支管线的施工。适用于不含水的均质土，如黏土、粉质黏土等。适用管径 30~250mm，施工长度 20~100m，适用管材为钢管、塑料管。

（四）滚压挤土法

滚压挤土法由俄罗斯专家发明，在 1991 年日内瓦新技术发明博览会上以及 1995 年的世界工业创新成果展览会上均获得了金奖。该方法是一种自旋转滚压挤土成孔技术，它在成孔时采用滚压器，滚压器在钻进时不排土，而是将土沿径向挤密。滚压法的优势在于它不仅可以铺设管线，而且可以对管道更新。除了施工管道孔，该方法还可以加固已有建（构）筑物地基、施工桩基孔等。

驱动装置（马达或液压马达）与工作部分的输出轴刚性连接，而该轴相对于滚轮是偏心设置，则回转的轴线与滚轮的中心线在回转过程中形成了角度，工作时滚轮沿螺旋线转动，旋入土中，形成钻孔并挤密孔壁。角度决定了转动滚轮步长，即偏心轴回转一周的进尺。

四、非开挖原位换管技术

非开挖原位换管技术是指以预修复的旧管道为导向，将其切碎或压碎，将新管道同步拉入或推入的换管技术。

胀管法专门采用气动锤或液压胀管器，在卷扬机牵引下将旧管切碎并压入周围土层，同时将新管拉入。该方法可使管道的过流能力不变或增大，施工效率高、成本低，但要注意旧管破碎下来的碎片可能对新管造成破坏。

吃管法以旧管为导向，用专门的隧道掘进机将旧管破碎形成更大的孔，同时顶入直径更大的管道。该技术能提升管道的过流能力，主要应用于深污水管道的更换。

第五节　地下连续墙施工技术

一、施工前的准备工作

（一）地下连续墙的施工设计

编写施工设计前应具有施工场地水文地质、工程地质勘查报告，现场的调查报告等资料。

编写的主要内容包括：①工程概况、设计要求、工程地质情况、现场条件及工期等；②平面规划，选定的施工设备及其有关的供应计划；③泥浆配方设计和管理措施；④导墙施工设计；⑤单元槽段施工作业计划；⑥墙体和结构接头的施工样图；⑦钢筋笼制作样图，钢筋笼的加工、运输及吊放工作；⑧混凝土配合比、供应及灌注方法；⑨技术培训、保证质量、安全及节约的技术措施。

（二）场地准备

对作业位置放线测量；按设计地面标高进行场地整平，拆迁施工区域内的房屋、通信等障碍物和挖除工程部位地面以下 3m 内的地下障碍物；必要时加固场地地基。

（三）泥浆（或稳定液）制备

根据挖槽的方式不同，有两种类型的泥浆，即静止方式（稳定液）和循环方式。如使用抓斗挖槽机时，随着挖槽深度不断增加，槽内泥浆应随时补充增加，直至浇灌混凝土时将泥浆替换出，泥浆一直贮存在槽内，故属静止方式。这种方式使用的泥浆只是为了保持槽壁的稳定而无其他目的。循环式则不同，如用钻头或其他切削刀具回转挖槽时，则需要在槽内充满泥浆的同时，利用泵使泥浆在槽底与地面之间进行循环，泥浆始终处于流动状态，故称循环方式。这种方式使用的泥浆不仅可起稳定槽壁的作用，也是排除钻渣的手段。

性能要求：①良好的稳定性。经过 24h 水化后的泥浆应具备一定的稳定性，不应出现离析、沉淀的现象。②薄而韧性的泥皮。保证孔壁的稳定性，同时保证连续墙的平整度。③一定的黏度。泥浆黏度大小对携带泥浆的能力、泥皮厚度和混凝土灌注是否顺利等会产生直接的影响，必须保证一定的黏度以确保良好的携砂能力，又不宜过大，以免影响混凝土的灌注。④适当的密度。⑤良好的触变性。良好的触变性可以避免土粒、砂粒的迅速沉淀，保证混凝土的顺利灌注；同时，渗入周围土层的泥浆，因不受扰动而迅速固结，可提高孔壁的稳定性。

由于槽壁土质不同，在成槽施工中槽壁坍塌程度也不同，自然对泥浆的要求也不同。

（四）导墙的施工

导墙也叫槽口板，是地下连续墙槽段开挖前沿墙面两侧构筑的临时性结构物。

1. 导墙的作用和要求

①导墙是作为地下连续墙按设计要求施工的基准，是挖槽机工作时的导向，导墙的施工精度（宽度、平直度、垂直度及标高等）影响单元槽段施工的精度，高质量的导墙是高质量槽段的基础。

②导墙可以有效地保证槽段接近地表部分土体的稳定。一般而言，槽段接近地表部分的土体很不稳定，导墙可以防止槽壁顶部坍塌，保证槽内泥浆液面的设计高度，使成槽作业过程中槽壁始终处于较稳定状态，为高效率的施工奠定良好的基础。

③重物的支撑台。导墙是支撑槽段两侧垂直、水平载荷的刚性结构，有了导墙便可以保证成槽机、钢筋笼吊放及混凝土导管安置等施工设备有良好的基础。

④导墙还可作为泥浆的储浆池，并维持稳定的液面。

⑤导墙深度一般为 $1.2 \sim 1.5m$，墙顶高出地面 $10 \sim 15cm$，以防止地表水流入而影响泥浆质量。

⑥导墙底不能设在松散的土层或地下水位波动的部位。

2. 导墙的结构形式

导墙的结构形式常用直墙式。它是在导沟内侧支模，外侧以槽沟壁为模板，内放少量钢筋（根据设计也可不放）再灌注混凝土而成。水泥用量为 $200 \sim 300kg/m^3$。每隔 $2 \sim 3m$ 于顶部及底部各设一根横撑。如果表土十分松散，则应先浇筑导墙，然后填土。填土质量要十分注意，以免泥浆渗入墙内引起坍塌。为使墙后填土稳定，有时需掺入少量的水泥。

普通（板）型：一般适用于表层地基土具有足够强度的土类（如致密的黏性土等），由于这种类型的导墙只能承受较小的上部载荷，因此常在槽段断面尺寸不大的小型地下连续墙工程中使用。

L 型：一般适用于表层地基土不具有足够强度的土类（如含砂质较多的黏土等）。

倒 L 型：一般适用于表层地基土质松散、胶结强度低的土类（如坍塌可能性较大的砂土、回填土地基等）。

槽型：一般适用于表层地基土强度低且导墙需要承受较大荷载的情况，该类型导墙在施工中能较好地保证精度的要求。

3. 导墙施工工艺

导墙墙体材料一般采用现浇、预制混凝土、钢筋混凝土或木板等其他材料。以现浇钢筋混凝土导墙为例。

（1）施工顺序

平整场地—测量确定导墙平面位置—挖导沟（处理土方）—加工钢筋框结构—支模板（严格按设计要求保证模板安装垂直度）—浇灌混凝土—拆除模板（同时设置横撑）—回填导墙外侧空隙并压实。

（2）施工要求

①导墙的纵向分段宜与地下连续墙的分段错开一定距离。

②导墙内墙面应垂直并平行于连续墙中心线，墙面间距应比地下连续墙设计厚度大 40~60mm。

③墙面与纵轴线的距离偏差一般不应大于 ±10mm；两条导墙间距偏差不大于 ±5mm。

④导墙埋设深度由地基土质、墙体上部载荷、挖槽方法等因素决定，一般为 1~2m；导墙顶部应保持水平并略高于地面，保证槽内泥浆液面高于地下水位 2.0m 以上；墙厚为 0.1~0.2m，带有墙址的，其厚度不宜小于 0.2m，一般宜设在老土面以下 10~15cm。

⑤导墙背侧须用黏土回填并夯实，不得发生漏浆。

⑥预制钢筋混凝土导墙安装时，必须保证接头连接质量；现浇钢筋混凝土导墙，水平钢筋必须连接牢固，使导墙成为一个整体，防止因强度不足或施工不善而出现事故。

⑦现浇钢筋混凝土导墙，拆模板后应立即在墙间加设支撑，混凝土养护

期间，起重机等重型设备不应在导墙附近作业，防止导墙开裂、位移或变形。

4. 设置临时设施并进行试验

按平面及工艺要求安装设备，设置临时设施，修筑道路，在施工区域设置与制配、处理钢筋加工机具设备；安装水电线路；进行试通水、通电，试运转，试挖槽，混凝土试浇筑等工作。

二、槽段开挖

槽段开挖是地下连续墙施工过程中最重要的阶段，约占全部工期的 1/2，其质量又是后续工作的保证，是工程能否顺利完成的关键。

（一）槽段长度的划分

1. 槽段划分考虑的因素

槽段的划分就是确定单元槽段的长度，并按连续墙设计平面构造要求和施工的可能性，将墙划分为若干个单元槽段。单元槽段长度长、接头数量少，可提高墙体整体性和截水防渗能力，简化施工，提高工效。但种种原因，单元槽段长度又受到限制，必须根据设计、施工条件综合考虑。一般决定单元槽段长度的因素有：①设计构造要求，墙的深度和厚度。②地质水文情况，开挖槽面的稳定性。③对相邻结构物的影响。④钢筋笼质量、尺寸，吊放方法及起重机的能力。⑤泥浆生产和护壁的能力。⑥单位时间内混凝土的供应能力。必须在 4h 内灌注完毕，所以可由 4h 所供应的混凝土量来计算槽段长度。⑦施工技术的可能性、占地面积、连续操作有效工作时间。⑧接头位置。为保证地下连续墙的整体性和强度，接头要避开拐角部分。⑨应是挖槽机挖槽长度的整数倍。其中最重要的是槽壁的稳定性。一般采用挖槽机最小挖掘长度（即一个挖掘单元的长度）为一单元槽段。地质条件良好，施工条件允许，亦可采用 2~4 个挖掘单元组成一个槽段，长度为 4~8m。

2. 各槽段的施工顺序

根据已划分的单元槽段长度，在导墙上标出各槽段的相应位置，即 1，2，3，4，5，6，…，n。可采取两种施工顺序：①按序（顺墙）施工：顺序为

1，2，3，4，…，n。将施工的误差在最后一单元槽段解决。②间隔施工：即 $2n-1 \rightarrow 2n+1 \rightarrow 2n$。能保证墙体的整体质量，但较费时。

（二）施工工艺

1. 施工方法

（1）多头钻施工法

下钻应使吊索保持一定张力，即使钻具对地层保持适当压力，引导钻头垂直成槽。下钻速度取决于钻渣的排出能力及土质的软硬程度，注意使下钻速度均匀，下钻速度最大为 9.6m/h；采用空气吸泥法及砂石泵时，速度一般为 5m/h。

（2）抓斗式施工法

导杆抓斗安装在一般的起重机上，抓斗连同导杆由起重机操纵上下、起落卸土和挖槽，抓斗挖槽通常用"分条抓"或"分块抓"两种方法。分条抓或分块抓是先抓两侧"条"（或"块"），再抓中间"条"（或"块"），这样可避免抓斗挖槽时发生侧倾，保证抓槽精度。

（3）钻抓式施工法

钻抓式挖槽机成槽时，采取两孔一抓挖槽法，预先在每个挖掘单元的两端，先用潜水钻机钻两个直径与槽段宽度相同的垂直导孔，然后用导板抓斗形成槽段。

（4）冲击式施工法

其挖槽方法为常规单孔桩方法，采取间隔挖槽施工。

2. 施工注意事项

施工注意事项如下：①由地面至地下 10m 左右的初始挖槽精度对整个槽壁精度影响很大，首先应将钻头调整到准确位置，同时必须慢速均匀钻进，严加控制垂直度和偏斜度在允许偏差范围内。②每一槽段挖掘完成后，钻头要空转一定时间，把残渣用吸泥管排至地面，待清槽完成后，再退出钻机，进行下一槽段的施工。

三、清槽

连续墙槽孔的沉渣，大部分随泥浆循环排出槽孔外，少量密度大的沉在底部，如不清除，会沉在底部形成夹层，使地下连续墙沉降量增大，承载力降低，并减弱其截水防渗性能，甚至会发生管涌。而且，泥渣混入混凝土中会使混凝土强度降低，钻渣被挤至接头处会影响接头部位防渗性能。沉渣会使混凝土的流动性降低、浇筑速度降低、钢筋笼上浮。如沉渣过厚，也会使钢筋笼不能吊放到预定深度，所以必须清槽。

清槽的目的是置换槽孔内稠泥浆，清除钻渣和槽底沉淀物，以保证墙体结构功能要求。同时为后续工序提供良好的条件。

清槽一般采用导管吸泥泵法、空气升液法和潜水泵排泥法三种排渣方式。一般操作程序是（以回转挖掘法为例）：到设计深度后，停止钻进，使钻头空转 4~6min，并同时用反循环方式抽吸 10min，使泥浆密度在要求的范围内。

为提高接头处的抗渗及抗剪性能，对地墙接合处，用外形与槽段端头相吻合的接头刷，紧贴混凝土凹面，上下反复刷动 5~10 次，保证混凝土浇筑后密实、不渗漏。

在地下连续墙成槽完毕，经过检验合格后，但在下锁口管、钢筋笼、下导管的过程中，总会有一些沉渣产生，将影响以后地下墙的承载力并增大沉降量。所以对基底沉渣进行处理就显得十分必要。

清渣一般在钢筋笼安装前进行。混凝土浇筑前，再测定沉渣厚度，如不符合要求，再清槽一次。

清槽的质量要求是：清槽结束后 1h，测定槽底沉渣淤积厚度不大于100mm；槽底 100mm 处的泥浆密度不大于 1150kg/m。

四、接头处理

如何把各单元墙段连接起来，形成一道既防渗止水，又承受荷载的完整地下连续墙，特殊的接头工艺是技术关键。

（一）地下连续墙的接头及其作用

1. 结构接头

当地下连续墙作为主体结构时，地下连续墙与内部结构的楼板、柱、梁等进行连接，为保证地下结构的整体性，必须采用钢筋进行刚性连接，钢筋的连接可以用以下方式。

①预埋钢筋方式：这种方式把预埋钢筋处的墙面混凝土凿掉，露出预埋的钢筋弯钩，通过搭接方式与内部结构钢筋连接，连接钢筋直径宜小于22mm。

②预埋中继钢板方式：把预埋在钢筋笼上的钢板凿露出来，使钢板与内部结构中的钢筋连在一起，从而使地下连续墙与内部结构连成一体。

③预埋剪力连接件：把预埋在钢筋笼上的剪力连接件凿露出来，通过焊接的方式加以连接。施工中为保证混凝土易于流动，剪力件形状越简单越好，但承压面积要大。

除此之外，还可在墙体上预留或凿出槽孔，将预制构件插入孔洞内填筑干硬性混凝土，使墙体与内部结构连接在一起。

2. 施工接头

施工接头是指单元墙段间的接头。它使地下连续墙成为一道完整的连续墙体，因此要求连接部位既要防渗止水，又要承受荷载，同时便于施工。

（1）防渗止水

使用过程中，墙后水流在压力作用下沿墙体贯通裂隙流入坑内，而施工接缝恰恰是薄弱环节。为阻止水流通过，一是采用特殊结构和黏接材料加强接缝黏接，避免缝隙产生。二是改变接缝形状，延长水流渗透路径，如平面式接缝，相邻墙段接触面为平面，接触面积小、黏接不牢固、承受荷载时易产生裂隙，且水流沿最短的直线路径通过，防渗止水效果较差；而曲面式接缝，相邻墙段以曲面进行咬合黏接，黏接牢固，同时水流沿曲线路径渗透，路径长、水头损失大、渗透能力差，具有较好的防渗效果。曲面形式可通过改变接头装置和施工工艺来控制。

（2）承受荷载

由于地下连续墙必须承受墙后土压力、水压力和上部结构荷载或地震引起的荷载，因此，连接部位必须和单元墙段一样具有相同的刚度和强度，满足整体性要求。显然，曲面式咬合接缝具有较高的刚度和强度，可以承受较大的荷载，目前广泛采用的就是这种连接方式。

槽段清基合格后，立刻吊放接头管，由履带起重机分节吊放拼装垂直插入槽内。接头管的中心应与设计中心线相吻合，底部插入槽底 30~50cm，以保证密贴，防止混凝土倒灌。上端口与导墙连接处用木桩楔实。

（二）施工接头的形式及选择

①接头管式接头，优点是接头刚性较大，可以承受较大的剪力，而且渗径也较长、抗渗性能较好。缺点是接头管须拔出，施工复杂，钢管的拔出时机难以掌握。

②工字钢式接头，优点是结构简单，施工方便、速度快。缺点是接头刚度比较小，不能承受过大的横向剪力，而且渗径较短、抗渗性能较差，且由于工字形接头与钢筋笼成整体，导致下放困难。上海基础公司的十字钢板式接头，基本克服了工字钢式接头的缺点，但施工复杂。

③钢板柱接头，解决了工字钢式接头常导致钢筋笼无法下放的问题，接头刚度大，抗渗性能好。

④接头孔式接头，因接头部位单独于邻近的墙体，故接头位置刚度较小，抗剪性能差，而且两端先施工槽段的端头位置难以保证垂直。接头结构与墙体之间可能存在渗水通道，其抗渗性能在以上几种接头形式中最差。优点是不必采用钢材。

⑤V 形接头，结合了工字钢式接头和接头管式接头的优点。具有接头刚度大、抗剪能力强、渗径比较长的特点，同时具备了工字钢式接头施工速度快、简便的优点，是一种较好的接头形式。

⑥扩大式接头是在 V 形接头形式的基础上进一步扩大了接头位置的尺寸，

从而增强接头位置的刚度和加大渗径，进一步提高接头位置的抗剪能力和抗渗能力。

⑦CWS（coffrage water stop）接头，是法国地基建筑公司研发的一种新型接头，较好地解决了常规接头起拔时间控制、密实度差而产生的漏水问题。

（三）接头装置的起拔时间

接头装置的起拔时间对工程质量及施工有很大影响，起拔时间过早，会导致混凝土因未初凝而坍塌；相反，起拔过迟，由于混凝土已初凝，起拔阻力增大，会导致接头起拔困难甚至拔不出来。因此，最佳起拔时间是既要保证混凝土不流动坍塌，又要使起拔阻力小，合理确定接头装置的起拔时间是施工中极为关键的一环。

接头管的起拔阻力包括混凝土对接头管表面的摩擦阻力、混凝土与接头管的黏结力以及接头管的自重。起拔时间应控制在混凝土不坍塌的前提下使起拔阻力最小。由于黏结力值较小，通过实测一般为摩擦力的5%，而摩擦力在浇筑速度一定时是随时间变化的，所以根据混凝土在初凝时的剪切破坏曲线计算出起拔力随时间变化的数值，从而确定最佳起拔时间，也可通过实验来确定。一般施工中，起拔时间控制在 $1.1t_0$（t_0 为混凝土初凝时间）。

（四）接头插入和拔出应注意的事项

接头插入和拔出应注意以下事项：

①接头吊入预定深度后，在地表用楔块定位。②接头管的拔出采用吊车和千斤顶。③起拔速度：0.5~1.0m/30min；拔出 0.5~1.0m 观察几分钟。

第六章 环境岩土工程技术

第一节 环境岩土工程概述

一、环境岩土工程的研究内容与分类

环境岩土工程是岩土工程与环境工程等学科紧密结合而发展起来的一门新兴学科，是工程与环境协调、可持续发展背景下岩土工程学科的延伸与发展，主要是应用岩土力学的观点、技术和方法为治理和保护环境服务。目前，国外对环境岩土工程的研究主要集中于垃圾土、污染土的性质、理论与控制等方面，而国内则在此基础上有较大的发展，就目前涉及的问题来分，可以归为两大类：第一类是人类与自然环境之间的共同作用问题，这类问题主要是由自然灾害引起的，如地震灾害、滑坡、崩塌、泥石流、地面沉降、洪水灾害、温室效应和水土流失等；第二类是人类的生活、生产和工程活动与环境之间的共同作用问题，这类问题主要是由人类自身引起的，如城市垃圾及工业生产中的废水、废液、废渣等有毒有害废弃物对生态环境的危害，工程建设活动，如打桩、强夯、基坑开挖等对周围环境的影响，过量抽汲地下水引起的地面沉降等。

表 6-1 具体列出了环境岩土工程的主要研究内容及分类。从表 6-1 可以看出，自然灾害诱发的环境岩土工程问题与人类活动引起的环境岩土工程问

题相互之间是有联系的。例如自然灾害导致的土壤退化、洪水灾害、温室效应等问题，也可能是由于人类不负责任的生产或工程活动，破坏了生态环境造成的，人类的水利建设也可能会诱发地震等。

表 6-1 环境岩土工程的主要研究内容及分类

研究内容	分类	成因	主要研究内容
环境岩土工程	自然灾害诱发的环境岩土问题	内成的	地震灾害； 火山灾害
		外成的	土壤退化； 洪水灾害； 温室效应； 特殊土地质灾害； 滑坡、崩塌、泥石流； 地面沉降、地裂缝、地面塌陷
	人类活动诱发的环境岩土问题	生活、生产活动引起的	过量抽汲地下水引起地面沉降； 生活垃圾、工业有毒有害废弃物污染； 采矿造成采空区坍塌； 水库蓄水诱发地震
		工程活动引起的	基坑开挖对周围环境的影响； 地基基础工程对周围环境的影响； 地下工程施工对周围环境的影响

二、自然灾害诱发的环境岩土工程问题

（一）地震灾害

地震灾害是一种危害性很大的自然灾害。地震不仅使地表产生一系列地质现象，如地表隆起、山崩滑坡等，而且还引起各类工程结构物的破坏，如房屋开裂倒塌、桥孔掉梁、墩台倾斜歪倒等。

地震主要由地壳运动或火山活动引起，即构造地震或火山地震。自然界大规模的崩塌、滑坡或地面塌陷也能产生地震，即塌陷地震。此外，采矿、地下核爆炸及水库蓄水或向地下注水等人类活动也可能诱发地震。

因其灾害的严重性，地震已成为许多科学工作者的研究对象。研究重点主要包括作为防震设计依据的地震烈度的研究、工程地质条件对地震烈度的影响、不同烈度下建筑场地的选择以及地震对各类工程建筑物的影响等，从而能够为不同地震烈度区的建筑物规划及其防震设计提供依据。

（二）斜坡地质灾害

体积巨大的物质在重力作用下沿斜坡向下运动，通常形成严重的地质灾害。尤其是在地形切割强烈、地貌反差大的地区，岩土体沿陡峻的斜坡向下快速滑动可能导致人身伤亡和巨大的财产损失，慢速的土体滑移虽然不会危害人身安全，但可能造成巨大的财产损失。斜坡地质灾害可以由地震活动、强降水过程而触发，但主要的作用营力是斜坡岩土体自身的重力。从某种意义上讲，这类地质灾害是内、外营力地质共同作用的结果。

斜坡岩土位移现象十分普遍，有斜坡的地方便存在斜坡岩土体的运动，就有可能造成灾害。随着全球性土地资源的紧张，人类正大规模地在山地或丘陵斜坡上进行开发，因而增大了斜坡变形破坏的规模，使崩塌、滑坡灾害不断发生。筑路、修建水库和露天采矿等大规模工程活动也是触发或加速斜坡岩土体产生运动的重要因素之一。

斜坡地质灾害，特别是崩塌、滑坡和泥石流，每年都造成巨额的经济损失和大量的人员伤亡，其中大部分的人员伤亡发生在环太平洋边缘地带。环太平洋地带地形陡峻、岩性复杂、构造发育及地震活动频繁、降水充沛，为斜坡地质灾害提供了必要的物质基础和条件，而全球人口在这一地带的高度集中与大规模的经济活动使这类地质灾害更为频繁和强烈。

除了直接经济损失和人员伤亡，崩塌、滑坡和泥石流灾害还会诱发多种间接灾害而造成人员伤亡和财产损失，如水库大坝上游滑坡导致洪水泛滥、水土流失、交通阻塞等。

（三）地面变形地质灾害

从广义上讲，地面变形地质灾害是指因内、外动力地质作用和人类活动而使地面形态发生变形破坏，造成经济损失和（或）人员伤亡的现象和过程。如构造运动引起的山地抬升和盆地下沉等，抽取地下水、开采地下矿产等人类活动造成的地裂缝、地面沉降和塌陷等。从狭义上讲，地面变形地质灾害主要是指地面沉降、地裂缝和岩溶地面塌陷等以地面垂直变形破坏或地面标高改变为主的地质灾害。随着人类活动的加强，人为因素已经成为地面变形地质灾害的重要原因。因此，在发展经济、进行大规模建设和矿产开采的过程中，必须对地面变形地质灾害及其可能造成的危害有充分的认识，加强地面变形地质灾害成因、预测和防治措施的研究，有效减轻地面变形地质灾害造成的经济损失。

（四）地下水

温室效应使全球暖化，这在加长降雨历时、增大降雨强度的同时，加速海洋中冰雪的消融，促使海平面上升，再加上地面径流的增加，将导致地下水位的上升。地下水位上升引起的工程环境问题包括：浅基础地基承载力降低，砂土地震液化加剧，建筑物震陷加剧，土壤沼泽化、盐渍化，岩土体发生变形、滑移、崩塌失稳等不良地质现象等。

（五）特殊土地质灾害

特殊土是指某些具有特殊物质成分和结构，赋存于特殊环境中，易产生不良工程地质问题的区域性土，如黄土、膨胀土、盐渍土、软土、冻土、红土等。当特殊土与工程设施或工程环境相互作用时，常产生特殊土地质灾害，故在国外常把特殊土称为"问题土"，意即特殊土在工程建设中容易产生地质灾害或工程问题。

中国地域辽阔，自然地理条件复杂，在许多地区分布着区域性的、具有不同特性的土层。深入研究它们的成因、分布规律、地质特征和工程地质性质，对于及时解决在这些特殊土上进行建设时所遇到的工程地质问题，采取相应的工程措施及合理确定特殊土发育地区工程建设的施工方案，避免或减轻灾害损失，提高经济和社会效益具有重要的意义。

（六）温室效应

温室效应是指透射阳光的密闭空间与外界缺乏热交换而形成的保温效应，就是太阳短波辐射可以透过大气射入地面，而地面增暖后放出的长波辐射却被大气中的二氧化碳等物质所吸收，从而产生大气变暖的效应。

温室效应使全球海平面及沿海地区地下水位不断上升，土体中有效应力降低，从而产生液化及震陷现象加剧、地基承载力降低等一系列岩土工程问题。河川水位上升，又使堤防标准降低、渗透破坏加剧。大气降雨的增加、台风的加大，使风暴、洪涝灾害加重，引发滑坡、崩塌、泥石流等环境问题。

三、人类活动引起的环境岩土工程问题

（一）人类生产活动引发的环境岩土工程问题

1. 过量抽汲地下水引起的地面沉降

除了人为开采，还有许多其他因素也会引起地下水位的降低，并可能诱发一系列环境问题。例如对河流进行人工改道，上游修建水库、筑坝截流或新建、扩建水源地，截夺下游地下水的补给量；矿床疏干、排水疏干、改良土壤等都能使地下水位下降。另外，工程活动如降水工程、施工排水等也能造成局部地下水位下降。通常采用压缩用水量和回灌地下水等措施来解决地下水位下降的问题，然而随着时间的推移，人工回灌地下水的作用将会逐渐减弱。所以，到目前为止还没有找到一个令人满意的解决办法。

2. 废弃物污染造成的环境岩土工程问题

随着社会的进步、经济的发展和人们生活水平的不断提高，城市废弃物产量与日俱增。这些废弃物不但污染环境、破坏城市景观，还传播疾病、威胁人类的健康和生命安全。治理城市废弃物已经成为世界各大城市面临的重大环境问题。

经济的快速发展提高了人们的生活水平，促进了人类社会文明的进步，同时也产生了许多问题。越来越多的人口汇聚城市，使城市的人口数量膨胀。

另外，人均生活消费产生的垃圾废弃物数量也急剧增加，处理城市废弃物的任务越来越艰巨。废弃物如果不能合理处置，将对环境造成严重的污染。面对每天产出的数量相当庞大的废弃物，人类目前尚无法采用大规模的、资源化的方法来解决它们。废弃物的贮存、处置和管理是目前亟待解决的重大课题。

3. 放射性废物的地质处置

核工业带来了各种形式的核废物。核废物具有放射性与放射毒性，对人类及其生存环境构成了威胁。因此，核废物的安全处理与最终处置，在很大程度上影响着核工业的前途和生命力，制约着核工业特别是民用核工业进一步的应用与发展。

按放射性水平的不同，核废物可分为高放废物和中低放废物。高放废物的放射性水平高、毒性大、发热量大，而其中超铀元素的半衰期很长。因此，高放废物的处理与处置是核废物管理中最为重要也最为复杂的课题。

消除放射性废物对生态环境危害，可通过 3 种途径：核嬗变处理法、稀释法和隔离法。隔离法又可分为地质处置、冰层处置、太空处置等。核嬗变处理法尚处于探索阶段，稀释法不适宜于高放废物，冰层处置与太空处置还仅是一种设想。因此，对高放废物最现实可行的是地质处置法。

深地质处置是高放废物地质处置中最主要的形式，即把高放废物埋在距离地表深 500~1000m 的地质体中，使之永久与人类的生存环境隔离。深地质处置法隔离放射性核素是基于多重屏障的概念：由废物体、废物包装容器、回填材料组成的人工屏障和由岩石与土壤组成的天然屏障。实现这一隔离目标的关键技术有两个，即天然屏障的有效性及工程屏障的有效性。前者与场地的地质和力学稳定性及地下水有关，可通过选取有利场地、有利水文地质条件和有利围岩来实现；后者可通过完善的处置库设计和优良的工程屏障（选取有利的固化体、包装与回填材料）来实现。

开发处置库是一个长期的系统化的过程，一般需要经过基础研究，处置库选址，场址评价，地下实验室研究，处置库设计、建设和关闭等阶段。其中，地下实验室研究是建设处置库不可缺少的重要阶段。各国在进行选址和场址评价的同时还开展大量研究和开发工作，主要包括处置库的设计、性能评价、核素迁移的实验室研究和现场试验、工程屏障研究等。

（二）人类工程活动引发的环境岩土工程问题

随着社会经济的发展，城市人口激增和城市基础设施相对落后的矛盾日益加剧，城市道路交通、房屋等基础设施需要不断更新和改善，我国大城市的工程建设进入大发展时期。在城市中，特别是大、中城市，楼群密集，人口众多，各类建筑、市政工程及地下结构的施工，如深基坑开挖、打桩、施工降水、强夯、注浆，各种施工方法的土性改良、回填以及隧道与地下洞室的掘进，都会对周围土体的稳定性造成重大影响。例如，由施工引起的地面和地层运动、大量抽汲地下水引起的地表沉陷，将影响到地面周围建筑物与道路等设施的安全，可能致使附近建筑物倾斜、开裂甚至损坏，或者引起基础下陷导致其不能正常使用。更为严重的是，由此导致给水管、污水管、煤气管及通信电力电缆等地下管线的断裂与损坏，造成给排水系统中断、煤气泄漏及通信线路中断等，给工程建设、人民生活及国家财产带来巨大损失，并产生不良的社会影响。

上述事故的主要原因之一是对受施工扰动引起周围土体性质的改变和在施工中对结构与土体介质的变形、失稳、破坏的发展过程认识不足，或者虽对此有所认识，但没有更好的理论与方法去解决。由于施工扰动的方式是千变万化、错综复杂的，而施工扰动影响到周围土体工程性质的变化程度也不相同，如土的应力状态与应力路径的改变、密实度与孔隙比的变化、土体抗剪强度的降低与提高以及土体变形特性的改变等。

第二节　地下水与环境岩土工程技术

一、地下水位与环境岩土工程的关系

（一）环境对地下水位的影响

1. 温室效应引起的水位上升

近年来，大气温室效应及其对全社会各个领域的影响，越来越引起人们的注意。长期以来，人类不加节制地、大规模地伐木燃煤、燃烧石油及石油产品，释放出大量的二氧化碳，工农业生产也排放出大量甲烷等派生气体，地球的生态平衡在无意识中遭到破坏，致使气温不断上升。温室效应使全球变暖，这在加长降雨历时、增大降雨强度的同时，也加速了海洋中冰雪的消融，促使海平面上升。海平面的上升，加上地面径流的增加，将导致地下水位的上升。这种情况下有必要对各类工程的影响程度做出分析和评估，这对于该方面的研究或设计，无疑是有益的。

2. 人类活动引起的地下水位的降低

随着世界人口的不断增长和工农业生产的不断发展，今天人类不得不面对全球性缺水这样一个严重的环境问题。长期以来，人类在发展过程中，在改造自然的同时，没有注意对环境的保护，大量淡水资源被污染，使原先就很有限的水资源越发不能满足人们的需要。在许多地区，地下水被人类不合理地开采。地下水的开采地区、开采层次、开采时间过于集中，集中过量地抽取地下水使地下水的开采量大于补给量，导致地下水值不断下降，漏斗范围亦相应地不断扩大。开采设计上的错误或工业、厂矿布局不合理和水源地过分集中，也常导致地下水位的过大和持续下降。据上海的观测，地下水位下降引起的最大沉降量已达 2.63m。除了人为开采，许多其他因素也能引起地下水位的降低，如对河流进行人工改道，上游修建水库、筑坝截流、新建或扩建水源地，截夺了下游地下水的补给量，矿床疏干、排水疏干、改良土壤等。

（二）地下水位变化引起的岩土工程问题

1. 地下水位上升引起的工程环境问题

（1）浅基础地基承载力降低

研究表明，无论是砂性土地基还是黏性土地基，其承载能力都具有随地下水位上升而下降的趋势。由于黏性土具有黏聚力的内在作用，故相应承载力的下降率较小，最大下降率在 50% 左右，而砂性土的最大下降率可达 70%。

（2）砂土地震液化加剧

地下水与砂土液化密切相关，没有水，也就没有所谓砂土的液化。经研究发现，随着地下水位上升，砂土抗地震液化能力随之减弱，在上覆土层厚度为3m的情况下，地下水位从埋深6m处上升至地表时，砂土抗液化的能力降低，可达74%左右。地下水位埋深在2m左右为砂土的敏感影响区。这种浅层降低影响，基本上是随着土体含水量的提高而加大、随着上覆土层的浅化而加剧的。

（3）建筑物震陷加剧

首先，对饱和疏松的细粉砂地基土而言，在地震作用下，因砂土液化，使建在其上的建筑物产生附加沉降，即发生所谓的液化震陷。分析得到，地下水位上升的影响作用：①对产生液化震陷的地震动荷因素和震陷结果具有放大作用。当地下水位由分析单元层中点处开始上升至地表时，将地震作用足足放大了一倍。当地下水位从埋深3m处上升至地表时，6m厚的砂土层所产生的液化震陷值增大倍数的范围为2.9~5.0。②砂土越疏松或初始剪应力越小，地下水位上升对液化震陷影响越大。其次，对于大量的软弱黏性土而言，地下水位上升既促使其饱和，又扩大其饱和范围，这种饱和黏性土的土粒空隙中充满了不可压缩的水体，本身的静强度就较低，故在地震作用下，在短瞬间即产生塑性剪切破坏，同时产生大幅度的剪切变形，该结果可达砂土液化震陷值的4~5倍，甚至超过10倍。

（4）土壤沼泽化、盐渍化

当地下潜水位上升至接近地表时，毛细作用使地表土层过湿呈沼泽化，或者强烈的蒸发浓缩作用使盐分在上部岩土层中积聚成盐渍土，这不仅改变了岩土原来的物理性质，而且改变了潜水的化学成分。矿化度增高，增强了岩土及地下水对建筑物的腐蚀性。

（5）岩土体产生变形、滑移、崩塌失稳等不良地质现象

在河谷阶地、斜坡及岸边地带，地下潜水位或河水位上升时，岩土体浸润范围增大，浸润程度加剧，岩土被水饱和、软化，降低了抗剪强度；地表水位下降时，向坡外渗流，可能产生潜蚀作用及流沙、管涌等现象，破坏了岩土体的结构和强度。地下水的升降变化还可能增大动水压力。以上种种因素，促使岩土体产生变形、崩塌、滑移等。因此，在河谷、岸边、斜坡地带

修建建筑物时，应特别重视地下水位的上升、下降变化对斜坡稳定性的影响。

（6）地下水冻胀作用的影响

在寒冷地区，地下潜水位升高，地基土中含水量亦增多。由于冻胀作用，岩土中水分通常迁移并集中分布，形成冰夹层或冰锥等，使地基上产生冻胀、地面隆起、桩台隆胀等。冻结状态的岩土体具有较高强度和较低压缩性，但温度升高岩土解冻后，其抗压和抗剪强度大大降低。对于含水量很高的岩土体，融化后的黏聚力约为冻胀时的 1/10，压缩性增高，会使地基产生融沉，易导致建筑物失稳开裂。

（7）对建筑物的影响

当地下水位在基础底面以下压缩层范围内发生变化时，就将直接影响建筑物的稳定性。若水位在压缩层范围内上升，水浸湿、软化地基土，使其强度降低、压缩性增大，建筑物就可能产生较大的沉降变形。地下水位上升还可能使建筑物基础上浮，使建筑物失稳。

（8）对湿陷性黄土、崩解性岩土、盐渍岩土的影响

当地下水位上升后，水与岩土相互作用，湿陷性黄土、崩解性岩土、盐渍岩土产生湿陷、崩解、软化，其岩土结构被破坏、强度降低、压缩性增大，导致岩土体产生不均匀沉降，引起其上部建筑物的倾斜、失稳、开裂和地面或地下管道被拉断等现象。尤其对结构不稳定的湿陷性黄土的影响更为严重。

（9）膨胀性岩土产生胀缩变形

在膨胀性岩土地区，浅层地下水多为上层滞水或裂隙水，无统一的水位，且水位季节性变化显著，地下水位季节性升、降变化或岩土体中水分的增减变化，可促使膨胀性岩土产生不均匀的胀缩变形。当地下水位变化频繁或变化幅度大时，不仅岩土的膨胀收缩变形往复，而且胀缩幅度也变大。地下水位的上升还能使坚硬岩土软化、水解、膨胀、力学强度降低，产生滑坡（沿裂隙面）、地裂、坍塌等不良地质现象，引起建筑物的损坏。因此，对膨胀性岩土的地基评价应特别注意对场区水文地质条件的分析，预测在自然及人类活动下水文地质条件的变化趋势。

2. 地下水位下降引起的岩土工程问题

（1）地表塌陷

塌陷是地下水动力条件改变的产物，水位降深与塌陷有密切的关系。水位降深小，地表塌陷坑的数量少、规模小。当降深保持在基岩面以上且较稳定时，不易产生塌陷。降深增大，水动力条件急剧改变，水对土体的潜蚀能力增强，地表塌陷坑的数量增多，规模增大。

（2）地面沉降

人类不断地抽汲地下水，导致地下水位巨幅下降，引起区域性地面沉降。国内外地面沉降的实例表明抽汲液体引起液压下降使地层压密是导致地面沉降的普遍和主要原因。国内有些地区，由于大量抽汲地下水，已先后出现了严重的地面沉降。

（3）海（咸）水入侵

近海地区的潜水或承压水层通常与海水相连，在天然状态下，陆地的地下淡水向海洋排泄，含水层保持较高的水头，淡水与海水保持某种动平衡，因而陆地淡水含水层能限制海水的入侵。如果大量开采陆地地下淡水，引起大面积的地下水位下降，可导致海水向地下水开采层入侵，使淡水水质变坏，并加强水的腐蚀性。

（4）地裂缝的复活与产生

近年来，我国不仅在西安、关中盆地发现了地裂缝，而且在山西、河南、江苏、山东等地也发现了。据分析，地下水位大面积、大幅度下降是发生地裂缝的重要诱因之一。

（5）地下水源枯竭，水质恶化

当地下水开采量大于补给量时，地下水资源就会逐渐减少以至枯竭，造成泉水断流、井水枯干、地下水中有害离子含量增多、矿化度增高。

（6）对建筑物的影响

当地下水位只在地基基础底面以下某一范围内发生变化时，对地基基础的影响不大，地下水位的下降仅稍增加基础的自重。当地下水位在基础底面以下压缩层范围内发生变化时，若水位在压缩层范围内下降，岩土的自重应力增加，可能引起地基基础的附加沉降。如果土质不均匀或地下水位突然下降，也可能使建筑物发生变形破坏。

二、砂土液化

（一）砂土液化的基本概念

1. 涌砂

涌出的砂掩盖农田，压死作物，使沃土盐碱化、砂质化，同时造成河床、渠道、井筒等淤塞，使农业灌溉设施受到严重损害。

2. 地基失效

随着粒间有效正应力的降低，地基土层的承载能力也迅速下降，甚至砂体呈悬浮状态时地基的承载能力完全丧失。建于这类地基上的建筑物就会产生强烈沉陷、倾倒甚至倒塌。

3. 滑塌

下伏砂层或敏感黏土层震动液化和流动，可引起大规模滑坡。这类滑坡可以产生在极缓场地，甚至水平场地。

4. 地面沉降及地面塌陷

饱水疏松砂因振动而变密，地面随之下沉，低平的滨海湖平原可因下沉而受到海潮及洪水的浸淹，使之不适于作为建筑物地基。

（二）砂土液化的形成条件

1. 砂土特性

砂土特性对地层液化的产生具有决定性作用，使土在地震时易于形成较高的剩余孔隙水压力。高的剩余孔隙水压力形成的必要条件：一是地震时砂土必须有明显的体积缩小从而产生孔隙水的排水；二是向砂土外的排水滞后于砂体的振动变密，即砂体的渗透性能不良，不利于剩余孔隙水压力的迅速消散，于是随荷载循环的增加孔隙水压力因不断累积而升高。通常以砂土的相对密度、砂土的粒径和级配来表征砂土的液化条件。

（1）砂土的相对密度

一般而言，松砂极易完全液化，而密砂则经多次循环的动荷载后也很难达到完全液化。也就是说，砂的结构疏松是液化的必要条件。目前，较普遍采用的表征砂土疏密界限的定量指标是相对密度 D_r。

$$D_r = \frac{e_{max} - e}{e_{max} - e_{min}} \tag{6-1}$$

式中：e——土的天然孔隙比；

e_{max}、e_{min}——该土的最大、最小孔隙比。

砂土的相对密度越低，孔隙率越大，越容易液化。

（2）砂土的粒度和级配

砂土的相对密度低并不是砂土地震液化的充分条件，有些颗粒比较粗的砂，相对密度虽然很低但却很少液化。分析邢台、通海和海城砂土液化时喷出的 78 个砂样表明，粉、细砂占 57.7%，塑性指数小于 7 的粉土占 34.6%，中粗砂及塑性指数为 7~10 的粉土仅占 7.7%，而且全部发生在 XI 度烈度区。所以具备一定粒度成分和级配是一个很重要的液化条件。

试验资料证实，随着砂土平均粒径（d_{50} 即相当于累积含量 50%的粒径）的减小，砂土的渗透性迅速降低，使剩余孔隙水压力难于消散。因此，细颗粒砂土较容易液化，平均粒径在 0.1mm 左右的粉细砂抗液化性最差。

2. 饱水砂土层的埋藏条件

只有当剩余孔隙水压力大于砂粒间有效应力时才产生液化，而砂土层中有效应力的大小由饱水砂层埋藏条件确定，包括地下水埋深及砂层上的非液化黏性土层厚度这两类条件。砂土的上覆非液化盖层越厚，土的上覆有效应力越大，就越不容易液化。另外，地下水埋深越浅，则越易液化。

从饱水砂层的成因和时代来看，具备上述颗粒细、结构疏松、上覆非液化盖层薄和地下水埋深浅等条件，而又广泛分布的砂体，主要是近代河口三角洲砂体和近期河床堆积砂体，其中河口三角洲砂体是造成区域性砂土液化的主要砂体。已有的大区域砂土地震液化实例，主要形成于河口三角洲砂体内。

3. 地震强度及持续时间

引起砂土液化的动力是地震加速度。地震越强，加速度越大，则越容易引起砂土液化。简单评价砂土液化地震强度条件的方法是按不同烈度评价某种砂土液化的可能性。例如，根据观测得出，在Ⅶ、Ⅷ、Ⅸ度烈度区可能液化的砂土的 d_{50} 分别为 0.05~0.15mm、0.03~0.25mm 和 0.015~0.5mm，即地震烈度越高，可液化的砂土的平均粒径范围越大。又如，烈度越高，可液化砂土的相对密度值也越大。从地震的持续时间来看，振动时间越长或振动次数越多，就越容易液化。

（三）砂土液化的防护措施

1. 良好场地的选择

应尽量避免将未经处理的液化土层作为地基持力层，选表层非液化盖层厚度大、地下水埋藏深度大的地区作为建筑场地。计算上述非液化盖层和不饱水砂层的自重压力，如其值大于等于液化层的临界盖重，则属符合要求的场地。为避免滑塌危害，应以地表地形平缓、液化砂层下伏底板岩土体平坦、无坡度者为宜。选择液化均匀且轻微的地段，比选择液化层厚度不均一的好。

2. 人工改良地基

采取措施消除液化可能性或限制其液化程度，主要有增加盖重、换土、增加可液化砂土密实程度和加速孔隙水压力消散等措施。

（1）增加盖重

通过增加填土厚度，使饱水砂层顶面的有效压重大于可能产生液化的临界压重。

（2）换土

适用于表层处理，一般在地表以下 3~6m 有易液化土层时可以挖除回填，以压实粗砂。

（3）改善饱水砂层的密实程度

主要有爆炸振密法、强夯与碾压法、水冲振捣回填碎石桩法（振冲法）。爆炸振密法一般用于处理土坝等底面相当大的建筑物的地基。在地基范围内每隔一定距离埋炸药，群孔起爆使砂层液化后靠自重排水沉实。对均匀、疏松饱水中的细砂效果良好。强夯与碾压是指在松砂地基表面采用夯锤或振动碾压机加固砂层，能提高砂层的相对密度，增强地基抗液化能力。水冲振捣回填碎石桩法（振冲法）是一种软弱地基的深加固方法，对提高饱和粉、细砂土抗液化能力效果较好。

（4）消散剩余孔隙水压力

主要采用排渗法，在可能液化的砂层中设置砾渗井，使砂层在振动时迅速将水排出，以加速消散砂层中累积增长的孔隙水压力，从而抑制砂层液化。

（5）围封法

修建在饱和松砂地基上的坝或闸层，可在坝基范围内用板桩、混凝土截水墙、沉箱等将可液化砂层截断封闭，以切断板桩外侧液化砂层对地基的影响，增加地基内土层的侧向压力。建筑物以下被围封起来的砂层，由于建筑物的压力大于有效覆盖层压力而不致液化。所以此方法也是防止砂土液化的有效措施。

3. 基础形式选择

在有液化可能性的地基上建筑，不能将建筑物基础置于地表或埋于可液化深度范围之内。如采用桩基，宜用较深的支承桩基或管柱基础，浅摩擦桩的震害是严重的。层数较少的建筑物可采用筏片基础，并尽量使荷载分布均匀，以便地基液化时仅产生整体均匀下沉，这样就可以避免采用昂贵的桩基。建于液化地基上的桥梁，通常因墩台强烈沉陷造成桥墩折断，最好选用管柱基础。

三、地下水污染

（一）地下水污染的概念

在人类活动影响下，某些污染物质、微生物或热能以各种形式通过各种途径进入地下水体，使水质恶化，影响其在国民经济建设与人民生活中的正常利用，危害人民健康，破坏生态平衡，损害优美环境的现象，统称为"地下水污染"。

地下水污染的表现形式包括地下水中出现了本不应该存在的各种有机化合物（如合成洗涤剂、去污剂、有机农药等）；天然水中含量极微的毒性金属元素（如汞、铬、镉、砷、铅及某些放射性元素）大量进入地下水中；各种细菌、病毒在地下水体中大量繁殖，其含量远超出国家饮用水水质标准的界限指标；地下水的硬度、矿化度、酸度和某些常规离子含量不断增加，以至大幅度超过了规定的使用标准。引起地下水污染的各种物质或能量，称为"污染物"。地下水污染物大致可分为下列三大类。

1. 无机污染物

常量组分中，最普通的无机污染物有 NO_3、Cl^-、硬度和可溶固形物等。微量非金属组分主要有砷、磷酸盐、氟化物等。微量金属组分主要有铬、汞、镉、锌、铁、锰、铜等。

2. 有机污染物

目前在地下水中已检出的有机污染物有酚类化合物、氰化物及农药等。

3. 活体污染物

目前在已污染的地下水中经常检出的活体污染物是非致病的大肠杆菌，还有致病的伤寒沙门氏杆菌、呼吸道病的吉贺杆菌和肝炎菌 A 等。

各种污染的来源，或者该来源的发源地，称为"污染源"。地下水污染源通常可归纳为以下四类：①生活污染源：主要是城市生活污水和生活垃圾；②工业污染源：主要是工业污水和工业垃圾、废渣、腐物，其次是工业废气、放射性物质；③农业污染源：主要是农药、化肥、杀虫剂、污水灌溉的返水及动物废物；④环境污染源：主要是天然咸水含水层、海水，其次是矿区疏干地层中的易溶物质。

污染物从污染源进入地下水中所经历的路线或者方式，称为"污染途径"或"污染方式"。地下水污染途径是复杂多样的，大致可分为三类：通过包气带渗入、由地表水侧向渗入和由集中通道直接注入。

通过包气带渗入：指污染物通过包气带向地下水面垂直下渗，如污水池、垃圾填埋场等。其污染程度主要取决于包气带岩层的厚度、包气带岩性对污染物的吸附和自净能力、污染物的迁移强度。

由地表水侧向渗入：指被污染的地表水从水源地外围侧向进入地下含水层，或海水入侵到淡水含水层。污染程度取决于含水介质的结构、水动力条件和水源地距地表水体的距离。

由集中通道直接注入：集中通道包括天然通道和人为通道。天然通道指与污染源相通的各种导水断裂、岩溶裂隙带及隔水顶板缺失区（天窗），一般多呈线状或点状分布，可使埋深较大的承压水体受到污染。人为通道指在各种地下工程、水井的施工中，因破坏了含水层隔水顶、底板的防污作用，使工程本身构成了劣质水进入含水层的通道。

地下水在复杂多样的污染途径中，具体污染方式可以归纳为直接污染和间接污染两种。直接污染是地下水的污染物直接来源于污染源，污染物在污染过程中，其性质没有改变，是地下水污染的主要方式，比较容易发现污染来源及污染途径。间接污染指地下水污染物在污染源中含量并不高或不存在，是污染过程中的产物，是一个复杂的渐变过程，人为活动引起地下水硬度升高即属此类。

地下水污染的危害体现在：减少了地下水可采资源的数量；影响了人体的健康；损害了工业产品的质量；改变了土壤的性质，使农作物大幅度减产；增加了水处理成本。

（二）地下水污染的调查和监测

做好地下水污染调查和监测工作，掌握污染物在地下水系统中的运移和分布规律，对于保护地下水具有重要的意义。

在自然条件下，受地质、地貌、土壤、植被等要素分带性的影响，产生了地下水的区域性地球化学分带，不同地区的水质状况也具有明显的地带性特征。而且，在一定的流域内，水中物质按区域地下水流方向由上游向下游有规律地迁移、扩散。在人为因素影响下，地下水的原生水文地球化学环境受到干扰和破坏，水质成分日趋复杂，水中溶质在空间和时间上的非均质性增强。由于超量开采地下水，降落漏斗大量出现，地下水水流方向变化很大。地下水被污染后，水中污染物在平面上的迁移、扩散规律发生很大变化，非线性特征十分显著。因此，在这些地区进行地下水水质监测，必须精确绘制开采条件下的等水位线图，正确掌握污染物在空间和时间上的迁移分布规律，以便制定有效的防治对策和措施。

地下水污染监测的对象不仅是含水层本身，还包括污染物排放源和潜水位以上包气带。包气带对于地下水污染具有特殊的作用，既对含水层起着保护作用，又是地下水污染的二次污染源。包气带土颗粒的吸附过滤作用使污水在下渗的过程中得到一定程度的净化，从而对含水层起到了防护作用。然而，包气带中积存的大量污染物，又使它成为向下伏含水层输送污染物的释放源。在这种情况下，即使将地表污染源清除掉，地下水污染仍不能得到有效治理。因此，在地下水污染监测过程中，必须从地表污染源、包气带到含水层进行全方位的系统监测，全面分析研究地下水水溶液在这一系统内的时空分布和转化规律，才能为根治地下水污染提供科学的依据。

（三）地下水污染的防治措施

1. 地下水污染的预防

地下水一旦遭受污染，其治理是非常困难的。因此，保护地下水资源免遭污染应以预防为主。合理的开采方式是保护地下水水质的基本保证。尤其在同时开采多层地下水时，对半咸水、咸水、卤水层、已受污染的地下水、有价值的矿水层以及含有有害元素的介质层的地下水均应适度开采或禁止开采；对于报废水井应做善后处理，以防水质较差的浅层水渗透到深层含水层中；用于回灌的水源应严格控制水质。

为了更好地预防地下水污染，还必须加强环境水文地质工作，加强对各类污染源的监督管理。依靠技术进步，改革工艺，提高废水、污水的净化率、达标率及综合利用率。定点、保质、限量排放各种废水、污水。

2. 地下水污染的治理

污染物进入含水层后，一方面随着地下水在含水层中的整体流动而发生渗流迁移；另一方面则因浓度差而发生扩散迁移。浓度差存在于水流的上、下游之间或地下水与含水层固体颗粒之间。地下水污染治理的对象包括地下水中发生渗流迁移的污染物和固体颗粒表面所吸附的污染物。其基本原理就是人为地为地下水污染物创造迁移、转化条件，使地下水水质得到净化。地下水污染治理的基本程序，首先将地表污染源切断以形成封闭的地下水污染系统，然后向该污染系统注入某种物质，促使地下水水质转化。根据地下水污染物的迁移转化机理，常用的有水力梯度法和浓度梯度法。

第三节　特殊性土与环境岩土工程技术

一、湿陷性黄土

（一）湿陷性黄土的定义和成因

1. 湿陷性黄土的定义

黄土是以粉粒为主、富含碳酸盐、具大孔隙、质地均一、无层理而具垂直节理的第四系黄色松散粉质土堆积物，具有一系列独特的内部物质成分、外部形态特征和工程力学性质，不同于同时期的其他沉积物。国内外一些地质界黄土工作者，根据成因将黄土划分为黄土和黄土状土两大类。其中，凡以风力搬运沉积又没有经过次生扰动的大孔隙、无层理、黄色粉质的土状沉积物称为黄土（也称原生黄土），其他成因的、黄色的、常具有层理和夹有砂、砾石层的土状沉积物称为黄土状土（也称次生黄土）。黄土和黄土状土广泛分布于亚洲、欧洲、北美和南美洲等地的干旱和半干旱地区，面积约为 $1.3 \times 10 km^2$，约占地球陆地总面积的 9.8%。

黄土在天然含水量条件下，通常具有较高的强度和较低的压缩性。但有的黄土在上覆地层自重压力或在自重压力与建筑物荷载共同作用下，受水浸湿后土的结构迅速被破坏，产生显著的附加下沉，其强度也随之明显降低，这种黄土称为湿陷性黄土。而有的黄土在任何条件下受水浸湿都不发生湿陷，则称为非湿陷性黄土。

中国黄土分布面积约 $64 \times 10^4 km^2$，在北方广泛分布，东北平原、新疆、山东等地均有分布。其中湿陷性黄土的分布面积约占总面积的 60%，主要分布于北纬 34°~41°、东经 102°~114° 的年降雨量在 200~500mm 的黄河中游广大地区。此外，在山东中部、甘肃河西走廊、西北内陆盆地、东北松辽平原等地也有零星分布，但一般面积较小，且不连续。

非湿陷性黄土与一般黏性土的工程特性无异，可按一般黏性土地基进行考虑，而湿陷性黄土与一般黏性土不同，不论作为建筑物的地基、建筑材料还是地下结构的周围介质，其湿陷性都会对建筑物和环境产生很大的不利影响，必须予以特别考虑。因此，分析、判别黄土是否属于湿陷性黄土及其湿陷性强弱程度、地基湿陷类型和湿陷等级，是黄土地区工程勘察与评价的核心问题。

2. 湿陷性黄土的形成原因

黄土在自重或建筑物附加压力作用下，受水浸湿后结构迅速被破坏而发生显著附加下沉的性质，称为湿陷性。所谓显著附加下沉，是指黄土在压力和水的共同作用下发生的特殊湿陷变形，其变形远大于正常的压缩变形。黄土在干燥时具有较高的强度，但遇水后表现出明显的湿陷性，这是由黄土本身特殊的成分和结构所决定的。

从矿物成分来看，黄土的矿物成分主要是石英（含量常超过50%）、长石（含量常达25%以上）、碳酸盐（主要是碳酸钙，含量为10%~15%）、黏土矿物（含量一般只有15%左右）。此外，还有少量的云母和重矿物，至于易溶盐、中溶盐和有机物的含量较少，一般都不超过2%。

从颗粒组成来看，黄土基本上是由粒径小于0.25mm的颗粒组成的，尤以0.01~0.1mm的颗粒为主。粉粒（0.005~0.05mm）含量常超过50%，甚至达60%~70%，且其中主要是0.01~0.05mm的粗粉粒；砂粒（粒径>0.05mm）含量较少，很少超过20%，且其中主要是0.05~0.1mm的微砂；黏粒（粒径<0.005mm）含量变化较大，一般为5%~35%，最常见为15%~25%。

从结构排列和联结情况看，黄土由石英和长石（还有少量的云母、重矿物和碳酸钙）的微砂和粗粉粒构成基本骨架，其中砂粒基本上互相不接触，浮在以粗粉粒所组成的架空结构中。以石英和碳酸钙等的细粉粒作为填充料，聚集在较粗颗粒之间。以高岭石和水云母为主（还有少量的腐殖质和其他胶体）的黏粒与所吸附的结合水以及部分水溶盐作为胶结材料，依附在上述各种颗粒的周围，将较粗颗粒胶结起来，形成大孔和多孔的结构形式。

黄土的这种特殊结构形式是在干燥气候条件下形成并经过长期变化的产物。黄土在形成时是极松散的，靠颗粒的摩擦或在少量水分的作用下略有联结。水分逐渐蒸发后，体积有些收缩，胶体、盐分、结合水集中在较细颗粒周围，形成一定的胶结联结。经过多次反复湿润干燥的过程，盐分累积增多，部分胶体陈化，胶结联结逐渐加强而形成上述较松散的结构形式。由于胶结材料的成分、数量和胶结形式不同，黄土在水和压力作用下的表现也不同。

3. 黄土湿陷性的影响因素

黄土湿陷性强弱与其微结构特征、颗粒组成、化学成分等因素有关。在同一地区，土的湿陷性又与其天然孔隙比和天然含水量有关，并取决于浸水程度和压力大小。根据对黄土微结构的研究，黄土中骨架颗粒的大小、含量和胶结物的聚集形式，对于黄土湿陷性的强弱有着重要的影响。骨架颗粒越多，彼此接触，则粒间孔隙大，胶结物含量较少，成薄膜状包围颗粒，粒间联结脆弱，因而湿陷性越强；相反，骨架颗粒较细，胶结物丰富，颗粒被完全胶结，则粒间联结牢固，结构致密，湿陷性弱或无湿陷性。

从组成成分来看，黄土中黏土粒的含量越多，并均匀分布在骨架颗粒之间，越具有较大的胶结作用，土的湿陷性越弱。黄土中的盐类，如以较难溶解的碳酸钙为主而具有胶结作用时，湿陷性减弱，而石膏及易溶盐含量越大，湿陷性越强。

影响黄土湿陷性的主要物理性质指标为天然孔隙比和天然含水量。当其他条件相同时，黄土的天然孔隙比越大，则湿陷性越强。实际资料表明，西安地区的黄土，如 $e<0.9$，则一般不具湿陷性或湿陷性很小；兰州地区的黄土，如 $e<0.86$，则湿陷性一般不明显。此外，黄土的湿陷性随其天然含水量的增加而减弱。

在一定的天然孔隙比和天然含水量情况下，黄土的湿陷变形量将随浸湿程度和压力的增加而增大，但当压力增加到某一个定值以后，湿陷量却又随着压力的增加而减少。

黄土的湿陷性从根本上与其堆积年代和成因有着密切关系。黄土的湿陷性一般是自地表向下逐渐减弱，埋深七米以上的黄土湿陷性较强。按成因而言，风成的原生黄土及暂时性流水作用形成的洪积、坡积黄土均具有孔隙性，且可溶盐未及充分溶滤，故均具有较大的湿陷性，而冲积黄土一般湿陷性较小或无湿陷性。对于同一堆积年代和成因的黄土的湿陷性强烈程度还与其所处环境条件有关。如在地貌上的分水岭地区，地下水位深度越大的地区的黄土，湿陷性越大；埋藏深度越小而土层厚度越大的，湿陷影响越强烈。

（二）湿陷性黄土的判定

1. 湿陷性黄土的判别

判别黄土是否具有湿陷性，可根据室内压缩试验，在一定压力下测定的湿陷系数。湿陷系数是指天然土样单位厚度的湿陷量，按下式计算。

$$\delta_s = \frac{h_P - h'_P}{h_0} \qquad (6-2)$$

式中：δ_s——湿陷系数；

h_P——保持天然湿度和结构的土样，加压至一定压力时，下沉稳定后的高度（mm）；

h'_P——上述加压稳定后的土样，在浸水（饱和）作用下，下沉稳定后的高度（mm）；

h_0——土样的原始高度（mm）。

我国根据大量室内试验、野外测试和建筑物实际调查，以湿陷系数 0.015 作为划分湿陷性与非湿陷性黄土的界限值。当湿陷系数<0.015 时，定为非湿陷性黄土；当湿陷系数≥0.015 时，定为湿陷性黄土。湿陷性黄土的湿陷程度，可根据湿陷系数 δ_s 大小分为下列三种：当 $0.015 \leq \delta_s \leq 0.03$ 时，湿陷性轻微；当 $0.03 < \delta_s \leq 0.07$ 时，湿陷性中等；当 $\delta_s > 0.07$ 时，湿陷性强烈。

2. 黄土的湿陷类型与判别

湿陷性黄土又分为自重湿陷性黄土和非自重湿陷性黄土。凡在上覆地层自重应力下受水浸湿发生湿陷的黄土，叫自重湿陷性黄土。凡在上覆地层自重应力下受水浸湿不发生湿陷，只在土自重应力和由外荷所引起的附加应力共同作用下受水浸湿才发生湿陷的黄土叫非自重湿陷性黄土。

将单位厚度的土样在该试样深度处上覆土层饱和自重压力作用下所产生的湿陷变形定义为自重湿陷系数，黄土的湿陷类型可根据自重湿陷系数进行判定。

$$\delta_{zs} = \frac{h_z - h'_z}{h_0} \qquad (6-3)$$

式中：δ_{zs}——自重湿陷系数；

h_z——保持天然湿度和结构的土样，加压至土的饱和自重压力时，下沉稳定后的高度（mm）；

h'_z——上述加压稳定后的土样，在浸水（饱和）作用下，下沉稳定后的高度（mm）；

h_0——土样的原始高度（mm）。

当自重湿陷系数 $\delta_{zs} < 0.015$ 时，定为非自重湿陷性黄土；当自重湿陷系数 $\delta_{zs} \geq 0.015$ 时，定为自重湿陷性黄土。

将湿陷性黄土划分为自重湿陷性黄土和非自重湿陷性黄土对工程建筑的影响具有明显的现实意义。例如，在自重湿陷性黄土地区修筑渠道初次放水时就产生地面下沉，两岸出现与渠道平行的裂缝；管道漏水后由于自重湿陷可导致管道折断；路基受水后由于自重湿陷而发生局部严重坍塌；地基土的自重湿陷通常使建筑物发生很大的裂缝或使砖墙倾斜，甚至使一些很轻的建筑物直接受到破坏。但在非自重湿陷性黄土地区这类现象极为少见。所以在这两种不同湿陷性黄土地区建筑房屋，采用的地基设计、地基处理、防护措施及施工要求等方面均有较大区别。

3. 建筑场地的湿陷类型与判别

建筑场地或地基的湿陷类型，应按试坑浸水试验实测自重湿陷量或按室内压缩试验累计的计算自重湿陷量判定。现场试坑浸水试验判别建筑场地湿陷类型的方法虽然比较直接反映现场情况，但由于耗用水量较多，浸水时间较长（一个月以上），有时不具备浸水试验条件，有的受工期限制，故只有对新建地区的甲类、乙类重要的建筑工程才进行，而对一般工程只用计算自重湿陷量判定。

计算自重湿陷量应根据不同深度土样的自重湿陷系数，按下式计算。

$$\Delta_{zs} = \beta_0 \sum_{i=1}^{n} \delta_{zst} h_i \tag{6-4}$$

式中：Δ_{zs}——自重湿陷量（mm）；

　　　β_0——第 i 层土的自重湿陷系数；

　　　δ_{zst}——第 i 层土的厚度（mm）；

　　　h_i——因地区土质而异的修正系数，在缺乏实测资料时，可按下列取值：陇西地区取 1.5，陇东、陕北地区取 1.2，关中地区取 0.7，其他地区取 0.5。

计算自重湿陷量的累计，应自天然地面（当挖、填方的厚度和面积较大时，自设计地面）算起，至其下全部湿陷性黄土层的底面为止，其中自重湿陷系数小于 0.015 的土层不累计。

根据自重湿陷性黄土地区的建筑物调查资料，当地基自重湿陷量在 70mm 以内时，建筑物一般无明显破坏待征或墙面裂缝稀少，不影响建筑物的正常使用。因此，以 70mm 作为判别建筑场地湿陷类型的界限值。当实测或计算自重湿陷量小于或等于 70mm 时，定为非自重湿陷性黄土场地；当实测或计算自重湿陷量大于 70mm 时，定为自重湿陷性黄土场地。

（三）湿陷性黄土的危害

1. 建筑物地基湿陷灾害

建筑物地基若为湿陷性黄土，可能在建筑物使用中因地表积水或管道、水池漏水而发生湿陷变形，加之建筑物的荷载作用更加重了黄土的湿陷程度，常表现为湿陷速度快和非均匀性，使建筑物地基产生不均匀沉陷，会破坏建筑基础的稳定性及上部结构的完整性。

在湿陷性黄土分布区，尤其是黄土斜坡地带，经常遇到黄土陷穴。这种陷穴经常使工程建筑遭受破坏，如引起房屋下沉开裂、铁路路基下沉等。这种陷穴可使地表水大量潜入路基和边坡，严重者导致路基坍滑。由于地下暗穴不易被发现，经常在工程建筑物刚刚完工交付使用时便突然发生倒塌事故。

湿陷性黄土区铁路路基有时会因暗穴而引起轨道悬空，造成行车事故。为了保证建筑物基础的稳定性，通常需要花费大量的物力、财力对湿陷性黄土地基进行处理。如西安市建筑物黄土地基的处理费用一般占工程总费用的4%~8%，个别建筑场地甚至高达30%。

2. 渠道湿陷变形灾害

黄土分布区一般气候比较干燥，为了进行农田灌溉或给城市和工矿企业供水，常修建引水工程。但是，某些地区黄土具有显著的自重湿陷性。因此，水渠的渗漏常引起渠道的严重湿陷，导致渠道破坏。

（四）湿陷性黄土的防治措施

1. 地基处理措施

地基处理措施是对建筑物基础一定深度内的湿陷性黄土层进行加固处理或换填非湿陷性土，为达到消除湿陷性、减小压缩性和提高承载能力的方法。在湿陷性黄土地区，通常采用的地基处理方法有重锤表层夯实（强夯）、垫层、挤密桩、灰土垫层、预浸水、土桩压实爆破、化学加固和桩基、非湿陷性土替换法等。

对于某些水工建筑物，防止地表水的渗入几乎是不可能的，此时可以采用预浸法。如对渠道通过的湿陷性黄土地段预先放水，使之浸透水分而先期发生湿陷变形，然后通过夯实碾压修筑渠道以达到设计要求，在重点地区可辅之以重锤表层夯实。

2. 防水措施

防水措施是防止或减少建筑物地基受水浸湿而采取的措施。这类措施有：平整场地，以保证地面排水通畅；做好室内地面防水设施，特别是开挖基坑时，要注意防止水的渗入；切实做到上下水道和暖气管道等用水设施不漏水等。

3. 结构措施

减少或调整建筑物的不均匀沉降，或使结构适应地基的变形。

二、膨胀土

(一) 膨胀土的定义及成因

膨胀土是指含有大量的强亲水性黏土矿物成分，具有显著的吸水膨胀和失水收缩且胀缩变形往复可逆的高塑性黏土。具体特征包括：①粒度组成中黏粒（粒径小于0.002mm）含量大于30%；②黏土矿物成分中，伊利石、蒙脱石等强亲水性矿物占主导地位；③土体湿度增高时，体积膨胀并形成膨胀压力，土体干燥失水时，体积收缩并形成收缩裂缝；④膨胀、收缩变形可随环境变化往复发生，导致土的强度衰减；⑤属液限大于10%的高塑性土。具有上述②③④项特征的黏土类岩石称为膨胀岩。

膨胀土一般强度较高，压缩性低，易被误认为工程性能较好的土，但由于具有膨胀和收缩特性，在膨胀土地区进行工程建筑，如果不采取必要的设计和施工措施，就会导致建筑物大批地开裂和损坏，通常造成坡地建筑场地崩塌、滑坡、地裂等严重的灾害。因此，有人称其为"隐藏的灾难"。

膨胀土的分布很广，遍及亚洲、非洲、欧洲、大洋洲、北美洲及南美洲的40多个国家和地区。全世界每年因膨胀土湿胀干缩灾害造成的经济损失达50亿美元以上。中国是世界上膨胀土分布最广、面积最大的国家之一，有21个省（区）发现有膨胀土。

膨胀土的成因类型，大致可分为两大类：①各种母岩的风化产物，经水流搬运沉积形成的洪积、湖积、冲积和冰水沉积物；②热带、亚热带母岩的化学风化产物残留在原地或在坡面水作用下沿山坡堆积形成的残积物和坡积物。因此，膨胀土的分布与地貌关系密切。如我国膨胀土大都分布在河流的高阶地、湖盆、倾斜平原及丘陵剥蚀区。

(二) 膨胀土的特征及其判别

1. 膨胀土的工程地质特征

（1）地貌特征

多分布在二级及二级以上的阶地和山前丘陵地区，个别分布在一级阶地上，呈垄岗、丘陵和浅而宽的沟谷，地形坡度平缓，一般坡度小于12°，无明显的自然陡坎。在流水冲刷作用下的水沟、水渠，常因崩塌、滑动而淤塞。

（2）结构特征

膨胀土多呈坚硬/硬塑状态，结构致密，呈菱形土块者常具有膨胀性，菱形土块越小，膨胀性越强。土内分布有裂隙，斜交剪切裂隙越发育，胀缩性越严重。此外，膨胀土多为细腻的胶体颗粒组成，断口光滑，土内常包含钙质结核和铁锰结核，呈零星分布，有时也富集成层。

（3）地表特征

分布在沟谷头部、库岸和路堑边坡上的膨胀土常易出现浅层滑坡，新开挖的路堑边坡，旱季常出现剥落，雨季则出现表面滑塌。膨胀土分布地区还有一个特点，即在旱季常出现地裂缝，长可达数十米至近百米，深数米，雨季闭合。

（4）地下水特征

膨胀土地区多为上层滞水或裂隙水，无统一水位，随着季节水位变化，常引起地基的不均匀膨胀变形。

2. 膨胀土的物理力学性质

膨胀土是一种黏性土。黏粒（粒径小于0.005mm）含量高，一般高达35%以上，而且多数在50%以上，其中粒径小于0.002mm的胶粒含量一般在30%~40%。膨胀土的矿物成分特征是富含膨胀性的黏土矿物，如蒙脱石、伊利石的混层黏土矿物。

膨胀土的黏粒含量高，而且以蒙脱石或伊利石与蒙脱石的混层矿物为主，因此液限和塑性指数都很高，摩擦强度虽低，但黏聚力大，常因吸水膨胀而使其强度衰减。膨胀土具有超固结性，开挖地下洞或边坡时常因超固结应力的释放而出现大变形。

3. 膨胀土胀缩变形的影响因素

（1）矿物成分

膨胀土主要由蒙脱石、伊利石等强亲水性矿物组成。蒙脱石矿物亲水性更强，具有既易吸水又易失水的强烈活动性。伊利石亲水性比蒙脱石低，但也有较高的活动性。蒙脱石矿物吸附外来阳离子的类型对土的胀缩性也有影响，如吸附钠离子（钠蒙脱石）就具有特别强烈的胀缩性。

（2）黏粒的含量

黏土颗粒细小，比面积大，因而具有很大的表面能，对水分子和水中阳离子的吸附能力强。因此，土中黏粒含量越多，则土的胀缩性越强。

（3）土的初始密度和含水量

土的胀缩表现在土的体积变化上。对于含有一定数量蒙脱石和伊利石的黏土来说，当其在同样的天然含水量条件下浸水，天然孔隙比越小，土的膨胀越大，而收缩越小。反之，孔隙比越大，收缩越大。因此，在一定条件下，土的天然孔隙比（密实状态）是影响胀缩变形的一个重要因素。此外，土中原有的含水量与土体膨胀所需的含水量相差越大，遇水后土的膨胀越大，而失水后土的收缩越小。

（4）土的结构强度

土的结构强度越大，土体抵制胀缩变形的能力也越大。当土的结构受到破坏以后，土的胀缩性随之增强。影响膨胀土胀缩性的主要外在因素包括土体与环境的相互作用、土体所受的外部压力及封闭条件等。

气候条件：首要因素。从现有的资料分析，膨胀土分布地区年降雨量的大部分集中在雨季，继之是延续较长的旱季。如建筑场地潜水位较低，则表层膨胀土受大气影响，土中水分处于剧烈的变动之中。在雨季，土中水分增加，在干旱季节则减少。房屋建造后，室外土层受季节性气候影响较大。因此，基础的室内外两侧土的胀缩变形有明显差别，有时甚至外缩内胀，致使建筑物受到反复不均匀变形的影响，从而导致建筑物的开裂。

一般把在自然气候作用下，由降水、蒸发、地温等因素引起的土的升降变形有效深度称为大气影响深度。据实测资料表明，季节性气候变化对地基土中水分的影响随深度的增加而递减。因此，确定建筑物所在地区的大气影响深度对防治膨胀土的危害具有实际意义。

地形地貌条件：如在丘陵区和山前区，不同地形和高程地段地基上的初始状态及其受水蒸发条件不同。因此，地基土产生胀缩变形的程度也各不相同。建在高旷地段膨胀土层上的单层浅基建筑物裂缝最多，而建在低洼处，附近有水田水塘的单层房屋裂缝就少。这是高旷地带蒸发条件好，地基土容易干缩，而低洼地带土中水分不易散失，且补给有源，湿度能保持相对稳定的缘故。

日照、通风影响：膨胀土地基土建筑物开裂情况的许多调查资料表明：房屋向阳面，即南、西、东，尤其南、西两面外裂较多，背阳面即北面开裂很少，甚至没有。

建筑物周围的阔叶树：在炎热和干旱地区，建筑物周围的阔叶树（特别是不落叶的桉树）对建筑物的胀缩变形造成不利影响。尤其在旱季，当无地下水或地表水补给时，树根的吸水作用，会使土中的含水量减少，更加剧了地基土的干缩变形，使近旁有成排树木的房屋产生裂缝。

局部渗水的影响：对于天然湿度较低的膨胀土，当建筑物内、外有局部水源补给（如水管漏水、雨水和施工用水未及时排除）时，必然会增大地基胀缩变形的差异。另外，在膨胀土地基上建造冷库或高温构筑物如无隔热措施，也会因不均匀胀缩变形而开裂。

4. 膨胀土的判别

膨胀土的判别，是解决膨胀土问题的前提，因为只有确认了膨胀土及其胀缩性等级才可能有针对性地研究、确定需要采取的防治措施。膨胀土的判别，目前尚无统一的指标，一般采用现场调查、室内物理性质和胀缩特性试验指标鉴定相结合的原则。即首先根据土体及其埋藏、分布条件的工程地质特征和建于同一地貌单元的已有建筑物的变形、开裂情况做初步判断，然后再根据试验指标进一步验证，综合判别。我国《岩土工程勘察规范》规定，具有下列特征的土可初判为膨胀土：①分布在二级或二级以上阶地、山前丘陵和盆地边缘；②地形平缓，无明显自然陡坎；③常见浅层滑坡、地裂，新开挖的路堑、边坡、基槽易发生坍塌；④裂缝发育方向不规则，常有光滑面和擦痕，裂缝中常充填灰白、灰绿色黏土；⑤干时坚硬，遇水软化，自然条件下呈坚硬或硬塑状态；⑥自由膨胀率一般大于40%；⑦未经处理的建筑物成群破坏，低层较多层严重，刚性结构较柔性结构严重；⑧建筑物开裂多发生在旱季，裂缝宽度随季节变化。

(三) 膨胀土的危害

膨胀土的胀缩特性对工程建筑，特别是低荷载建筑物具有很大的破坏性。只要地基中水分发生变化，就能引起膨胀土地基产生胀缩变形，从而导致建筑物变形甚至破坏。膨胀土地基的破坏作用主要源于明显而反复的胀缩变化。因此，膨胀土的性质和发育情况是决定膨胀土危害程度的基础条件。膨胀土厚度越大、埋藏越浅，危害越严重。它可使房屋等建筑物的地基发生变形而引起房屋沉陷开裂。另外，膨胀土对铁路、公路以及设施的危害也十分严重，常导致路基和路面变形、铁轨移动、路堑滑坡等，影响运输安全和正常运行。

中国膨胀土分布广泛，主要在云南、广西、贵州、四川、湖南、湖北、江苏、安徽、山东、河南、河北、山西、陕西、内蒙古等 21 个省（自治区）的 205 个县（市），其中以云南、广西、湖北等地区尤为广泛。据不完全统计，我国每年因膨胀土湿胀干缩，使各类工程建筑遭受破坏所造成的经济损失达数亿元之多。

膨胀土灾害对于轻型建筑物的破坏尤其严重，特别是三层以下民房建筑，变形损坏严重且分布广泛，有时即使加固基础或打桩穿过膨胀土层，膨胀土的变形仍可导致桩基变形或错断。高大建筑物因基础荷载大，一般不易遭受变形损坏。

膨胀土地区的铁路也遭受膨胀土的严重危害，全国通过膨胀土地区的铁路长度占铁路总长度的 15%~25%，因之造成的坍塌、滑坡等灾害经常发生，每年整治费用达 1 亿元以上，而因影响铁路正常运行造成的经济损失则更大。

(四) 膨胀土灾害的防治措施

1. 膨胀土地基的防治措施

(1) 防水保湿措施

防水保湿措施主要是指防止地表水下渗和土中水分蒸发，保持地基土湿度的稳定，从而控制膨胀土的胀缩变形的措施。具体方法：在建筑物周围设置散水坡，防止地表水直接渗入和减少土中水分蒸发；加强上、下水管和有水地段的防漏措施；在建筑物周边合理绿化，防止植物根系吸水造成地基土的不均匀收缩而引起建筑物的变形破坏；选择合理的施工方法，在基坑施工时应分段快速作业，保证基坑不被暴晒或浸泡等。

（2）地基改良措施

地基土改良可以有效消除或减小膨胀土的胀缩性，通常采用换土法或石灰加固法。换土法就是挖除地基土上层约 1.5m 厚的膨胀土，回填非膨胀性土，如砂、砾石等。石灰加固法是将生石灰掺水压入膨胀土内，石灰与水相互作用产生氢氧化钙，吸收土中水分，而氢氧化钙与二氧化碳接触后形成坚固稳定的碳酸钙，起到胶结土粒的作用。

2. 膨胀土边坡变形的防治措施

（1）防止地表水下渗

通过设置各种排水沟（天沟、平台纵向排水沟、侧沟），组成地表排水网系堵截和引排坡面水流，使地表水不致渗入土体和冲蚀坡面。

（2）坡面防护加固

在坡面基本稳定的情况下采用坡面防护，具体方法有在坡面铺种草皮或栽植根系发达、枝叶茂盛、生长迅速的灌木和小乔木，使其形成覆盖层，以防地表水冲刷坡面。利用片石浆砌成方格形或拱形骨架护坡，主要用来防止坡面表土风化，同时对土体起支撑稳固作用。实践证明，采用骨架护坡与骨架内植被防护相结合的方法防治效果更好。

（3）支挡措施

支挡工程是整治膨胀土滑坡的有效措施。支挡工程中有抗滑挡墙、抗滑桩、片石垛、填土反压、支撑等。

三、软土

（一）软土的定义和成因

软土是指天然孔隙比大于或等于 1.0，天然含水量大于液限的细粒土。它们是在水流流速缓慢的环境中沉积，含有较多有机质的一种软塑到流塑状态的黏性土，如淤泥、淤泥质土、泥炭以及其他高压缩性饱和黏性土等。软土在中国分布很广，不仅在沿海地带、平原低地及湖沼洼地发育有厚层软土，在丘陵、山岳、高原区的古代或现代湖沼地区也有软土分布。

软土形成于水流不通畅、饱和缺氧的静水盆地，主要由黏粒和粉粒等细小颗粒组成。淤泥的黏粒含量较高，一般达 30%～60%。矿物成分中除石英、长石、云母外，常含有大量的黏土矿物，当有机质含量集中（质量分数大于50%）时，可形成泥炭层。

黏土矿物和有机质颗粒表面带有大量负电荷，与水分子作用非常强烈，因而在其颗粒外围形成很厚的结合水膜。且在沉积过程中由于粒间静电引力和分子引力作用，形成絮状和蜂窝状结构。

（二）软土的工程特性

1. 高压缩性

由于高含水量和高孔隙比，软土属于高压缩性土，压缩系数大。故软土地基上的建筑物沉降量大。

2. 低强度

软土的抗剪强度小且与加荷速度及排水固结条件密切相关。不排水三轴快剪所得抗剪强度值很小，且与其侧压力大小无关，即其内摩擦角为零，其内聚力一般都小于 20kPa；直剪快剪内摩擦角一般为 2°～5°，内聚力为 10～15kPa；排水条件下的抗剪强度随固结程度的增加而增大，同结快剪的内摩擦角可达 8°～12°，内聚力为 20kPa 左右。这是因为在土体受荷时，孔隙水在充分排出的条件下，使土体得到正常的压密，从而逐步提高其强度。因此，要提高软土地基的强度，必须控制施工和使用时的荷速度，特别是在开始阶段加荷不能过大，以便每增加一级荷重都能与土体在新的受荷条件下强度的提高相适应。如果相反，则土中水分将来不及排出，土体强度不但来不及得到提高，而且会由于土中孔隙水压力的急剧增大、有效应力降低，产生土体的挤出破坏。

3. 低透水性

软土的含水量虽然很高，但透水性差，特别是垂直向透水性更差，垂直向渗透系数一般在 $1 \times 10^{-8} \sim 1 \times 10^{-6}$ cm/s，属微透水或不透水层，对地基排水固结不利。软土地基上建筑物沉降延续时间较长，一般达数年以上。在加载初期，地基中常出现较高的孔隙水压力，影响地基强度。

4. 触变性

当原状土受到振动或扰动以后，由于土体结构遭破坏，强度会大幅降低。触变性可用灵敏度 S 表示，软土的灵敏度一般在 $3 \sim 4$，最大可达 $8 \sim 9$，故软土属于高灵敏土或极灵敏土。软土地基受震动荷载后，易产生侧向滑动、沉降或基础下土体挤出等现象。

5. 流变性

软土在长期荷载作用下，除产生排水固结引起的变形，还会发生缓慢而长期的剪切变形。这对建筑物地基沉降有较大影响，对斜坡、堤岸、码头和地基稳定性不利。

6. 不均匀性

由于沉积环境的变化，土质均匀性差。例如三角洲相、河漫滩相软土常夹有粉土或粉砂薄层，具有明显的微层理构造，水平向渗透性常好于垂直向渗透性，湖泊相、沼泽相软土常在淤泥或淤泥质土层中夹有厚度不等的泥炭或泥炭质薄层土或透镜体，作为建筑物地基易产生不均匀沉降。

（三）软土的危害

由于软土强度低、压缩性高，故以软土作为建筑物地基所遇到的主要问题是承载力低和地基沉降量过大。软土的容许承载力一般低于 100kPa，有的只有 $40 \sim 60$ kPa。上覆荷载稍大，就会发生沉陷，甚至出现地基被挤出的现象。

在软土地区修筑路基时，由于软土抗剪强度低，抗滑稳定性差，不但路堤的高度受到限制，而且易产生侧向滑移，在路基两侧常产生地面隆起，形成延伸至坡脚以外的坍滑或沉陷。

四、冻土

（一）冻土的定义

冻土是指具有负温度或零温度并含有冰的土。按冻结状态持续时间，分为多年冻土、隔年冻土和季节冻土。多年冻土指持续冻结时间在 2 年及以上的土；季节冻土指地壳表层冬季冻结而在夏季又全部融化的土；隔年冻土指冬季冻结，而翌年夏季并不融化的那部分冻土。

冻土是一种特殊土类，具有一般土的共性，同时又是一种为冰所胶结的多相复杂体系，具有鲜明的个性。因此，由于土中冰的增长或消失而引起的冻胀和融沉现象，通常会导致冻土区各种工程建筑物的迅速破坏。

（二）冻土的特征和不良地质现象

1. 冻胀

冻胀是指土在冻结过程中，土中水分冻结成冰，并形成冰层、冰透镜体或多晶体冰晶等形式的冰侵入体，引起土粒间的相对位移，使土体积膨胀的现象。

（1）冻胀的类型

冻胀可分为原位冻胀和分凝冻胀。孔隙水原位冻结，造成体积增大 9%，但由外界水分补给并在土中迁移到某个位置冻结，体积将增大 1.09 倍。所以饱水土体在开放体系下的分凝冻胀是土体冻胀的主要分量。分凝冻胀的机理包含两个物理过程：土中水分迁移和成冰作用。前者由驱动力、渗透系数、迁移量等指标来描述，后者则取决于界面状态、冰晶生长情况等因素。分凝冻胀是由冻土的温度梯度引起的，土中溶质浓度梯度引起的渗压机制和反复冻融引起的真空渗透机制也对土体冻胀起着一定的作用。决定土体冻胀的主导因素包括土中的热流和水流状况，而土质和外界压力等则在不同程度上改变冻胀的强度和速度。

（2）冻胀的评价指标

评价土体冻胀及其对构筑物的影响，通常采用冻胀系数和冻胀力指标。

冻胀系数定义为冻胀量的增量与冻结深度增量的比值。冻胀力指土体冻结膨胀受约束而作用于基础材料的力。

（3）冻胀的外观表现

冻胀的外观表现是土体表层不均匀地隆起，常形成鼓丘及隆岗等，称为冻胀丘。在冻结过程中水向冻结峰面迁移，形成地下冰层。随着冻结深度的增大，冰层的膨胀力和水的承压力增加到大于上覆土层的荷载时，地表便会发生隆起，形成冻胀丘。如果每年的冬季隆起、夏季融化，则属季节性冻胀丘。

2. 热融滑塌

自然营力作用（如河流冲刷坡脚）或人为活动影响（挖方取土）破坏了斜坡上地下冰层的热平衡状态，使冰层融化，融化后的土体在重力作用下沿着融冻界面而滑塌的现象，称为热融滑塌。

热融滑塌按其发展阶段和对工程的危害程度，可分为稳定的和活动的两种类型。稳定的热融滑塌，是因坍落物质掩盖坡脚、暴露的冰层或某种人为作用使滑塌范围不再扩大的热融滑塌。活动的热融滑塌，是因融化土体滑坍使其上方又有新的地下冰暴露，地下冰再次融化产生新的滑塌。两者在一定条件下可以相互转化。

3. 融冻泥流

由于冻融作用，缓坡上的细粒土土体结构破坏，土中水分受下伏冻土层的阻隔不能下渗，致使土体饱和，甚至成为泥浆。在重力作用下，饱水细粒土或泥浆沿冻土层面顺坡向下蠕动的现象称为融冻泥流。

融冻泥流可分为表层泥流和深层泥流两种。表层泥流发生在融化层上部；深层泥流一般形成于排水不良、坡度小于10°的缓坡上，以地下冰或多年冻土层为滑动面，长可达几百米，宽几十米，表面呈阶梯状，移动速度十分缓慢。

4. 热融沉陷和热融湖

因气候变化或人为因素，改变了地面的温度状况，引起季节融化层的深度加大，导致地下冰或多年冻土层发生局部融化，上部土层在自重和外部营力作用下产生沉陷，这种现象称为热融沉陷。当沉陷面积较大且有积水时，形成热融湖。热融湖大多分布在高原区。

（三）冻土的危害

土体在冻结时体积膨胀，地面出现隆起；而冻土融化时体积缩小，地面又发生沉陷。同时，土体在冻结、融化时，还可能产生裂缝、热融滑塌或融冻泥石流等灾害。因此，土体的频繁冻融直接影响和危害人类的经济活动和工程建设。就其危害程度而言，多年冻土的融化作用危害较大，而季节性冻土的冻结作用危害更大。

热融滑塌可使建筑物基底或路基边坡失去稳定性，也可使建筑物被滑塌物堵塞和掩埋。由于热融滑塌呈牵引式缓慢发展，所以很少出现滑塌体整体失稳的现象。热融滑塌一般自地下深处向地表发展，侧向延展很小，厚度只有 1.5~2.5m，稍大于当地季节融化层的厚度。

热融沉陷与人类工程活动有着十分密切的关系。在多年冻土地区，如铁路、公路、房屋、桥涵等工程的修建，都可能因处理不当而引起热融沉陷。例如，房屋采暖散热使多年冻土融化，在房屋基础下形成融化盘。在融化盘内，地基土将会产生较大的不均匀沉陷。在路基工程中，开挖破坏了原来的天然覆盖层，或路堤上方积水并下渗，都可能造成地下冰逐年融化，从而导致路基连年大幅沉陷，甚至突陷。若路堤下为饱冰黏性土，融化后处于软塑至流塑状态，承载力很低，在车辆振动荷载作用下，路堤在瞬间即可产生大幅度的沉陷，造成中断行车等严重事故。

（四）冻土的防治措施

1. 冻胀防治措施

冻胀防治措施包括两个方面：①改良地基土，减缓或消除土的冻胀；②增强基础和结构物抵抗冻胀的能力，保证冻土区建筑物的安全。不同的基础形式和建筑物类型，应根据设计原则采取相应的具体措施。

（1）换填法

换填法是目前应用最多的一种防治冻土灾害的措施。实践证明，这种方法既简单实用，治理效果又好。具体做法是用粗砂或砂砾石等置换天然地基的冻胀性土。

（2）排水隔水法

排水隔水法有抽采地下水以降低水位、隔断地下水的侧向补给来源、排除地表水等，通过采取这些措施来减少季节融冻层土体中的含水量，减弱或消除地基土的冻胀。

（3）设置隔热层保温法

隔热层是一层低导热率的材料，如聚氨基甲酸酯泡沫塑料、聚苯乙烯泡沫塑料、玻璃纤维、木屑等。在建筑物基础底部或周围设置隔热层可增大热阻，减少地基土中的水分迁移，达到减轻冻害的目的。路基工程中常用草皮、泥炭、炉渣等作为隔热材料。

（4）物理化学法

物理化学法是在土体中加入某些物质，改变土粒与水分之间的相互作用，使土体中水的冰点和水分迁移速率发生改变，从而削弱土体冻胀的一种方法。如加入无机盐类使冻胀土变成人工盐渍土，降低冻结温度；在土中掺入厌水性物质或表面活性剂等使土粒之间牢固结合，削弱土粒与水之间的相互作用，减弱或消除水的运动。

2. 热融下沉的防治措施

工程建筑物的修建和运营，可使多年冻土地基的热平衡条件发生改变，导致多年冻土上限下降，从而产生融化下沉。防治融化下沉的方法有多种，如隔热保温法、预先融化法、预固结法、换填土法、深埋基础法、地面以上材料喷涂浅色颜料法、架空基础法等。其中运用最广泛的是隔热保温法，即用保温性能较好的材料或土将热源隔开，保持地基的冻结状态。多年冻土地区的铁路建设中，也常采用路堤保温的方法防止路基热融下沉。

3. 路堑边坡滑塌防治措施

防治路堑边坡的滑塌通常采用换填土、保温、支挡、排水等措施。换填土厚度应足以保持堑坡处于冻结状态。防护高度小于 3m 时，可采用保温措施，将泥炭或草皮夯实，并在夯实的坡面上铺植草皮和堆砌石块；当防护高度大于 3m 时，可采用轻型挡墙护坡或采用挡墙与保温相结合的方法。

参考文献

［1］ 苏燕奕. 地质勘察与岩土工程技术［M］. 延吉：延边大学出版社，2019.

［2］ 鲍玉学. 矿产地质与勘查技术［M］. 长春：吉林科学技术出版社，2019.

［3］ 王义忠. 地质勘查工作高新技术研究［M］. 北京：北京工业大学出版社，2019.

［4］ 吴冲龙，张夏林，李章林，等. 固体矿产勘查信息系统［M］. 北京：科学出版社，2019.

［5］ 张群，等. 煤田地质勘探与矿井地质保障技术［M］. 北京：科学出版社，2019.

［6］ 李忠洪，唐延东. 工程地质基础［M］. 成都：电子科技大学出版社，2019.

［7］ 冀国盛，贾军涛，吴花果. 地质学基础［M］. 北京：中国石化出版社，2019.

［8］ 王念秦，马建全，尚慧，等. 地质灾害防治技术［M］. 北京：科学出版社，2019.

［9］ 李新民. 新形势下地质矿产勘查及找矿技术研究［M］. 北京：中国原子能出版社，2020.

［10］ 周奇明，施玉娇，赵延朋，等. 深穿透地球化学勘查技术及应用［M］. 北京：冶金工业出版社，2020.

［11］ 师川明，王松林，张晓波. 水文地质工程地质物探技术研究［M］. 北

京：文化发展出版社，2020.

［12］赵平，等.新时代煤炭地质勘查工作发展方向研究［M］.北京：科学出版社，2020.

［13］周四春，刘晓辉，曾国强，等.X荧光勘查技术及其在地质找矿中的应用［M］.北京：科学出版社，2020.

［14］苏丕波，梁金强，越庆献，等.海域天然气水合物资源勘查技术［M］.北京：科学出版社，2020.

［15］李斌，廖明光.油气地质与勘探概论［M］.2版.北京：石油工业出版社，2020.

［16］雷斌，左人宇，付文光.实用岩土工程施工新技术（2020）［M］.北京：中国建筑工业出版社，2020.

［17］龚晓南，沈小克.岩土工程地下水控制理论、技术及工程实践［M］.北京：中国建筑工业出版社，2020.

［18］崔德山.岩土测试技术［M］.武汉：中国地质大学出版社，2020.

［19］张广兴，张乾青.工程地质［M］.重庆：重庆大学出版社，2020.

［20］吴永，徐茂昌，王德臣，等.地下水工程地质问题及防治［M］.郑州：黄河水利出版社，2020.

［21］唐益群，周洁，杨坪.工程地下水［M］.2版.上海：同济大学出版社，2020.

［22］李林.岩土工程［M］.武汉：武汉理工大学出版社，2021.

［23］赵斌，张鹏君，孙超.岩土工程施工与质量控制［M］.北京：北京工业大学出版社，2021.

［24］郭霞，陈秀雄，温祖国.岩土工程与土木工程施工技术研究［M］.北京：文化发展出版社，2021.

［25］缪林昌.环境岩土工程学概论［M］.北京：中国建材工业出版社，2021.

［26］储王应，刘殿蕊，张党立.地质勘探与岩土工程技术［M］.长春：吉林科学技术出版社，2021.

［27］柴华友，柯文汇，朱红西. 岩土工程动测技术［M］. 武汉：武汉大学出版社，2021.

［28］张建伟，边汉亮. 环境岩土工程学［M］. 北京：中国建筑工业出版社，2021.

［29］李振华，马龙，赵斌. 现代岩土工程勘察与监测技术研究［M］. 北京：北京工业大学出版社，2021.

［30］李斌，王雪飞，杨建兴. 岩土工程勘察与施工［M］. 成都：四川科学技术出版社，2022.

［31］朱志铎. 岩土工程勘察［M］. 南京：东南大学出版社，2022.

［32］曹方秀. 岩土工程勘察设计与实践［M］. 长春：吉林科学技术出版社，2022.

［33］柳志刚，三利鹏，张鹏. 测绘与勘察新技术应用研究［M］. 长春：吉林科学技术出版社，2022.

［34］刘兴智，王楚维，马艳. 地质测绘与岩土工程技术应用［M］. 长春：吉林科学技术出版社，2022.

［35］刘之葵，牟春梅，谭景和，等. 岩土工程勘察［M］. 2 版. 北京：中国建筑工业出版社，2023.

［36］王桂林. 工程地质［M］. 北京：中国建筑工业出版社，2023.